普通高等教育"十二五"规划教材

机械制造工程学

朱 林 主编

U0264135

中国石化出版社

内 容 提 要

　　《机械制造工程学》是机械类本科教材。本书将《金属切削原理》、《机床夹具设计原理》、《机械制造工艺学》和《机床概论》四本教材的内容进行了精选、修改、增删、重新编写,全面、系统地介绍了机械制造的基本原理、基本理论及基本装备,机械加工的误差及控制加工质量的方法,提高生产效率、降低工艺成本的方法,理论的实践应用,机械制造的新技术和新发展。

　　本书内容丰富,编排精炼,表达清楚,实践性强,可供大专院校机械类专业作为教材使用,也可供有关工程技术人员参阅。

图书在版编目(CIP)数据

机械制造工程学 / 朱林主编 . —北京:中国石化
出版社,2013.8
ISBN 978 - 7 - 5114 - 2302 - 3

Ⅰ. ①机… Ⅱ. ①朱… Ⅲ. ①机械制造工艺 – 高等
学校 – 教材 Ⅳ. ①TH16

中国版本图书馆 CIP 数据核字(2013)第 180208 号

中国石化出版社出版发行
地址:北京市东城区安定门外大街 58 号
邮编:100011　电话:(010)84271850
读者服务部电话:(010)84289974
http://www.sinopec-press.com
E-mail:press@ sinopec.com
北京科信印刷有限公司印刷
全国各地新华书店经销
＊
787 × 1092 毫米 16 开本 16 印张 393 千字
2013 年 8 月第 1 版　2013 年 8 月第 1 次印刷
定价:39.00 元

前　言

　　《机械制造工程学》是原中国石油天然气总公司"九·五"规划教材。经过十几年的使用，许多教师和读者提出了一些较好的意见和建议。根据这些建议及国家高等学校机械类本科专业的教学要求，我们对相关内容作了适当的删减与补充，重新编写而成。

　　本书分为基础篇、加工分析篇、应用篇及发展篇四大部分。分别论述了机械制造的基本原理、基本概念、基本规律与基本装备；加工误差、加工精度分析、提高生产效率，降低工艺成本的方法及措施；理论的实践与应用；机械制造技术的现状与发展等。

　　本教材有如下几个特点：

　　(1) 把过去的四门专业课教材(《金属切削原理》、《机械制造工艺学》、《机床概论》和《机床夹具设计原理》)的内容，根据宽口径的要求加以精选、重组，融合成一本新的教材，符合当前教学改革的方向。

　　(2) 在内容上取舍合宜，删去了原来四门课中不少专业性很强、面很窄的内容，但保留了机械制造工程的基础和主要内容。学生学了之后，能对机械制造工艺有一个全面而概括的认识，为进一步深入钻研打下良好的基础。

　　(3) 在体系上，全书分成基础篇、加工分析篇、应用篇和发展篇四部分，内容是由浅入深和相对独立的。任课教师可以根据安排的课时灵活掌握，可以讲授全书，也可以只讲前三篇、前两篇，甚至只讲第一篇也不失其完整性。教师的选择余地大，可以适应各种学时的教学要求，使本教材的适用面大，这是它的一大特色。

　　(4) 在"发展篇"中介绍了机械制造技术的动态和新发展，有助于扩大学生的眼界和知识面，这些内容在过去的四本教材中是没有的。

　　全书共分12章，第1章、第6章和第9章由朱林编写，第3章、第4章、第5章和第10章由刘战锋编写，第2章、第7章和第12章由赵洪兵编写，第8章和第11章由刘雁蜀编写。全书由朱林主编，刘战锋为副主编。

　　鉴于我们的业务水平有限，加之教材内容较多，编写的错误和不妥之处在所难免，恳请同行专家和读者不吝指教。

目 录

第1部分 基础篇

第2部分 加工分析篇

第3部分　应用篇

第4部分　发展篇

第1部分　基础篇

第1章　金属切削的基本原理

本章主要介绍金属切削的基本概念、基础理论和基本规律，着重介绍金属切削的变形过程、切削力、切削热、刀具磨损和刀具耐用度等内容。它们是认识和选用切削加工方法，分析加工过程及编制工艺规程不可缺少的基本知识。正确地运用这些知识，对于保证加工质量、提高生产效率及降低成本有着重要的意义。

1.1　金属切削的基本概念

1.1.1　切削运动和切削过程中的工件表面

金属切削加工的种类很多，有车削、铣削、刨削、钻削、磨削等，如图1－1所示。切削运动和切削过程中的工件表面在工件上要切削加工出零件所需的表面，工件与刀具之间必须形成一定的相对运动。它们各自所做的运动称切削运动，由切削运动形成的工件表面称为加工表面。例如，车削外圆(图1－2)，工件需作旋转运动，车刀需作纵向直线运动，在工件上形成三个加工表面。

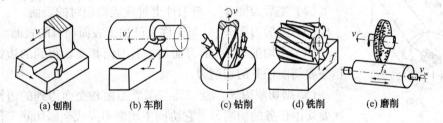

(a) 刨削　　(b) 车削　　(c) 钻削　　(d) 铣削　　(e) 磨削

图1－1　各种切削加工

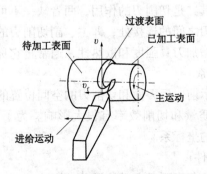

图1－2　外圆车削的切削运动与加工表面

1. 主运动

使工件与刀具产生相对运动以进行切削的最基本的运动称为主运动。其特点是运动的速度最高、消耗功率最大。例如，车削外圆时的工件旋转运动就是主运动。不论主运动是旋转运动还是直线运动，其主运动的方向是假设工件不动，刀具相对于工件的运动方向。通常主运动只有一个。

2. 进给运动

使主运动能够继续切除工件上多余的金属，以便形成工件表面所需的运动称为进给运动。这个运动所消耗的功率比主运动小。例如，车削外圆时的刀具纵向直线运动是进给运动。其他切削加工方法的进给运动可以是直线运动、旋转运动或两者的结合，进给运动可能不只是一个。进给运动的方向也是假设工件不动，刀具相对于工件的运动方向。

3. 切削过程中的工件表面

在切削过程中，通常工件上存在三个表面，以图 1－2 的外圆车削为例，它们是：

（1）待加工表面　它是工件上即将被切去的表面，随着切削过程的进行，它将逐渐减小，直至全部切去。

（2）已加工表面　它是刀具切削后在工件上形成的新表面，并随着切削的继续进行而逐渐扩大。

（3）过渡表面　它是刀刃正切削着的表面，并且是切削过程中不断改变着的表面，但它总是处在待加工表面与已加工表面之间。

上述这些定义也适用于其他类型的切削加工。

1.1.2　刀具切削部分的几何参数

1. 刀具切削部分的表面与刀刃

图 1－3 是外圆车刀的切削部分，它具有下述表面和刀刃：

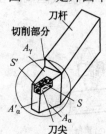

（1）前刀面 A_γ　切下的切屑沿其流出的表面。

（2）主后刀面 A_α　与工件上过渡表面相对的表面。

（3）副后刀面 A'_α　与工件上已加工表面相对的表面。

（4）主切削刃 S　前刀面与主后刀面相交而得到的边锋，并承担主要切削任务的切削刃。

（5）副切削刃 S'　前刀面与副后刀面相交而得到的边锋，承担次要切削任务的切削刃。它协同主切削刃完成金属切除工作，以最终形成工件的已加工表面。由此可见，主副切削刃的定义说明两

图 1－3　车刀的切削部分

点，其一是切削刃的位置，其二是切削刃的作用，两者缺一不可。

（6）刀尖　主、副切削刃之间的连接处，即主、副切削刃的交点。但大多数刀具在刀尖处磨出圆弧或直线切削刃以增加刀具强度和散热性，通常将它称为过渡刃。

2. 刀具标注角度的参考系

刀具几何角度是用来表示前、后刀面和切削刃的空间位置的。各刀面和切削面的空间位置对刀具的切削性能、加工质量和切削效率有很大影响。为了有一个统一的科学的评定标准，必须建立一个空间假定的坐标系。

1）坐标参考系建立的条件

（1）假定运动条件　标注角度不考虑进给运动的影响。

（2）假定安装条件　规定刀具的刃磨和安装基准面垂直于切削平面或平行于基面，同时规定刀杆的中心线同进给运动方向垂直，刀尖与工件回转轴线等高。

2）刀具标注角度的参考平面

（1）切削平面 P_s　通过刀刃上选定点，切于工件过渡表面的平面。在切削平面内包含有刀刃在该点的切线和主运动向量。

（2）基面 P_r　通过刀刃上选定点，垂直于主运动向量的平面。显然，刀刃上同一点的基面与切削平面是互相垂直的。

3）刀具标注角度的坐标参考系

当参考平面确定后，还应有一个平面作为标注和测量刀具角度的"测量平面"，由测量平面和参考平面就构成了所谓的刀具标注角度参考系。目前各个国家由于选用的测量平面不同，

所以采用的刀具标注角度参考系也不完全统一。现在以常用的外圆车刀为例，来说明几种不同的刀具标注角度参考系。

车刀标注角度参考系可以随所选测量平面而不同，然而无论选用哪一个平面作测量平面，各个标注角度参考系的切削平面 P_s 和基面 P_r 却是共同的。一般用作标注前、后刀面角度的测量平面有三种：

（1）正交平面 P_o　过主刀刃上选定点，并垂直于切削平面 P_s 与基面 P_r 的平面，如图 1-4 中所示的 $O-O$ 剖面，因此正交平面 P_o 垂直于主刀刃在基面的投影。P_o、P_s 与 P_r 三个平面构成一个空间直角坐标系[见图 1-5(a)]。

（2）法平面 P_n　它是过主刀刃上选定点并垂直于主刀刃或其切线的平面，如图 1-4 所示的 $N-N$ 剖面。

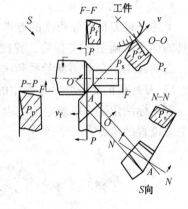

图 1-4　车刀标注角度的测量平面

（3）背平面 P_p 和假定工作平面 P_f　由图 1-4 可知，背平面 P_p 是通过主刀刃上选定点，平行于刀杆轴线并垂直于基面 P_r 的平面，它与进给方向 v_f 是垂直的；假定工作平面 P_f 是通过主刀刃上选定点，同时垂直于刀杆轴线及基面 P_r 的平面，它与进给方向 v_f 平行。P_f、P_p 与 P_r 也构成空间直角坐标系[见图 1-5(c)]，简称背、假平面参考系。

因此，刀具标注角度对刀刃上同一选定点来说可以有表 1-1 和图 1-5 所示的三种。

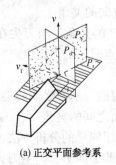
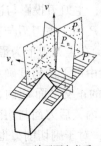
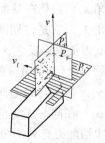

(a) 正交平面参考系　　　(b) 法平面参考系　　　(c) 背、假平面参考系

图 1-5　刀具标注角度参考系

表1-1　刀具标注角度参考系

参考系	参考平面	符　号
正交平面参考系	基面	P_r
	切削平面	P_s
	正交平面	P_o
法平面参考系	基面	P_r
	切削平面	P_s
	法平面	P_n
背、假平面参考系	基面	P_r
	背平面	P_p
	假定工作平面	P_f

3. 刀具的标注角度

上述三种刀具标注角度的参考系的选用，与生产中实际采用的刀具角度刃磨方式和检测夹具的构造及调整方式有关。我国过去多采用正交平面参考系，近年来参照国际 ISO 的规定，逐渐兼用正交平面参考系和法平面参考系。背、假平面参考系则常见于美、日文献中。

1）刀具在正交平面参考系中的标注角度

刀具标注角度可以确定刀具上刀刃、刀面的位置。以外圆车刀为例（图1-6），确定车刀主刃位置的角度有：

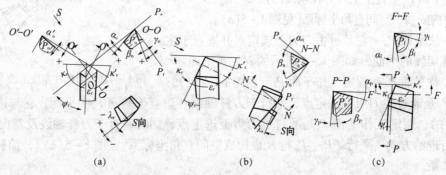

图1-6　外圆车刀的标注角度

（1）主偏角 κ_r　它是在基面 P_r 上，主刀刃投影与进给方向的夹角。

（2）刃倾角 λ_s　它是在切削平面 P_s 内，主刀刃与基面 P_r 的夹角。当刀尖在主刀刃上为最低的点时，λ_s 为负值；反之，当刀尖在主刀刃上为最高的点时，λ_s 为正值。

车刀前、后刀面（A_γ 与 A_α）的位置由以下两角度确定：

（1）前角 γ_o　在主刀刃上选定点的正交平面 P_o 内，前刀面与基面之间的夹角。

（2）后角 α_o　在同一正交平面 P_o 内，后刀面与切削平面之间的夹角。

除上述与主切削刃有关的角度外，对于副切削刃也可以用同样的分析方法，得到相应的四个角度，但是由于车刀主、副刀刃常常磨在同一个平面型前刀面上，当主刀刃及其前刀面已由上述四个基本角度 κ_r、λ_s、γ_o、α_o 确定之后，副刀刃上的副刃倾角 λ_s' 和副前角 γ_o' 即随之确定，故在刀具工作图上只需标注副刀刃上的下列角度：

（1）副偏角 κ_r'　它是在基面上，副刀刃投影与进给方向的夹角。

（2）副后角 $\alpha_o{'}$　它是在副刀刃上选定点的副正交平面 $P_o{'}$ 内，副后刀面与副切削平面之间的夹角。副切削平面是过该选定点并包含切削速度向量和副刀刃在该点切线的平面。

以上是外圆车刀主、副刀刃上所必须标注的六个基本角度。有时根据实际需要，还可再标出以下派生角度：

（1）楔角 β_o　在主刀刃上选定点的正交平面 P_o 内，前刀面与后刀面的夹角，$\beta_o = 90° - (\alpha_o + \gamma_o)$。

（2）刀尖角 ε_r　在基面 P_r 上，主刀刃和副刀刃的投影之间的夹角，$\varepsilon_r = 180° - (\kappa_r + \kappa_r{'})$。

（3）余偏角 ψ_r　在基面 P_r 上，主刀刃投影与进给方向垂线之间的夹角，$\psi_r = 90° - \kappa_r$。

以上角度的标注位置和符号可以按"入体"原则来确定。如主偏角 κ_r 的标注位置是主刀刃在基面上以刀尖为原点的"入体"投影方向与进给方向的夹角；又如前角 γ_o 的符号是以基面为基准，前刀面"入体"为正，反之为负。

2）刀具在法平面参考系中的标注角度

刀具在法平面参考系中要标注的角度，基本上和上面相类似。在基面 P_r 和切削平面 P_s 内表示的角度 κ_r、$\kappa_r{'}$、ε_r、ψ_r 和 λ_s 是相同的，只需将正交平面 P_o 内的 γ_o、α_o 与 β_o 改为在法平面 P_n 的法前角 γ_n、法后角 α_n 与法楔角 β_n［图 1 – 6(b)］。

3）刀具在背、假平面参考系中的标注角度

除基面上表示的角度与上面相同外，前角、后角和楔角是分别在背平面 P_p 和假定工作平面 P_f 内标出的，故有背前角 γ_p、背后角 α_p、背楔角 β_p 和侧前角 γ_f、侧后角 α_f、侧楔角 β_f 等角度［图 1 – 6(c)］。

4. 刀具的工作角度

上述刀具角度是在假定运动和安装条件下的标注角度。如果考虑实际切削运动（主运动与进给运动）的合成速度方向和安装情况，则标注角度的参考系（即参考平面）将发生变化。按照实际切削工作中的参考系所确定的刀具角度，称为工作角度（或切削角度）。

1）进给运动对刀具工作角度的影响

工件切断和切槽时，进给运动是沿横向进行的，如图 1 – 7 所示。P_s 和 P_r 为不考虑进给运动时，车刀刃上某一定点 O 的切削平面和基面。当考虑进给运动后，刀刃上任一点 O 在工件上的运动轨迹为阿基米德螺线，切削平面改变为过 O 点切于该螺线的平面 P_{se}，基面则为过同一 O 点垂直于切削平面 P_{se} 的平面 P_{re}，均相对于原来的 P_s 与 P_r 倾斜了一个角度 μ，但工作正交平面 P_{oe} 与原来的 P_o 是重合的。因此，工作角度参考系［P_{re}、P_{se}、P_{oe}］内的刀具工作前角 γ_{oe} 和工作后角 α_{oe} 应为：

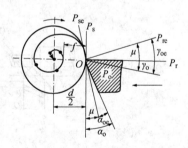

图 1 – 7　横向进给运动
对工作角度的影响

$$\gamma_{oe} = \gamma_o + \mu$$

$$\alpha_{oe} = \alpha_o - \mu$$

$$\tan\mu = \frac{f}{\pi d}$$

式中　f——工件每转一周时刀具的横向进给量，mm/r；

　　　d——刀刃上选定点 O 在横向进给切削过程中相对于工件中心所处的直径，mm。

由上式可知，d 值过小，f 值过大，都有可能使工作后角变为负值。因而，对于横向切削的刀具，不宜选用过大的进给量 f，或者应适当加大标注（刃磨）后角 α_o。

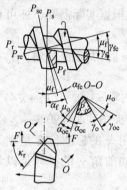

图 1-8　纵向进给运动对工作角度的影响

一般外圆车削时，由于纵向进给量 f 较小，它对车刀工作角度的影响通常均忽略不计；但在车螺纹，尤其是车多头螺纹时，纵向进给的影响就不可轻视了。如图 1-8 车螺纹时的情况，刀具左刃的工作角度将为：

$$\gamma_{fe} = \gamma_f + \mu_f$$

$$\alpha_{fe} = \alpha_f - \mu_f$$

$$\tan\mu_f = \frac{f}{\pi d_w}$$

式中　f——纵向进给量，或被切螺纹的导程，mm；

　　　　d_w——工件直径，或螺纹的外径，mm。

在工作正交平面内，刀具的工作角度为：

$$\gamma_{oe} = \gamma_o + \mu_o$$

$$\alpha_{oe} = \alpha_o - \mu_o$$

$$\tan\mu_o = \tan\mu_f \sin\kappa_r = \frac{f\sin\kappa_r}{\pi d_w}$$

同样，μ_f 与 μ_o 和进给量 f 及工件直径 d_w 有关。f 愈大或 d_w 愈小，μ_f 与 μ_o 值均增大。值得注意的是，以上是分析车右螺纹（图示运动状况）时的车刀左侧刀刃，此时右侧刀刃的 μ_f 及 μ_o 值的符号（正、负号）是相反的，因此，对车刀右侧刃工作角度的影响也正好相反。这说明车削右螺纹时，车刀左侧刀刃应注意适当加大刃磨后角，而右侧刀刃却应设法增大刃磨前角。

2）刀具安装位置对工作角度的影响

如图 1-9（a）所示，假定车刀 $\lambda_s = 0°$，则当选定点装得高于工件中心时，切削平面将变为 P_{se}，它切于工件过渡表面；工作基面 P_{re} 保持与 P_{se} 垂直，因而在工作背平面 P_{pe} 内，刀具工作前角 γ_{pe} 增大，工作后角 α_{pe} 减小，两者角度的变化值均为 θ_p，即

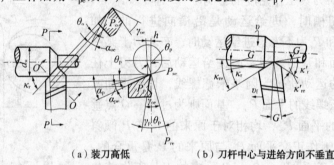

（a）装刀高低　　　　　（b）刀杆中心与进给方向不垂直

图 1-9　刀具安装对工作角度的影响

$$\gamma_{pe} = \gamma_p + \theta_p$$

$$\alpha_{pe} = \alpha_p - \theta_p$$

$$\tan\theta_p = \frac{h}{\sqrt{\left(\dfrac{d_w}{2}\right)^2 - h^2}}$$

式中　　h——选定点高于工件中心线的数值，mm；

　　　　d_w——工件直径，mm。

在正交平面 P_{oe} 内，刀具工作前角 γ_{oe} 和工作后角 α_{oe} 的变化情况也与上面类似，即

$$\gamma_{oe} = \gamma_o + \theta_o$$
$$\alpha_{oe} = \alpha_o - \theta_o$$
$$\tan\theta_o = \tan\theta_p \cos\kappa_r$$

式中　　θ_o——正交平面内工作角度的变化值。

如果选定点低于工件中心，则上述工作角度的变化情况恰好相反。内孔镗削时装刀高低对工作角度的影响也是与外圆车削相反的。

如图 1-9（b）所示。当车刀刀杆中心线与进给运动方向不垂直时，则工作主偏角 κ_{re} 将增大（或减小），而工作副偏角 κ_{re}' 将减小（或增大），其角度变化值为 G，即

$$\kappa_{re} = \kappa_r \pm G$$
$$\kappa_{re}' = \kappa_r' \pm G$$

式中" + "或" – "号由刀杆偏斜方向决定；G 为刀杆中心线的垂线与进给方向的夹角。

5. 刀具标注角度的换算

刀具在不同参考系中的标注角度，有时由于设计和制造的需要，须在相互之间进行必要的换算。在前述标注角度参考系中，测量平面除法平面外，都与基面垂直，因此，只要知道法平面与正交平面 P_s 内角度的关系（见图 1-10）和任意平面 P_i（过主切削刃任意点并垂直于基面的平面，与该点的切削平面 P_s 在基面 P_r 内的夹角为 τ_i，见图 1-11。），就可以进行换算。

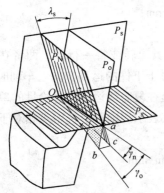

图 1-10　γ_o 与 γ_n 的关系

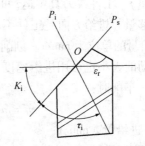

图 1-11　任意平面 P_i 内的角度换算

（1）法平面与正交平面内前、后角的关系

$$\tan\gamma_n = \tan\gamma_o \cos\lambda_s \qquad (1-1)$$
$$\cot\alpha_n = \cot\alpha_o \cos\gamma_s \qquad (1-2)$$

（2）任意平面 P_i 与正交平面内前、后角的关系

$$\tan\gamma_i = \tan\gamma_o \sin\tau_i + \tan\lambda_s \cos\tau_i \qquad (1-3)$$
$$\cot\alpha_i = \cot\alpha_o \sin\tau_i + \tan\lambda_s \cos\tau_i \qquad (1-4)$$

（3）任意平面 P_i 在特殊位置时的角度计算

由图 1-11 和式（1-3）、式（1-4）可知

（1）当 $\tau_i = 0°$ 时，$P_i = P_s$，$\gamma_i = \lambda_s$；

（2）当 $\tau_i = 90°$ 时，$P_i = P_o$，$\gamma_i = \gamma_o$，$\alpha_i = \alpha_o$；

（3）当 $\tau_i = 90° - \kappa_r$ 时，$P_i = P_p$，$\gamma_i = \gamma_p$，$\alpha_i = \alpha_p$，则

$$\tan\gamma_p = \tan\gamma_o\cos\kappa_r + \tan\lambda_s\sin\kappa_r \qquad (1-5)$$

$$\cot\alpha_p = \cot\alpha_o\cos\kappa_r + \tan\lambda_s\sin\kappa_r \qquad (1-6)$$

（4）当 $\tau_i = 180° - \kappa_r$ 时，$P_i = P_f$，$\gamma_i = \gamma_f$，$\alpha_i = \alpha_f$，则

$$\tan\gamma_f = \tan\gamma_o\sin\kappa_r - \tan\lambda_s\cos\kappa_r \qquad (1-7)$$

$$\cot\alpha_f = \cot\alpha_o\sin\kappa_r - \tan\lambda_s\cos\kappa_r \qquad (1-8)$$

（5）当 $\tau_i = \varepsilon_r - 90°$ 时，$P_i = P_o{}'$，$\gamma_i = \gamma_o{}'$，则

$$\tan\gamma_o{}' = -\tan\gamma_o\cos\varepsilon_r + \tan\lambda_s\sin\varepsilon_r \qquad (1-9)$$

（6）当 $\tau_i = \varepsilon_r$ 时，$P_i = P_s{}'$，$\gamma_i = \lambda_s{}'$，则

$$\tan\lambda_s{}' = \tan\gamma_o\sin\varepsilon_r + \tan\lambda_s\cos\varepsilon_r \qquad (1-10)$$

1.1.3 切削用量、切削层要素和切削方式

1. 切削用量

切削用量包括切削速度 v、进给量 f 和背吃刀量 a_p。

（1）切削速度 v 切削加工时，刀刃上选定点相对于工件的主运动的速度。其方向是工件不动，刀具相对于工件的运动方向。

当主运动为旋转运动时，切削速度由下式确定：

$$v = \frac{\pi dn}{1000} \quad \text{m/s 或 m/min}$$

式中 d——完成主运动刀具或工件的最大直径，mm；

          n——主运动的转速，r/s 或 r/min。

（2）进给量 f 工件或刀具主运动时，工件或刀具每转或每一行程，两者在进给运动方向上的相对位移量。进给方向是工件不动，刀具相对于工件的运动方向。车削时，主运动是旋转运动，进给量的单位为 mm/r。刨削时，主运动是往复直线运动，进给量的单位为 mm/双行程。进给运动的大小也可用进给速度 v_f 来表示，其表示切削刃上选定点相对于工件的瞬时进给运动速度，车削时：

$$v_f = fn \quad \text{mm/s 或 mm/min}$$

式中 f——进给量，mm/r；

          n——主运动转速，r/s 或 r/min。

（3）背吃刀量 a_p 对外圆车削（图 1-1）而言，背吃刀量 a_p 等于工件已加工表面与待加工表面间的垂直距离，即

$$a_p = \frac{d_w - d_m}{2} \quad \text{mm}$$

式中 d_w——工件待加工表面的直径，mm；

          d_m——工件已加表面的直径，mm。

2. 切削层参数

刀刃在一次走刀中从工件待加工表面切下的金属层，称为切削层。切削层的截面尺寸即为切削层参数，通常该截面取在过切削刃上选定点并与该点主运动方向垂直的平面内（即不

考虑进给运动影响)。图 1 – 12 是车外圆时的切削层及其截面尺寸。车刀由位置 I 移动到 II，工件 I、II 位置间的一层金属被切下。切削层的截面(图中剖面线部分)垂直于主运动方向，即在不考虑进给运动影响的基面内观察和测量。

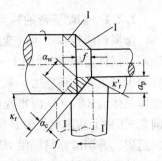

图 1 – 12　切削层参数

(1) 切削厚度 a_c　在主切削刃选定点的基面内，垂直于过渡表面度量的切削层尺寸。车刀主切削刃为直线时，切削厚度为：

$$a_c = f \sin \kappa_r \qquad (1 – 11)$$

由此可见，f 或 κ_r 增大，则 a_c 变厚。

(2) 切削宽度 a_w　在主切削刃选定点的基面内，沿过渡表面度量的切削层尺寸。当车刀主切削刃为直线时，切削宽度为：

$$a_w = \frac{a_p}{\sin \kappa_r} \qquad (1 – 12)$$

由上式可知，当 a_p 减小或 κ_r 增大时，a_w 变短。

(3) 切削面积 A_c　在主切削刃选定点的基面内的切削层截面面积。车削时为：

$$A_c = a_c a_w = f a_p \qquad (1 – 13)$$

3. 金属切除率

金属切除率 Z_w 是指单位时间切下工件材料的体积。这是衡量切削效率高低的一种指标。车削时 Z_w 由下式计算：

$$Z_w \approx 1000 v f a_p \quad \text{mm}^3/\text{min} \qquad (1 – 14)$$

由上可知，金属切除率等于切削用量三要素的乘积。

4. 切削方式

(1) 自由切削与非自由切削　只有一条直线刃参加切削称为自由切削。刀刃为曲线，或有几条刀刃同时参加切削称为非自由切削。非自由切削的切屑流出时受干扰且切屑变形比较复杂。一般，主切削刃的工作长度远远大于副切削刃的工作长度，为了方便分析和研究问题，常将非自由切削当作自由切削。

(2) 直角切削与斜角切削　直角切削是指刀具主切削刃的刃倾角 $\lambda_s = 0°$ 时的切削，此时主切削刃与切削速度方向成直角，故亦称为正交切削。

斜角切削是指刀具主切削刃的刃倾角 $\lambda_s \neq 0°$ 时的切削，此时主切削刃与切削速度方向不成直角。

1.2　金属切削变形理论

金属切削过程是塑性变形的过程，不但应变大而且是在高速、高温情况下产生的，涉及塑性理论及金属物理等学科的范围。当前对金属切削过程的研究工作已深入到塑性力学、有限元法、位错理论以及断裂力学的范畴，在实验方法上已采用了电子显微镜、高速摄影机等设备，从单因素试验进入多因素的综合试验，从静态观测进入了动态观察，从宏观研究进入了微观研究。

1.2.1　切削变形的特点

金属切削过程产生的变形与力学中的压缩试验产生的变形是不同的，其区别由图 1－13 表示。试件受压缩时［图 1－13(a)］，在外力 F 作用下，与 F 作用方向呈 45°的 AB、CD 线族面上产生最大剪应力，最大剪应力随着外力增加而增大，当剪应力达屈服强度时，试件的金属晶体沿 AB、CD 面出现剪切滑移而形成塑性变形；图 1－13(b) 是在刨削时(直角自由切削)，工件上切削层受刀具挤压作用后，在切削层内部产生塑性变形。由于切削层下部金属的阻碍，剪切滑移只能沿 OM 进行。此外，切削过程是在速度快、压力大、摩擦严重和温度高的情况下进行的，所以切削层内塑性变形更为复杂。利用切削变形的实验方法，可以较直观地了解切削层的塑性变形和剪切滑移过程。其中较为简易的实验方法是划格观察法，在经抛光的切削层侧面上划出小方格，通过低速直角自由切削(刨削)，观察切削时的方格变形情况；也可以用快速落刀法，在切削过程中刀具瞬间脱离工件，使切屑根部来不及被切离而留在切削表面上，取下切屑根部，经金相磨片后，用金相显微镜就可清晰、精确地观察到切屑根部切削区域的金属变形情况；比较好的方法是用高速摄影机以每秒拍摄 10000 幅左右的画面，来完整地记录切削变形的动态过程。

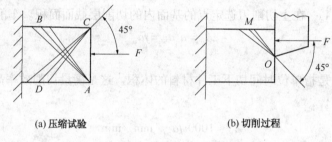

(a) 压缩试验　　　　　　　　(b) 切削过程

图 1－13　压缩试验变形与切削过程变形比较

根据以上方法获得的切屑根部切削区域的金属变形情况，可绘制出如图 1－14 所示的金属切削过程中的变形区示意图。即工件与刀具作用部位存在着三个变形区：

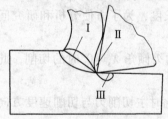

图 1－14　切削变形区

第Ⅰ变形区　在切削层上形成切屑的变形区；

第Ⅱ变形区　切屑流出时，与前刀面接触的切屑底层受摩擦作用后产生的变形区；

第Ⅲ变形区　在已加工表面上与后刀面挤压摩擦形成的变形区。

三个区域的变形存在着相互联系、相互影响。切削过程中产生的各种现象均与各区域的变形有关。

1.2.2　切削变形过程

金属切削层经过了第Ⅰ变形区的剪切滑移后形成切屑。其变形过程如图 1－15 (a)所示(以直角自由切削形成的连续型切屑为例)，切削层内质点 P 在切削力作用下向刀具逼近(亦即刀具切削时向前移动)至"1"位置时，剪应力达到材料屈服强度，在该位置产生了剪切滑移变形，此后 P 点没有由"1"移动到"2′"处，而是在剪应力的作用下沿最大剪应力方向的剪切面上滑移至"2"处，之后同理继续滑移至"3"、"4"处后成为切屑上的一个质点并沿前刀面流出。在切削层上其余各点，移动至 OA 线均开始滑移，离开 OM 线终止滑移，在沿切削宽度范围内,称 OA 是始滑移面, OM 是终滑移面。OA 与 OM 之间即为第 I 变形区。由于切屑形成的应变速度快、时间短,故 OA、OM 面间距离很近,约为 $0.02\sim0.2mm$,所以常用 OM 滑移面表示第 I 变形区, OM 面亦称剪切面。滑移是由金属结晶组织的晶格沿晶面上产生位移所致。如图 1-15(b)所示,滑移使圆形晶粒变形拉长后呈椭圆形,椭圆形长轴方向就是切屑内部金属纤维伸长方向,该方向与滑移面不重合。

图 1-15(c)表示切削层内 mn 线移至 OM 面时,经变形后使 $m'n'$ 滑移至 $m''n''$。若将切削层内与 mn 平行的各线当作一叠卡片,则切屑形成过程可简单地当作各卡片间相互滑移(位错)过程。

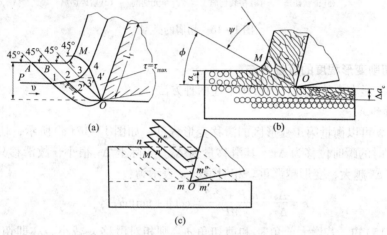

图 1-15　切屑形成过程

切削速度 v 与滑移面 OM 间的夹角 ϕ 称为剪切角;金属纤维伸长方向与滑移面间的夹角为 ψ。

1.2.3　切屑形成的形态

由于形成切屑时变形程度的不同,一般可得到四种类型的切屑:

(1)带状切屑带状切屑的外形呈带状[图 1-16(a)],它是完成了塑性变形后被刀具切离得到的切屑。

(2)挤裂切屑挤裂切屑的背面局部开裂成节状[图 1-16(b)],这是由于切削层在塑性变形过程中,剪切面上局部位置处剪应力达到材料强度极限而产生局部挤裂造成的。

(3)单元切屑单元切屑呈均匀的颗粒状[图 1-16(c)],在剪切面上产生的剪应力超过材料强度极限,切屑形成时被剪切断裂成颗粒状。

(4)崩碎切屑切屑呈不规则的细粒状[图 1-16(d)],在切削脆性材料时,由于材料未经塑性变形而产生脆性崩裂得到的切屑。

实验表明,形成带状切屑时产生的切削力较小,较稳定,加工表面的粗糙度小;形成挤裂、单元切屑时的切削力变化较大,加工表面较粗糙;形成崩碎切屑时产生的切削力虽小,但具有较大的冲击振动,加工表面较粗糙。

金属切削层的变形程度不同,形成了不同形状的切屑。切削层的变形程度是由被加工材料的应力—应变特性和加工条件决定的,例如切削塑性金属,若采用较高切削速度、较小进给量和较大的刀具前角即形成带状切屑。但随着切削速度减小、进给量增大和刀具前角减小,当剪应力达到和超过材料强度极限时,就可能得到节状的挤裂切屑或粒状的单元切屑;

切削铸铁类脆性金属时，切削层未经塑性变形，在材料组织的石墨与铁素体疏松的交界面上崩裂形成了崩碎切屑，但若采用大前角、高速切削，也能使崩碎切屑转变为带状切屑。

由此可知，在生产中可以根据切屑的形成特性，利用改变加工条件，使之得到较为有利的屑形。

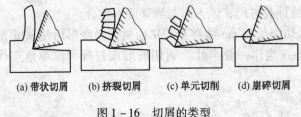

(a) 带状切屑　　(b) 挤裂切屑　　(c) 单元切削　　(d) 崩碎切屑

图 1 - 16　切屑的类型

1.2.4　切削变形程度的度量方法

衡量切削变形大小的程度，通常用下述两种方法：

1. 相对滑移 ε

相对滑移 ε 可以衡量第 I 变形区的滑移变形程度。如图 1 - 17(a) 所示，切削层中 $m'n'$ 线滑移至 $m''n''$ 时的瞬时位移为 Δy，其滑移量为 Δs。实际上 Δy 很小，故滑移只在剪切面上进行。滑移量 Δs 越大，变形越严重。相对滑移 ε 表示为：

$$\varepsilon = \frac{\Delta s}{\Delta y} = \frac{n'P + Pn''}{MP} = \cot\phi + \tan(\phi - \gamma_o) \qquad (1-15)$$

由式(1 - 15)知，若增大前角 γ_o 和剪切角 ϕ，则相对滑移 ε 减小，亦即切削变形减小。由于相对滑移 ε 根据纯剪切理论推算求得，它忽略了切削时的挤压作用对变形的影响，所以是一种近似的衡量变形方法。

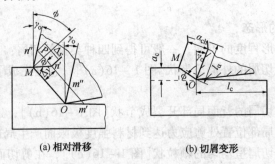

(a) 相对滑移　　　　　　(b) 切屑变形

图 1 - 17　切削变形程度表示

2. 变形系数 ξ

变形系数 ξ 是利用切屑外形尺寸的变化来衡量切削变形程度。如图 1 - 17(b) 所示，切屑经过了塑性变形，它在流出时又受到前刀面的摩擦作用，切屑的外形尺寸与切削层的尺寸相比较，出现了长度缩短（$l_{ch} < l_c$）、厚度增加（$a_{ch} > a_c$）、切屑宽度近似不变的现象。变形系数 ξ 表示切屑尺寸的相对变化量，即为

$$\xi = \frac{a_{ch}}{a_c} = \frac{l_c}{l_{ch}} > 1 \qquad (1-16)$$

若能测定切屑的长度 l_{ch}、厚度 a_{ch}，并量出对应的切削层长度 l_c 和计算出厚度 a_c（$a_c =$

$f\sin\kappa_r$），则按式（1 – 16）能简便地求得变形系数 ξ。

利用图 1 – 17（b）可以得到前角 γ_o 与剪切角 ϕ 对变形系数 ξ 的影响规律：

$$\varepsilon = \frac{a_{ch}}{a_c} = \frac{OM\cos(\phi - \gamma_o)}{OM\sin\phi} = \frac{\cos(\phi - \gamma_o)}{\sin\phi} \tag{1 – 17}$$

上式表明，增大前角 γ_o 和剪切角 ϕ，使变形系数 ξ 减小，切削变形减小。但式（1 – 17）的适用范围有一定局限性，例如前角为负值时，会使 ξ 值减小。此外，切削钛合金会出现 $\xi < 1$ 的情况，这些均与实际不符，因此式（1 – 17）不能全面地反映切削变形的程度。

根据计算可知，当前角 $\gamma_o = 0 \sim 30°$、$\xi \geqslant 1.5$ 时，变形系数 ξ 和相对滑移 ε 的基本成正比，故均可利用它们的计算值大小来表示切削变形的程度，其中对变形系数 ξ 的计算与测量较为简便，因此较常采用。

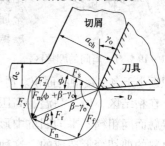

图 1 – 18　作用在切屑上的
力与角度的关系

1.2.5　剪切角 ϕ 的确定

为了确定剪切角 ϕ，以直角自由切削为例分析作用在切屑上的力，如图 1 – 18 所示。图中反映了作用在切屑上的平衡力系与剪切角 ϕ、摩擦角 β 和前角 γ_o 的关系。如果用测力仪测得 F_z 和 F_y 的值而忽略后刀面上的作用力，则可以从下式求得 β，即

$$\frac{F_y}{F_z} = \tan(\beta - \gamma_o)$$

而

$$\tan\beta = \mu$$

式中　　μ——前刀面的平均摩擦系数。

再从图 1 – 18 来分析剪切角 ϕ，F_r 是前刀面上法向力 F_n 和摩擦力 F_f 的合力，它是在主应力方向上。F_s 是剪切面上的剪切力，它是在最大剪应力方向上。这两者的夹角，根据材料力学应为 $\frac{\pi}{4}$。而从图可知，F_r 和 F_s 的夹角为 $(\phi + \beta - \gamma_o)$，故有：

$$\phi + \beta - \gamma_o = \frac{\pi}{4} \tag{1 – 18}$$

或

$$\phi = \frac{\pi}{4} - (\beta - \gamma_o) = \frac{\pi}{4} - \omega \tag{1 – 19}$$

式（1 – 19）就是李和谢弗（Lee and Shaffer）根据直线滑移线场理论推导出的近似剪切角公式，式中 $(\beta - \gamma_o)$ 表示合力 F_r 与切削速度方向的夹角，称为作用角，用 ω 来表示。根据这个公式，可知：

（1）当前角 γ_o 增大时，ϕ 角随之增大，变形减小。可见在保证切削刃强度的前提下，增大刀具前角对改善切削过程是有利的。

（2）当摩擦角 β 增大时，ϕ 角随之减小，变形增大。所以提高刀具的刃磨质量，施加切削液以减小前刀面上的摩擦对切削是有利的。

式（1 – 19）与实验结果在定性上是一致的，在定量上则有出入，其原因较多，主要有以下几点：前刀面上的摩擦情况很复杂，用一个简单的平均摩擦系数 μ 来表示，不尽符合实际；在以上分析中把第一变形区作为一个假想的平面，把刀具的切削刃看作是绝对锋利的，把加工材料看成是各向同性的，不考虑加工硬化以及切屑底面和刀具的粘结等现象，都和实际情况有出入。

1.2.6　前刀面上的摩擦和积屑瘤

1. 前刀面上摩擦特点

前刀面上刀、屑间的摩擦，除影响第Ⅰ变形区的剪切变形外，它又是

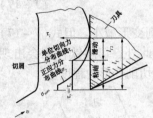

图1-19　刀、屑间的摩擦区

形成第Ⅱ变形区切屑变形的重要原因。切屑流出时，受到前刀面的挤压和摩擦作用，使切屑的底层产生严重塑性变形。由于刀屑间具有高压力（2~3GPa）和高温度（900℃），可以使切屑底部与前刀面发生粘结现象，亦称为"冷焊"。因此，刀、屑之间的摩擦不同于一般金属接触面的滑动摩擦，刀、屑间存在着如图1-19所示的两个摩擦区，即粘结区和滑动区。

在滑动区，刀、屑之间只是凸出的点接触，因此，实际接触面积远小于名义接触的面积。滑动区的摩擦称为外摩擦，其外摩擦力可运用库仑定律计算。

在粘结区，由于高温、高压作用，使刀、屑间峰点接触处塑性变形增大，金属材料填嵌在接触面间粗糙不平的凹坑中形成了粘结。粘结区内刀具与切屑的相对滑动，是由切屑底层内材料的剪切变形造成的，这种相对滑动产生的摩擦称为内摩擦，摩擦力等于剪切切屑底层内较软金属所需的剪切力。它与材料的流动应力特性以及粘结面积大小有关，粘结区的平均摩擦系数 μ 应为：

$$\mu = \tan\beta = \frac{F_f}{F_n} \approx \frac{\tau_s A_{fl}}{\sigma_{av} A_{fl}} = \frac{\tau_s}{\sigma_{av}} \tag{1-20}$$

式中　　μ——平均摩擦系数；

　　　　β——平均摩擦角，（°）；

　　　　A_{fl}——粘结面积，mm^2；

　　　　σ_{av}——平均正应力，MPa；

　　　　τ_s——剪切屈服强度，MPa。

由上式可知，加工材料的强度和硬度增大，刀、屑间温度增加，缩短刀、屑间的接触长度，均可使正压力增大或剪切屈服强度降低，从而使粘结区摩擦系数减小。

2. 积屑瘤的形成与控制

当切削塑性金属时，在切削速度不高，而又能形成带状切屑的情况下，在刀刃附近的前刀面上粘覆着一块硬度很高的楔形金属块，它的硬度可达工件材料硬度的2~3倍，这一小硬块金属称为积屑瘤，见图1-20。

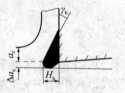

图1-20　积屑瘤

积屑瘤可代替刀刃切削，保护刀刃；可增大刀具的实际工作前角，减小切削变形；但它形成的圆弧刃口对工件产生挤压和过切，降低了加工精度；降低了切削刃口的质量，积屑瘤脱落后粘附在已加工表面上使加工表面粗糙度值增大。所以，在精加工时应尽量避免积屑瘤的产生。通常认为积屑瘤的形成是由于切屑在刀面上粘结（冷焊）造成的。在刀、屑面间摩擦力的作用下，使切屑底层流速降低，金属纤维被拉长，出现"滞流"现象。当接触面间接近切削刃处的压力、温度增加到一定程度时，使切屑底层中剪应力（内摩擦力）超过材料的剪切强度，滞流层的流速为零而被剪断粘结在前刀面上。粘结层经过剧烈的塑性变形后硬度提高了，由它代替了刀刃切削，并继续剪断软的金属层，依次层层堆积，高度逐渐增大而形成了积屑瘤。长高的积屑瘤，在外力或振动的作用下，也可能发生

局部断裂或脱落。

　　形成积屑瘤的条件主要决定于刀、屑间的压力和温度。压力和温度很低时，切屑底层塑性变形小，粘结不易产生，摩擦系数 μ 较小，所以不易形成积屑瘤；在高温时，切屑底层材料软化，材料剪切强度 τ_s 下降，使摩擦系数 μ 减小，因此积屑瘤也不易产生；在中温（约在 $300 \sim 350℃$）情况下，粘结严重，摩擦系数 μ 增大，使积屑瘤的高度达到最大值。在切削深度和进给量保持一定时，积屑瘤高度与切削速度有密切关系，如图 1-21 所示。在低速范围区 Ⅰ 内不产生积屑瘤；

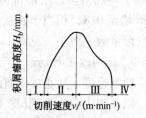

图 1-21　积屑瘤高度与切削
速度关系示意图

在区 Ⅱ 内积屑瘤高度随切削速度增高而达最大值；在区 Ⅲ 内积屑瘤高度随切削速度增加而减小；在区 Ⅳ 积屑瘤不再生成。该图实际上反映了积屑瘤高度与切削温度的关系。

　　防止积屑瘤主要从减小切削变形和减小刀、屑间的摩擦入手，具体方法是：

　　（1）降低切削速度，使切削温度较低，不易发生粘结现象；

　　（2）采用高速切削，使切削温度高于积屑瘤消失的相应温度；

　　（3）采用润滑性能好的切削液，减小摩擦；

　　（4）增加刀具前角，以减小刀、屑接触区压力；

　　（5）提高工件材料硬度，减少加工硬化倾向。

1.2.7　第一、二变形区切削变形的变化规律

　　在分析了切削过程中第一和第二变形区的变形及摩擦情况之后，可以看出，要获得比较理想的切削过程，关键在于减小摩擦和变形。为此，仍以直角自由切削的试验研究为基础，从工件材料、刀具前角、切削厚度和切削速度四个方面来分析。

　　1. 工件材料对切削变形的影响

　　工件材料强度、硬度愈高，切削变形愈小（图 1-22）。这是因为当工件材料强度、硬度提高时，刀具对切屑的正应力随之提高，而刀、屑间的亲和能力却随之降低，因此，前刀面摩擦系数 μ 减小，根据式（1-19）可知，μ 减小时剪切角 ϕ 将增大，变形系数将减小。

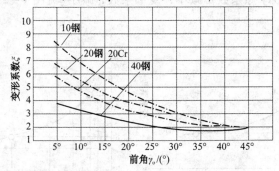

图 1-22　工件材料和前角对变形系数的影响

　　2. 刀具前角对切削变形的影响

　　前角影响正压力 F_n 的大小和方向，当前角增大时，作用在前刀面上的平均正应力 σ_{av} 减小，摩擦系数 μ 增大，其变化如图 1-23 所示；同时，前角也影响切削合力 F_r 的方向，也就是影响 F_r 与切削速度 v 的夹角，即作用角 $\omega = \beta - \gamma_o$。当前角增加时，虽然 β 也增加，但

不如 γ_o 增加得多，结果 ω 减小。从图 1-23 中可以看出，当前角从 0°增加到 20°时，μ 从 0.66 增至 0.8，相当于 β 从 33°增加到 39°，结果使 ω 从 33°减小到 19°，从而使 ϕ 增加，切削变形系数 ξ 减小，见图 1-22。

3. 切削速度对切削变形的影响

切削速度 v 是通过积屑瘤和切削温度来影响切削变形的。

以车削中碳钢为例（图 1-24），切削速度 v 在 3~20m/min 范围内由小到大增大时，积屑瘤高度也随之增加，使刀具工作前角增大，剪切角 ϕ 增大，故变形系数 ξ 减小；切削速度约在 20m/min 时，积屑瘤的高度达到最大值，因此，变形系数 ξ 值最小；切削速度 v 在 20~40m/min 范围内从小到大时，积屑瘤逐渐消失，刀具工作前角减小，剪切角 ϕ 减小，变形系数 ξ 增大；切削速度 v 超过 40m/min 后再继续提高时，一方面由于切削温度升高，摩擦系数 μ 减小，另一方面在高速切削时切削层来不及充分变形已被刀具切离，因而切削变形减小。

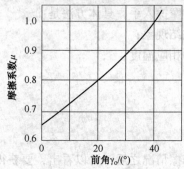

图 1-23 前角对摩擦系数的影响

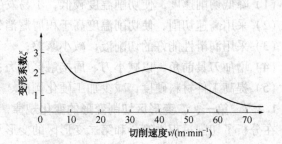

图 1-24 切削速度 v 对变形系数的影响

工件材料 45 钢，刀具材料 W18Cr4V，

$\gamma_o = 5°$，$f = 0.23mm/r$，直角自由切削

4. 切削厚度对切削变形的影响

进给量 f 增加，使切削厚度 a_c 增加，切屑厚度 a_{ch} 也增加；使前刀面上的正压力 F_n 增大，平均正应力 σ_{av} 增大，故摩擦系数 μ 减小，变形系数 ξ 减小（见图 1-25）。

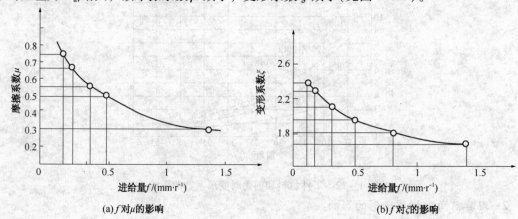

(a) f 对 μ 的影响

(b) f 对 ξ 的影响

图 1-25 进给量 f 对摩擦系数和变形系数的影响

50 钢，YT5，$\gamma_o = 15°$，$r_\varepsilon = 1.5mm$，，$v = 100m/min$；45 钢，W18Cr4V，$\gamma_o = 5°$，$v = 40m/min$

1.2.8　第三变形区的切削变形(已加工表面的形成过程)

前面在分析第一、二两个变形区时,我们假设刀具的刀刃是绝对锋利的,但实际上无论怎样仔细刃磨刀具,刀刃都具有一个钝圆半径 r_β, r_β 的大小与刃磨质量、刀具材料及刀具楔角 β_o 有关。其次,刀具开始切削不久,后面就会产生磨损,从而形成一段 $\alpha_{oe} = 0°$ 的棱面,因此,研究已加工表面的形成过程时,必须考虑刀刃钝圆半径 r_β 及后面磨损棱面 VB 的作用。

图 1-26 表示已加工表面的形成过程,当切削层金属以速度 v 逐渐接近刀刃时,工件发生挤压与剪切变形,最终沿剪切面 OM 方向剪切滑移而成为切屑。但由于有刀刃钝圆半径 r_β 的存在,在切削层厚度 a_c 中,将有 Δa 一层金属无法沿 OM 方向滑移,而是从刀刃钝圆部分 O 点下面挤压过去, O 点以下的部分经过刀刃挤压而留在已加工表面上,该部分金属经过刀刃钝圆部分 B 点之后,又受到后刀面 VB 一段棱面的挤压并相互摩擦,这种剧烈的摩擦又使工件表层金属受到剪切应力,随后开始弹性恢复,假设弹性恢复的高度为 Δh,则已加工表面在 CD 长度上继续与后刀面摩擦。刀刃钝圆部分 OB、VB 及 CD 三部分构成后刀面上的总接触长度,它的接触情况对已加工表面质量有很大影响。

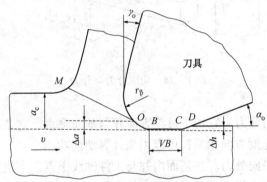

图 1-26　已加工表面的形成过程

第三变形区主要影响已加工表面的质量,包括表面粗糙度和表面物理机械性能,形成加工变质层,也造成后刀面的磨损。

1.3　金属切削的基本规律

金属切削过程的基本规律包括切削力、切削热与切削温度以及刀具磨损等。掌握切削过程的基本规律,对于改善切削加工表面质量、提高切削效率、降低加工成本以及促进刀具与切削技术的发展都起着重要的作用。

1.3.1　切削力

切削力是切削过程中主要的物理现象之一,它直接影响着切削热的产生、刀具的磨损和已加工表面的精度与表面粗糙度。在生产中,切削力又是计算切削功率、设计与使用机床、刀具和夹具的必要依据。

1. 切削力的来源

刀具要切下金属,必须使被切金属产生弹性变形、塑性变形,以及克服金属对刀具的摩擦,因此,切削力来源于以下两个方面:

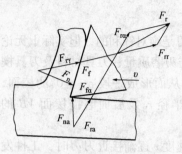

图 1 - 27　作用在刀具上的力

（1）被切金属的弹、塑性变形力；

（2）切屑、工件与刀具间的摩擦力，它们分别用 F_f 和 $F_{f\alpha}$ 表示。

切削时作用在刀具上的力，如图 1 - 27 所示，有法向力 F_n 和 $F_{n\alpha}$；有摩擦力 F_f 和 $F_{f\alpha}$，分别作用于前、后刀面，并合成为合力 F_r 作用在刀具上。

2. 切削分力

为了便于实际应用，切削合力 F_r 可以分解为相互垂直的三个切削分力，即 F_x、F_y 和 F_z，如图 1 - 28 所示。

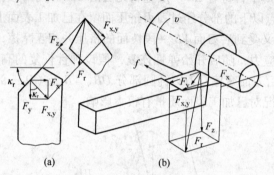

(a)　　　　　(b)

图 1 - 28　切削合力与分力

车削时：

F_z——切削力或切向分力。它切于过渡表面并与基面垂直，它是设计机床、夹具及刀具的主要依据。它与切削速度方向相反，可以用来计算切削功率。

F_y——切深抗力或径向分力。在基面内并与工件轴线垂直，当机床—工件—夹具—刀具工艺系统刚性不足时，是造成振动并影响加工精度与表面粗糙度的重要因素，它可用来确定与工件加工精度有关的工件挠度及加工装置的刚性等。

F_x——进给抗力或轴向分力。它在基面内并与进给方向相反，可用它来设计走刀机构与计算进给功率。

由图 1 - 28 知

$$F_r = \sqrt{F_z^2 + F_{x,y}^2} = \sqrt{F_z^2 + F_y^2 + F_x^2}$$

在外圆纵车时，一般

$$F_z = (0.8 \sim 0.9)F_r$$
$$F_y = (0.4 \sim 0.5)F_z$$
$$F_x = (0.3 \sim 0.4)F_z$$

随着被加工材料、刀具几何参数及切削用量等条件的不同，三分力的大小比例会在较大范围内变化。

3. 切削功率

切削过程中，只有 F_z、F_x 作功，因此切削功率 P_m 可由下式计算

$$P_m = \left(F_z \cdot v + \frac{F_x \cdot n_w \cdot f}{1000}\right) \times 10^{-3} \quad kW \qquad (1-21)$$

式中 P_m——切削功率，kW；

  F_z——切削力，N；

  v——切削速度，m/s；

  F_x——进给力，N；

  n_w——工件转速，r/s；

  f——进给量，mm/r。

进给运动的功率相对于主运动的功率很小，一般 $< (1 \sim 2)\%$，可以略去不计。于是

$$P_m = F_z \cdot v \times 10^{-3} \quad kW \qquad (1-22)$$

4. 切削力的计算

1) 切削力的指数公式

目前计算切削力多采用指数公式，它是通过实验，并对测力仪所测数据进行处理后得到的。切削力指数公式如下：

$$\left. \begin{array}{l} F_z = C_{F_z} \cdot a_p^{x_{F_z}} \cdot f^{y_{F_z}} \cdot v^{n_{F_z}} \cdot K_{F_z} \\ F_y = C_{F_y} \cdot a_p^{x_{F_y}} \cdot f^{y_{F_y}} \cdot v^{n_{F_y}} \cdot K_{F_y} \\ F_x = C_{F_x} \cdot a_p^{x_{F_x}} \cdot f^{y_{F_x}} \cdot v^{n_{F_x}} \cdot K_{F_x} \end{array} \right\} \qquad (1-23)$$

式中 C_{F_x}、C_{F_y}、C_{F_z}——是决定于被加工材料和切削条件的系数（见表1-2）；

x_{F_z}、y_{F_z}、n_{F_z}、x_{F_y}、y_{F_y}、n_{F_y}、x_{F_x}、y_{F_x}、n_{F_x}——分别为背吃力量、进给量和切削速度的相应指数（见表1-2）；

K_{F_z}、K_{F_y}、K_{F_x}——分别为三分力的修正系数，见表1-3和表1-4。

表1-2 车削时切削力计算公式中的系数和指数

加工材料	刀具材料	加工形式	公式中的系数及指数											
			切削力 F_z				切深抗力 F_y				进给抗力 F_x			
			C_{F_z}	x_{F_z}	y_{F_z}	n_{F_z}	C_{F_y}	x_{F_y}	y_{F_y}	n_{F_y}	C_{F_x}	x_{F_x}	y_{F_x}	n_{F_x}
结构钢及铸钢 $\sigma_b = 0.637GPa$	硬质合金	外圆纵车、横车及镗孔	270	1.0	0.75	-0.15	199	0.9	0.6	-0.3	294	1.0	0.5	-0.4
		切槽及切断	367	0.72	0.8	0	142	0.73	0.67	0	—	—	—	—
		切螺纹	133	—	1.7	0.71	—	—	—	—	—	—	—	—
	高速钢	外圆纵车、横车及镗孔	180	1.0	0.75	0	94	0.9	0.75	0	54	1.2	0.65	0
		切槽及切断	222	1.0	1.0	—	—	—	—	—	—	—	—	—
		成形车削	191	1.0	0.75	0	—	—	—	—	—	—	—	—
不锈钢 1Cr18Ni9Ti 141HBS	硬质合金	外圆纵车、横车及镗孔	204	1.0	0.75	0	—	—	—	—	—	—	—	—

续表

公式中的系数和指数

加工材料	刀具材料	加工形式	公式中的系数及指数											
			切削力 F_z				切深抗力 F_y				进给抗力 F_x			
			C_{F_z}	x_{F_z}	y_{F_z}	n_{F_z}	C_{F_y}	x_{F_y}	y_{F_y}	n_{F_y}	C_{F_x}	x_{F_x}	y_{F_x}	n_{F_x}
灰铸铁 190HBS	硬质合金	外圆纵车、横车及镗孔	92	1.0	0.75	0	54	0.9	0.75	0	46	1.0	0.4	0
		切螺纹	103	—	1.3	0.82								
	高速钢	外圆纵车、横车及镗孔	114	1.0	0.75	0	119	0.9	0.75	0	51	1.2	0.65	0
		切槽及切断	158	1.0	1.0	0	—	—	—	—	—	—	—	—
可锻铸铁 150HBS	硬质合金	外圆纵车、横车及镗孔	81	1.0	0.75	0	43	0.9	0.75	0	51	1.2	0.65	0
	高速钢	外圆纵车、横车及镗孔	100	1.0	0.75	0	88	0.9	0.75	0	40	1.2	0.65	0
		切槽及切断	139	1.0	0.75	0								
中等硬度不均质铜合金 120HBS	高速钢	外圆纵车、横车及镗孔	55	1.0	0.66	0	—	—	—	—	—	—	—	—
		切槽及切断	75	1.0	1.0	0								
铝及铝硅合金	高速钢	外圆纵车、横车及镗孔	40	1.0	0.75	0	—	—	—	—	—	—	—	—
		切槽及切断	50	1.0	1.0	0								

表 1－3　钢和铸铁的强度和硬度改变时切削力的修正系数 K_{m_F}

加工材料	结构钢和铸钢	灰铸铁	可锻铸铁
系数 K_{m_F}	$K_{m_F} = \left(\dfrac{\sigma_b}{0.637}\right)^{n_F}$	$K_{m_F} = \left(\dfrac{HB}{190}\right)^{n_F}$	$K_{m_F} = \left(\dfrac{HB}{150}\right)^{n_F}$

上列公式中的指数 n_F

加工材料	车削时的切削力						钻孔时的轴向力 F 及扭矩 M		铣削时的圆周力 F_z	
	F_z		F_y		F_x					
	刀具材料									
	硬质合金	高速钢	硬质合金	高速钢	硬质合金	高速钢	硬质合金	高速钢	硬质合金	高速钢
	指　数　n_F									
结构钢和铸钢 $\sigma_b \leqslant 0.588\text{GPa}$ $\sigma_b > 0.588\text{GPa}$	0.75	0.35 0.75	1.35	2.0	1.0	1.5	0.75		0.3	
灰铸铁及可锻铸铁	0.4	0.55	1.0	1.3	0.8	1.1	0.6		1.0	0.55

表 1-4　加工钢及铸铁刀具几何参数改变时切削力的修正系数

参 数		刀具材料	修正系数			
名 称	数 值		名 称	切 削 力		
				F_z	F_y	F_x
主偏角 κ_r/(°)	30	硬质合金	$K_{\kappa_r F}$	1.08	1.30	0.78
	45			1.0	1.0	1.0
	60			0.94	0.77	1.11
	75			0.92	0.62	1.13
	90			0.89	0.50	1.17
	30	高速钢		1.08	1.63	0.7
	45			1.0	1.0	1.0
	60			0.98	0.71	1.27
	75			1.03	0.54	1.51
	90			1.08	0.44	1.82
前角 γ_o/(°)	−15	硬质合金	$K_{\gamma_o F}$	1.25	2.0	2.0
	−10			1.2	1.8	1.8
	0			1.1	1.4	1.4
	10			1.0	1.0	1.0
	20			0.9	0.7	0.7
	12~15	高速钢		1.15	1.6	1.7
	20~25			1.0	1.0	1.0
刃倾角 λ_s/(°)	+5	硬质合金	$K_{\lambda_s F}$	1.0	0.75	1.07
	0				1.0	1.0
	−5				1.25	0.85
	−10				1.5	0.75
	−15				1.7	0.65
刀尖圆弧半径 r_ε/mm	0.5	高速钢	$K_{r_\varepsilon F}$	0.87	0.66	1.0
	1.0			0.93	0.82	
	2.0			1.0	1.0	
	3.0			1.04	1.14	
	5.0			1.1	1.33	

2）单位切削力计算

单位切削力 p 是指单位切削面积上的切削力。

$$p = \frac{F_z}{A_c} = \frac{F_z}{a_p f} = \frac{F_z}{a_c a_w} \quad \text{N/mm}^2 \tag{1-24}$$

式中　　A_c——切削面积，mm^2；

　　　　a_p——背吃刀量，mm；

　　　　f——进给量，mm/r；

a_c——切削厚度，mm；

a_w——切削宽度，mm。

单位时间内切除单位体积的金属所耗的功率称为单位切削功率 P_s。

$$P_s = \frac{P_m}{Z_w} \quad kW/(mm^3 \cdot s^{-1}) \tag{1-25}$$

将式(1-14)、式(1-22)和式(1-24)代入式(1-25)得

$$P_s = \frac{pa_p fv \times 10^{-3}}{1000\, va_p f} = p \times 10^{-6} \tag{1-26}$$

通过实验求得 p 后即可求出 F_z 和 P_m。常用的单位切削力，可查表1-5。

表1-5 硬质合金外圆车刀切削几种常用材料的单位切削力

工件材料				单位切削力/(N/mm^2)	实验条件		
名 称	牌 号	制造、热处理状态	硬度/HB		刀具几何参数		切削用量范围
钢	45	热轧或正火	187	1962	$\gamma_o = 15°$ $\kappa_\gamma = 75°$ $\lambda_s = 0°$	前刀面带卷屑槽 $b_{\gamma 1} = 0$ $b_{\gamma 1} = 0.1 \sim 0.15mm$ $\gamma_{o1} = -20°$ $b_{\gamma 1} = 0$ $b_{\gamma 1} = 0.1 \sim 0.15mm$ $\gamma_{o1} = -20°$	$v = 1.5 \sim 1.75m/s$ $a_p = 1 \sim 5mm$ $f = 0.1 \sim 0.5mm/r$
		调质(淬火及高温回火)	229	2305			
		淬硬(淬火及低温回火)	44(HRC)	2649			
	40Cr	热轧或正火	212	1962			
		调质(淬火及高温回火)	285	2305			
灰铸铁	HT200	退火	170	1118		$b_{\gamma 1} = 0$ 平面刀面，无卷屑槽	$v = 1.17 \sim 1.42m/s$ $a_p = 2 \sim 10mm$ $f = 0.1 \sim 0.5mm/r$

3）切削力指数公式的建立

建立切削力指数公式的方法，有单因素实验法和多因素实验法等。实验数据的处理方法也有图解法、回归分析法和用计算机进行数据采集、处理和预报等。下面介绍以单因素实验法为基础的图解法和最小二乘法，以说明指数公式的建立过程。

实验时只改变单因素如 a_p，而保持其它因素不变，用测力仪测得不同 a_p 时的若干切削分力的数据，将所得数据画在双对数坐标纸上，则近似为一条直线(图1-29)，其数学方程为：

$$Y = a + bX \tag{1-27}$$

式中　　$Y(= \lg F_z)$——切削力 F_z 的对数；

　　　　$X(= \lg a_p)$——背吃刀量 a_p 的对数；

　　　　$a(= \lg C_{a_p})$——双对数坐标上 $F_z - a_p$ 直线的纵截距；

　　　　$b(= \tan\alpha = x_{F_z})$——双对数坐标上 $F_z - a_p$ 直线的斜率。

将式(1-27)改写为

$$\lg F_z = \lg C_{a_p} + x_{F_z} \lg a_p$$

经整理后得

$$F_z = C_{a_p} a_p^{x_{F_z}}$$

同理可得切削力 F_z 与进给量 f 以及切削速度 v 的关系式，综合后就可以得出计算切削力的经验公式。

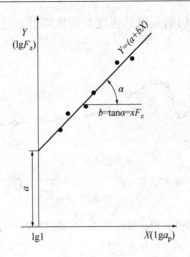

图 1−29   图解法求 $F_z - a_p$ 的经验公式

图解法比较简单、直观，但误差较大。按上述图解建立计算切削力的经验公式是基于各实验点在双对数坐标纸上近似为一条直线，但实际上所有各实验点并不可能都位于直线上而有较大的分散性。因此，也可利用各实验点与直线间距离的偏差的平方和为最小的最小二乘法原理拟合出较为精确的回归直线，求出回归系数 a 和 b，从而得出计算切削力的经验公式。

4）切削力的变化规律

（1）被加工材料强度越高，硬度越大，切削力就越大。当然，切削力的大小不仅受材料原始强度和硬度的影响，它还受材料的加工硬化大小的影响。例如，奥氏体不锈钢的强度、硬度都较低，但强化系数大，加工硬化的能力大，较小的变形都会引起硬度大大的提高，从而使切削力增大。同一材料的热处理状态和金相组织的改善也会影响切削力。如 45 钢，其正火、调质、淬火状态下的硬度不同，切削力的大小亦不同。

加工铸铁及其他脆性材料，被切削层的塑性变形很小，切屑为崩碎切屑，切屑与前刀面的摩擦力也小，因此，加工铸铁的切削力比钢小。

（2）切削力随切削面积的增大而增大。切削面积（$A_c = a_p f$）增大时，金属的变形力和摩擦力均增大，因而切削力也随之增大。但 a_p 和 f 两者对切削力的影响大小不同，当用高速钢或硬质合金刀具纵车外圆碳素钢时，背吃刀量 a_p 增大一倍切削力 F_z 增大一倍（表 1−2 中 a_p 的指数 x_{F_z} 为 1），这是因为仅增大背吃刀量 a_p 时，切削厚度 a_c 不变，而切削宽度 a_w 随 a_p 的增大成正比增加（$a_w = a_p / \sin\kappa_r$）。由于切削宽度的变化差不多与摩擦系数和变形系数无关，所以 F_z 随 a_p 正比增加。而进给量 f 增大，切削厚度 a_c 也成正比地增大（$a_c = f\sin\kappa_r$），但 a_c 增大，摩擦系数与变形系数有所减小，这正反两方面作用的结果，使切削力的增大与 f 的增大不成正比。所以，在切削力的经验公式中，f 的指数除切槽与切断外都小于 1。

这一变化规律说明，从切削力的观点出发，用大的进给量进行切削比用大的背吃刀量进行切削更为有利，生产实际中的大走刀切削就是应用这一规律的例子。

（3）切削力随切削速度的提高而降低。切削速度对切削力的影响曲线如图 1−30 所示，当 $v > 50 \text{m/min}$ 时，切削力随着切削速度的增大而减小，正如切削力的经验公式中 v 的指数为负值一样。这是因为切削速度增大后，摩擦系数与变形系数减小；另一方面，切削速度增大切削温度也随之增高，使被切削金属的强度与硬度降低，这也会导致切削力的减小。

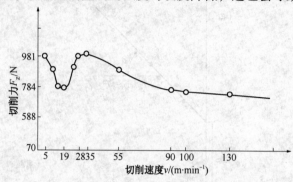

图 1 – 30　切削速度 v 对切削力的影响

45 钢，YT15，$\gamma_o = 15°$，$\kappa_r = 45°$，$\kappa_r' = 15°$，$\alpha_o = 8°$，$\lambda_s = 0°$，$a_p = 2\text{mm}$，$f = 0.2\text{mm/r}$

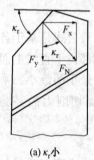
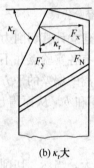

(a) κ_r 小　　　(b) κ_r 大

图 1 – 31　主偏角不同时 F_N 力的分解

当 $v < 50\text{m/min}$ 时，由于积屑瘤的产生和消失，使车刀的实际前角增大或减小，导致了切削力的变化。

（4）切削力随前角的增大而减小。这是因为当前角增大时，剪切角也随之增大，切削变形减小，沿前刀面的摩擦力亦减小，因此切削力降低。实践证明，当加工脆性金属（如铸铁、青铜等）时，由于切削变形和加工硬化很小，所以前角对切削力的影响不显著。

在刀具的几何参数中，前角 γ_o 对切削力的影响较大。从省力省功这一点出发，希望选用大的前角，但还应考虑刀刃的强度与刀头的散热条件。

（5）F_y、F_x 随主偏角 κ_r 的变化而改变它们之间的比值。由图 1 – 31 知：

$$F_y = F_N\cos\kappa_r \qquad F_x = F_N\sin\kappa_r$$

径向分力 F_y 随主偏角的增大而减少；轴向分力 F_x 则随主偏角的增大而增加。由于径向分力 F_y 容易顶弯工件，使加工时产生振动，影响加工精度与表面粗糙度，所以在生产实际中多采用大的主偏角（75°或90°）。这样，在一定的加工条件下，可使径向分力减小。

切削力 F_z 随主偏角的增大而减小（图 1 – 32）。因为当切削面积不变时，主偏角增大，切削厚度也随之增大，切屑变厚，切削层的变形系数减小，因而切削力减小。但当 κ_r 增大到约 60°~75° 之间时，F_z 又逐渐增大，使 F_z – κ_r 关系曲线上出现了转折点。这是因为一般车刀都存在着一定大小的刀尖圆弧半径 r_ε。随着 κ_r 的增大，刀刃曲线部分各点的切削厚度是变化的，且都比直线切削刃的切削厚度小，所以变形力也要大些，主偏角对切削力 F_z 的影响是不大的，一般都不超过 10%。

（6）F_y、F_x 随刃倾角的变化而改变（图 1 – 33）。刃倾角对径向分力 F_y 的影响很大，刃倾角为正值时，F_y 力小；刃倾角为负值时，F_y 力大。F_x 力的变化则相反，其变化幅度不如 F_y 力的大。这是因为当 λ_s 变化时，合力 F_r 的方向随之改变，从而改变了 F_y、F_x 的大小比例关系。曲线还说明刃倾角 λ_s 在很大范围内变化（ $-45°$ ~ $+10°$），切削力 F_z 没有什么变化。

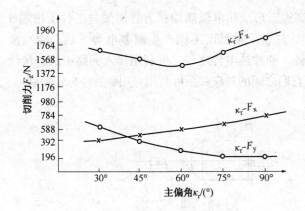

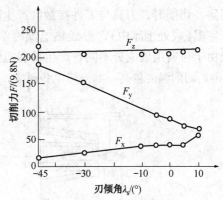

图 1 - 32　主偏角对切削力的影响

45 钢，YT15，$\gamma_o = 15°$，$\alpha_o = 8°$，$\kappa_r' = 12°$，a_p
$= 3mm$，$f = 0.3mm/r$，$v = 100m/min$

图 1 - 33　刃倾角 λ_s 对切削力的影响

45 钢，YT15，$\gamma_o = 18°$，$\alpha_o = 6°$，$\kappa_r = 75°$，$\kappa_r' = 12°$，
$a_p = 3mm$，$f = 0.35mm/r$，$v = 100m/min$

在生产实际中，为了保证加工质量(加工精度与表面粗糙度)，使 F_y 力不至过大，一般
刃倾角取小的负值或正值。

1.3.2　切削热与切削温度

1. 切削热的来源及传出

切削过程中切削层金属的弹、塑性变形、刀具与工
件、刀具与切屑之间摩擦所消耗能量的 99.5% 都转化成
了切削热。其热源共有三个：剪切区变形功形成的热 Q_p、
切屑与前刀面摩擦功形成的热 Q_{γ_f}、已加工表面与后刀面
摩擦功形成的热 Q_{α_f}(见图 1 - 34)。切削塑性金属时切削
热主要由剪切区的变形和前刀面摩擦形成；切削脆性金
属则后刀面摩擦热占的比例较大。

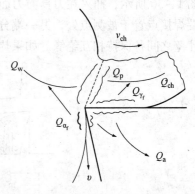

切削热通过切屑传热 Q_{ch}、刀具传热 Q_a、工件传热
Q_w 和周围介质传热来传出。例如，车削钢件不加切削液

图 1 - 34　切削热的来源及传出

时，它们之间的传热比例大致为：切屑带走的热为 50% ~ 86%，工件传出 10% ~ 40%，车
刀传出 3% ~ 9%，周围介质(空气)传出 1%。钻削时，由于切屑排出不畅，切削热通过工
件、切屑和刀具传出的比例与车削时不同，大约切屑带走的热为 28%，刀具传出 14.5%，
工件传出 52.5%，周围介质传出 5%。磨削时大约有 84% 的热量传给工件，加工表面的温
度可达 800 ~ 1000℃ 左右。

2. 切削温度的测量

在实际加工中，切削热对切削过程的影响是通过切削温度起作用的。切削温度一般指的
是切削区的平均温度，它的最高温度可达 1000℃ 以上，比平均温度高 2 ~ 2.5 倍。切削温度
在切屑—工件—刀具中分布可利用热传导和温度场的理论计算确定，但较常用的是通过实验
的方法来测定。测量切削温度的方法有热电偶法、热辐射法、远红外法和热敏涂色法等。热
电偶法用得最多，它的测温装置简单、测量方便。热电偶法可分为：

(1)自然热电偶法　自然热电偶法主要用于测定切削区域的平均温度。图 1 - 35 为测温
装置示意图。自然热电偶是将刀具 2 和工件 1 两种不同材料作为热电偶的两极，用于组成测

量回路。切削时,刀具与工件接触区产生高温,形成热电偶热端;刀具尾端与工件引出端5处于室温(或处于冰中),形成热电偶冷端。热、冷端温度不同产生温差电势。热、冷端接触处由于材料组成成分不同,产生接触电势。两种热电势之和,可利用接入回路中的毫伏计6测得。切削温度越高,测得热电势越大,它们之间的对应关系可利用专用装置经标定得到。

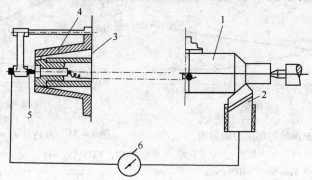

图 1 - 35　自然热电偶测量装置
1—工件;2—刀具;3—床头箱;4—支架;5—引出端;6—毫伏计

(2) 人工热电偶法　将两种预先经过标定的金属丝组成热电偶(或用标准热电偶),如图 1 - 36 所示,插入在刀具前刀面或加工表面上被测点处钻出的小孔中,二根热电偶丝的一端焊接点置于被测点处,另一端分别接入毫伏表两极处。在孔中热电偶丝之间、热电偶丝与孔壁之间各保持相互绝缘。如果热电偶丝越细,被测点的导向孔径越小,则测温精度越高。

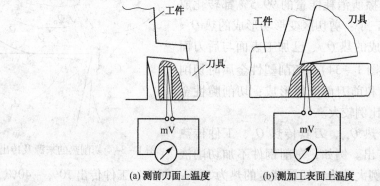

(a) 测前刀面上温度　　　　(b) 测加工表面上温度

图 1 - 36　人工热电偶测温法

3. 切削温度的变化规律

切削温度高低取决于产生热量的多少和传散热量快慢两方面因素。如果生热少、散热快,则切削温度低。

实验得出切削温度经验公式如下:

$$\theta = C_{\theta} \cdot v^{z_{\theta}} \cdot f^{y_{\theta}} \cdot a_{p}^{x_{\theta}} \quad \text{℃} \qquad (1 - 28)$$

式中　　θ——前刀面接触区平均温度,℃;

　　　　C_{θ}——切削温度系数;

　　　　v——切削速度,m/min;

　　　　f——进给量,mm/r;

a_p——背吃力量，mm；

z_θ，y_θ，x_θ——相应的指数。

切削中碳钢的切削温度系数 C_θ 及指数 z_θ，y_θ，x_θ 见表 1-6。

表1-6 切削温度的系数及指数

刀具材料	加工方法	C_θ	z_θ		y_θ	x_θ
高速钢	车　削	140~170	0.35~0.45		0.2~0.3	0.08~0.10
	铣　削	80				
	钻　削	150				
硬质合金	车　削	320	$f/(\text{mm/r})$ 0.1 0.2 0.3	0.41 0.31 0.26	0.15	0.05

（1）切削温度随着切削用量 v、f 和 a_p 的增加而升高，但三者对切削温度的影响程度不同，其中切削速度 v 对切削温度的影响最大，进给量 f 次之，背吃刀量 a_p 最小，由表 1-6 也可看出，$z_\theta > y_\theta > x_\theta$。

v 增加使摩擦热增加较多；f 增加一方面使切削变形减小，另一方面使刀、屑接触面积增大，改善了散热条件，故热量增加不多；a_p 增加使切削宽度 a_w 成比例增加，显著改善了热量的传散面积，因而对切削温度影响最小。

图 1-37 是切削用量三要素 v、f、a_p 对切削温度影响的实验曲线。

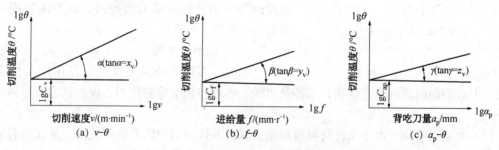

图1-37 切削用量对切削温度的影响

（2）切削温度随前角 γ_o 的增大而降低，见图 1-38(a)。因为前角增大时，切削力下降，故切削热减少。但前角大于 18°~20° 后，对切削温度的影响减小，这是因为楔角 β_o 变小而使散热的体积减小。

（3）切削温度随主偏角 κ_r 的增大而升高，见图 1-38(b)。因为主偏角 κ_r 增大，刀尖角 ε_r 减小，刀刃长度变短(当 a_p 一定时)，散热条件变差，所以切削温度上升。因此，大的主偏角对刀具的磨损是不利的。

（4）切削温度随工件材料的强度、硬度的增大而升高，随着工件材料的导热系数增大而降低。因为工件材料的强度、硬度直接影响切削力，而工件材料的导热系数则直接影响切削热的导出。

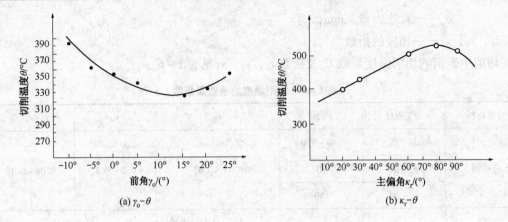

(a) $\gamma_o - \theta$　　　　(b) $\kappa_r - \theta$

图 1-38　前角 γ_o 和主偏角 κ_r 对切削温度的影响

1.3.3 刀具磨损与刀具耐用度

1. 刀具磨损的形态

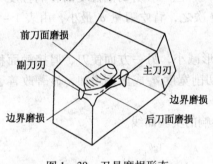

图 1-39　刀具磨损形态

切削时，刀具前刀面和后刀面与切屑、工件相互接触，产生剧烈摩擦。同时，在接触区内有相当高的温度和压力。因此，在刀具前、后刀面上发生磨损。前刀面被磨成月牙洼，后刀面形成磨损带，另外，还常在主切削刃靠近工件外皮处以及副切削刃靠近刀尖处的后刀面上，磨出较深的沟纹。这些磨损形态分别被称为前刀面磨损、后刀面磨损和边界磨损，见图 1-39。

2. 刀具磨损的原因

切削时，刀具的磨损是在高温高压的条件下发生的，刀具磨损的原因非常复杂，它涉及机械、物理和化学等的作用，现将其主要原因简述如下。

（1）硬质点磨损　由于工件材料有杂质，材料基体组织中所含的碳化物、氮化物和氧化物等硬质点所造成的机械磨损，它在刀具表面上划出一条条的沟纹。

刀具在各种切削速度下都存在硬质点磨损，但低速时硬质点磨损是刀具磨损的主要原因，因为此时的切削温度较低，其他磨损还不显著。一般可以认为，由硬质点磨损产生的磨损量与刀具和工件相对滑移距离或切削路程成正比。

（2）粘结磨损　粘结磨损是指刀具与工件材料接触到原子间距离时所产生的结合现象。它是在足够大的压力和温度作用下，产生塑性变形而发生的所谓冷焊现象，是摩擦面塑性变形所形成的新鲜表面原子间吸附力所造成的。两摩擦表面的粘结点因相对运动，晶粒或晶群受剪或受拉而被对方带走，造成了粘结磨损。在两材料接触面上，不论在软材料一边，还是在硬材料一边，都可能发生粘结磨损。一般，粘结点的破裂多发生在硬度较低的一方，即工件材料上。但刀具材料往往有组织不均、存在内应力、微裂纹以及空隙、局部软点等缺陷，所以刀具表面也常发生破裂而被工件材料带走，形成粘结磨损。高速钢、硬质合金、陶瓷刀具、立方氮化硼和金刚石刀具都会因粘结而发生磨损。但高速钢刀具有较大的抗剪和抗拉强度，因而具有较大的抗粘结磨损的能力，所以粘结磨损较慢。

切削温度对粘结磨损的影响很大，在 500℃ 以上，硬质合金 YT15、YG8 和镍铬钛合金、钛以及钝铁就发生粘结，随着温度升高，粘结强度增加很快，在 900℃ 时，YG8 与钝铁的粘结强度系数约为 YT15 的 3 倍，所以 YG8 的粘结磨损比 YT15 大。这是因为 TiC 在高温下会形成 TiO_2，从而减轻粘结，因而 YT 类硬质合金比 YG 类更适于加工钢件。

（3）扩散磨损 切屑与刀面在高温的作用下，两摩擦面的化学元素有可能互相扩散到对方去，因而使两者的化学成分发生变化，削弱了刀具材料的性能，刀具容易磨损。硬质合金刀具切钢时，硬质合金中的 W、C、Co 向切屑底层扩散，切屑中的 Fe 则向刀具表面扩散，降低了刀具表面的硬度与强度，使磨损加剧。用硬质合金刀具切钢时，切削温度常达 800 ~ 1000℃，因而扩散磨损成为硬质合金刀具的主要磨损原因之一。

因为 TiC、TaC 的扩散速度低，故用含有这些成份的硬质合金（如 YT 类）切钢的磨损比 WC – Co 硬质合金（YG 类）要慢。

高速钢刀具一般在低速范围内加工，因切削温度较低，扩散磨损很轻，随着切削速度的加大和切削温度的升高，扩散磨损会加剧，但在扩散磨损还没有起主导作用之前，就可能因塑性变形而使刀具损坏。

金钢石刀具切削钝铁和低碳钢时，在高温下，会发生严重的扩散磨损，这是金刚石刀具不适于切削钢铁的主要原因。

（4）化学磨损 在一定温度下，刀具材料与某些周围介质（如空气中的氧，切削液中的硫、氯等）起化学作用，在刀具表面形成一层硬度较低的化合物而被切屑带走，加速了刀具磨损。例如，硬质合金中 WC、Co 与空气介质中 O 化合成脆性、低强度的氧化膜 WO_2，它受到工件表层中的氧化皮、硬化层等摩擦和冲击作用，形成了边界磨损。

从以上磨损的原因可以看出，刀具磨损起主导作用的是切削温度。在低温时，以硬质点磨损为主；在较高温时，则是以粘结、扩散和化学磨损为主的综合磨损。

3. 刀具磨损的过程和磨钝标准

1）刀具的磨损过程

图 1 – 40 是刀具磨损曲线。刀具的磨损量，以后刀面上 B 区平均磨损量 VB 值来表示，见图 1 – 41（a）。自动化生产中用的精加工刀具，常以沿工件径向的刀具磨损尺寸来表示，称为刀具径向磨损量 NB，见图 1 – 41（b）。刀具磨损过程分为三个阶段：

（1）初期磨损阶段 此阶段磨损较快，因为新刃磨的刀具后刀面粗糙不平，有显微裂纹、氧化或脱碳层等缺陷；而后刀面与加工表面接触面积又较小，压应力较

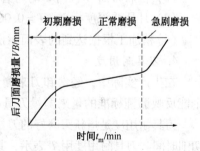

图 1 – 40 刀具磨损的典型曲线

大。一般初期磨损量 VB 值为 0.05 ~ 0.1mm，其大小与刀具刃磨质量直接相关，如研磨过的刀具，初期磨损量较小。

（2）正常磨损阶段 此阶段磨损比较缓慢均匀，因刀具粗糙表面已经磨平，进入正常状态，它的磨损量随切削时间的延长而近似地成正比例增加，此阶段的时间较长。

（3）急剧磨损阶段 此阶段的磨损速度很快，当磨损带宽度增加到一定限度后，切削力与切削温度均迅速升高，加速刀具磨损以致失去切削能力。

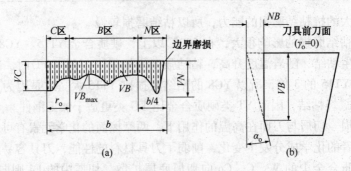

图1-41　刀具磨损的测量位置

为合理使用刀具、保证加工质量，应当尽量避免急剧磨损阶段，刀具还未到此阶段之前，就要及时重磨。

2）刀具的磨钝标准

刀具磨损到一定的限度就不允许继续使用，此磨损限度称为磨钝标准。

在生产中评定刀具材料切削性能和研究试验时，都需要规定刀具的磨钝标准，磨钝标准的具体数值可查阅有关手册，国际标准ISO有统一规定。实际生产中磨钝标准应根据加工要求来制订。

粗加工的磨钝标准较大，让刀具的切削时间长些，重磨刀的次数少些，以便充分发挥刀具的切削性能。该标准亦称经济磨钝标准。

精加工的磨钝标准较小，为的是要保证零件的加工精度与表面粗糙度。该标准亦称工艺磨钝标准。

当机床—夹具—刀具—工件系统刚度较低时，磨钝标准应取小些，否则会使加工过程产生振动，影响加工的正常运行。

切削试验中的磨钝标准，ISO推荐高速钢和硬质合金车刀耐用度试验的磨钝标准如下：

（1）在后刀面B区内均匀磨损，$VB = 0.3$ mm；

（2）在后刀面B区内非均匀磨损，$VB_{max} = 0.6$ mm；

（3）月牙洼深度标准 $KT = 0.06 + 0.3f$（f 为进给量，mm/r）；

（4）精加工根据达到的表面粗糙度的要求确定。

4．刀具耐用度

在生产实际中，经常卸刀来测量磨损量是否达到磨钝标准是不可能的，因此，必须找一个能反映磨钝标准的量来衡量刀具是否磨钝，这个量就是刀具耐用度。

刀具耐用度是指新刃磨好的刀具从开始切削，一直到磨损量达到刀具磨钝标准所经过的总切削时间。刀具耐用度用 T 表示，其单位为min。刀具耐用度还可以用达到磨损限度刀具所经过的切削路程 L_m（$L_m = v \cdot t$，即切削速度乘时间，单位为m）或加工出来的零件数 N 表示。

1.3.4　刀具耐用度与切削用量的关系

为了合理地确定刀具的耐用度，首先求出刀具耐用度与切削速度的关系式。在一定的加工条件下选定 VB 值，取不同的切削速度，作出各种切削速度的刀具磨损过程曲线，如图1-42（a）所示。曲线中的磨损量 VB 值可用读数显微镜测得。然后在磨损曲线上取出达到磨钝标准时各速度 v 与刀具耐用度 T 的对应值，并将它们表示在双对数坐标中，见图1-42（b）所示的刀具耐用度曲线。$T-v$ 之间呈下列关系

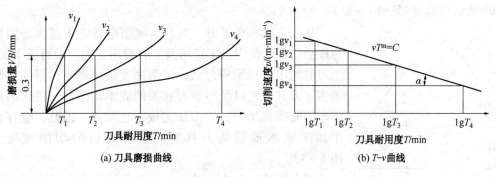

(a) 刀具磨损曲线　　　　　　　　(b) $T - v$ 曲线

图 1 - 42　刀具耐用度试验曲线

$$T^m \cdot v = C \qquad 或 \quad v = \frac{C}{T^m} \tag{1-29}$$

式中　　C——与实验条件有关的系数，是 $T - v$ 曲线的截距，它相当于 $T = 1\,\text{min}$ 时的切削速度值；

m——v 对 T 影响程度指数，在 $T - v$ 曲线中表示斜率，即 $m = \tan\alpha_o$。

同理，固定其他切削条件，只变化 f 和 a_p，分别得到与 v—T 类似的关系，即

$$\left.\begin{array}{l} fT^{m_1} = C_1 \\ a_p T^{m_2} = C_2 \end{array}\right\} \tag{1-30}$$

综合式(1 - 29)和式(1 - 30)，可以得到切削用量与耐用度的一般关系：

$$T = \frac{C_T}{v^{\frac{1}{m}} f^{\frac{1}{m_1}} a_p^{\frac{1}{m_2}}} \tag{1-31}$$

令　$x = \dfrac{1}{m}$，$y = \dfrac{1}{m_1}$，$z = \dfrac{1}{m_2}$，则

$$T = \frac{C_T}{v^x f^y a_p^z} \tag{1-32}$$

式中　　C_T——耐用度系数，与刀具、工件材料和切削条件有关；

x，y，z——指数，分别表示切削用量对刀具耐用度影响的程度。

用 YT5 硬质合金车刀切削 $\sigma_b = 0.637\,\text{GPa}$ 的碳钢时，切削用量与刀具耐用度的关系为：

$$T = \frac{C_T}{v^5 f^{2.25} a_p^{0.75}}$$

由上式可知，切削速度 v 对刀具耐用度影响最大，进给量 f 次之，背吃刀量 a_p 最小，这与三者对切削温度的影响顺序完全一致。这也反映出切削温度对刀具耐用度有着最重要的影响。

1.3.5　刀具耐用度合理数值的确定原则

刀具耐用度直接影响生产率和加工成本。从生产效率来考虑，当刀具耐用度规定得过高（即时间过长），则在加工条件不变时切削速度会过低，使切削工时增加，生产率低；当刀具耐用度规定得过低（即时间过短），切削速度虽可提高，可以降低切削工时，但卸刀、装刀及调整机床的时间增多，生产率同样会降低。因此，就有一个生产率为最大的刀具耐用度

和相应的切削速度(见图1-43)。

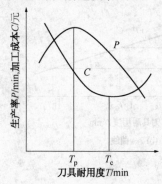

图1-43 刀具耐用度对生产率和加工成本的影响

从加工成本来考虑,当刀具耐用度规定得过高,则切削速度会过低,使用机床费用及工时费用增大,因而成本提高;当刀具耐用度规定得过低,切削速度虽可提高,但换刀时间增多,刀具消耗以及与磨刀有关的成本均增加,机床因换刀停车的时间也增加,因而加工成本也增高。因此,也存在一个加工成本最低的刀具耐用度和相应的切削速度,见图1-43。

综上所述,刀具耐用度合理数值的确定,可以用最高生产率或最低成本的原则来制定。

(1)最高生产率耐用度 T_p 最高生产率耐用度是单位时间能生产最多数量产品或加工每个零件所消耗的生产时间为最少的耐用度。它是在分析单件工序工时的基础上,然后建立工时与刀具耐用度的关系式,再经微分后得:

$$T_p = (\frac{1-m}{m})t_{ct} \qquad (1-33)$$

式中 m——v 对 T 影响程度指数;

   t_{ct}——换刀一次所消耗的时间。

(2)最低成本耐用度(经济耐用度)T_c 最低成本耐用度是以每件产品(或工序)的加工费用为最低的耐用度。它是在分析每个工件工序成本的基础上,然后建立成本与刀具耐用度的关系式,再经微分后得到

$$T_c = \frac{1-m}{m}(t_{ct} + \frac{C_t}{M}) \qquad (1-34)$$

式中 C_t——磨刀成本;

   M——该工序单位时间内所分担的全厂开支。

比较最高生产率耐用度 T_p 与最低成本耐用度 T_c,可知 $T_c > T_p$。显然低成本允许的切削速度低于高生产率允许的切削速度。

生产中常根据最低成本来确定刀具耐用度,而在完成紧急任务或提高生产率对成本影响不大的情况下,才根据最高生产率来确定刀具耐用度。

刀具耐用度的具体数值,可参考有关资料或手册。通常可按下列数值范围选用:

高速钢车刀:60 ~ 90 min

硬质合金和陶瓷车刀:30 ~ 60 min

金刚石加工有色金属车刀:600 ~ 1200 min

立方氮化硼加工淬火钢车刀:120 ~ 150 min

第2章 金属切削的机床设备

金属切削机床是用金属切削的方法将金属毛坯加工成机器零件的机器，它是制造机器的机器，所以又称为"工作母机"或"工具机"，习惯上简称为机床。金属切削机床是加工机器零件的主要设备，它的先进程度直接影响到机器制造工业的产品质量和劳动生产率。

2.1 金属切削机床的分类与型号编制

金属切削机床的品种、规格繁多，为了便于区别、使用和管理，需对机床加以分类。

2.1.1 机床的分类

机床的分类方法很多，最基本的是按加工方法和所用刀具及其用途进行分类。根据国家的机床型号编制方法，机床共分为十一大类：车床、钻床、镗床、磨床、齿轮加工机床、螺纹机床、铣床、刨插床、拉床、锯床和其他机床。在每一类机床中，又按工艺特点、布局形式和性能分为若干组，每一组又分为若干个系（系列）。

除了上述基本分类方法外，机床还可按照如下特征进行分类：

按照机床的万能性程度，可分为通用机床、专门化机床和专用机床三类。通用机床的工艺范围很广，可以加工一定尺寸范围内的多种类型零件，完成多种多样的工序。例如，普通车床、万能升降台铣床、万能外圆磨床等。专门化机床的工艺范围较窄，只能用于加工不同尺寸的一类或几类零件的某一种（或几种）特定工序。例如，精密丝杠车床、凸轮轴车床曲轴连杆颈车床等。专用机床的工艺范围最窄，通常只能完成某一特定零件的特定工序。例如，加工机床主轴箱体孔的专用镗床、加工机床导轨的专用导轨磨床等。它们是根据特定的工艺要求专门设计、制造的，生产率和自动化程度较高，适用于大批量生产。组合机床也属于专用机床。

按照机床的质量和尺寸，可分为仪表机床、中型机床（一般机床）、大型机床（质量大于10t）、重型机床（质量在30t以上）和超重型机床（质量在100t以上）。

按照机床主要部件的数目，可分为单轴、多轴、单刀和多刀机床。

按照自动化程度的不同，可分为手动、机动、半自动和自动机床。

按照机床的工作精度，可分为普通精度机床、精密机床和高精度机床。

2.1.2 机床的型号编制

机床的型号是机床产品的代号，用以表明机床的类型、通用和结构特性、主要技术参数等。我国的机床型号按照 GB/T 15375—2008《金属切削机床 型号编制方法》的规定，由汉语拼音字母和阿拉伯数字按一定规律组合而成。

通用机床型号的表示方法如下：

1. 机床的分类及代号

机床的类别代号用该类机床名称汉语拼音的第一个字母（大写）表示。例如："车床"的汉语拼音是"CheChuang"，所以用"C"来表示。需要时，类以下还可有若干分类，分类代号用阿拉伯数字表示，放在类代号之前，但第一分类不予表示。例如，磨床类分为 M、2M、

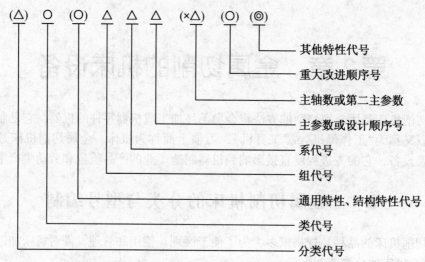

注1: 有"( )"的代号或数字, 当无内容时, 则不表示。若有内容则不带括号。
注2: 有"○"符号的, 为大写的汉语拼音字母。
注3: 有"△"符号的, 为阿拉伯数字。
注4: 有"◎"符号的, 为大写的汉语拼音字母, 或阿拉伯数字, 或两者兼有之。

3M 三个分类, 读作一磨、二磨、三磨。机床的分类及代号如表 2-1 所示。

表 2-1　机床的分类及代号

类别	车床	钻床	镗床	磨床	齿轮加工机床		螺纹加工机床	铣床	刨插床	拉床	锯床	其他机床
代号	C	Z	T	M	2M	3M	Y	S	X	B	L	G	Q
读音	车	钻	镗	磨	二磨	三磨	牙	丝	铣	刨	拉	割	其

2. 机床的特性代号

机床的特性代号表示机床所具有的特殊性能, 它包括通用特性和结构特性。

(1) 通用特性代号　当某类机床除了有普通型外, 还有某些通用特性时, 在类代号之后加通用特性代号予以区别。通用特性代号在各类机床中所表示的意义相同。例如 CM6132 型精密普通车床型号中的"M"表示"精密"; "XK"表示数控铣床。如果同时具有两种通用特性, 则可用两个代号同时表示。例如: "MBG"表示半自动高精度磨床。机床的通用特性代号如表 2-2 所示。

表 2-2　机床的通用特性代号

通用特性	高精度	精密	自动	半自动	数控	加工中心（自动换刀）	仿型	轻型	加重型	柔性加工单元	数显	高速
代号	G	M	Z	B	K	H	F	Q	C	R	X	S
读音	高	密	自	半	控	换	仿	轻	重	柔	显	速

(2) 结构特性代号　对于主参数值相同而结构、性能不同的机床, 在类别代号之后加结构特性代号予以区别。例如, CA6140 型普通车床型号中的"A", 可理解为在结构上有别于 C6140 和 CY6140 型普通车床。型号中有通用特性代号时, 结构特性代号排在通用特性代号之后。为避免混淆, 通用特性代号已用的字母及"I"、"O"都不能作为结构特性代号。结构

特性代号在机床型号中没有统一的含义。

3. 机床的组代号和系代号

机床的组代号和系代号分别用一位阿拉伯数字表示，前者表示组别，后者表示系列。每类机床按其结构性能及使用范围划分为 10 个组，用数字 0~9 表示，每个组又划分为 10 个系列。通用机床的类、组划分见表 2-3。

表 2-3　通用机床的类、组划分

类别 \ 组别		0	1	2	3	4	5	6	7	8	9
车床 C		仪表车床	单轴自动、半自动车床	多轴自动、半自动车床	回轮、转塔车床	曲轴及凸轮轴车床	立式车床	落地及卧式车床	仿形及多刀车床	轮、轴、辊、锭及铲齿车床	其他车床
钻床 Z			坐标镗钻床	深孔钻床	摇臂钻床	台式钻床	立式钻床	卧式钻床	铣钻床	中心孔床	其他钻床
镗床 T				深孔镗床		坐标镗床	立式镗床	卧式铣镗床	精镗床	汽车、拖拉机修理用镗床	其他钻床
磨床	M	仪表磨床	外圆磨床	内圆磨床	砂轮机	坐标磨床	导轨磨床	刀具刃磨床	平面及端面磨床	曲轴、轮轴、花键轴及轧辊磨床	工具磨床
	2M		超精机	内圆珩磨机	外圆及其他珩磨机	抛光机	砂带抛光及磨削机床	刀具刃磨及研磨机床	可转位刀片磨床	研磨机	其他磨床
	3M		球轴承套圈沟磨床	滚子轴承套圈滚道磨床	轴承套圈超精磨床		叶片磨削机床	滚子加工机床	钢球加工机床	气门、活塞及活塞环磨削机床	汽车、拖拉机修磨机
齿轮加工机床 Y		仪表齿轮加工机床		锥齿轮加工机床	滚齿及铣齿机床	剃齿及珩齿机床	插齿机	花键轴铣床	齿轮磨齿机床	其他齿轮加工机床	齿轮倒角及检查机
螺纹加工机床 S					套丝机	攻丝机		螺纹铣床	螺纹磨床	螺纹车床	
铣床 X		仪表铣床	悬臂及滑枕铣床	龙门铣床	平面铣床	仿形铣床	立式升降台铣床	卧式升降台铣床	床身铣床	工具铣床	其他铣床
刨插床 B			悬臂刨床	龙门刨床			插床	牛头刨床		边缘及模具刨床	其他刨床
拉床 L				侧拉床	卧式外拉床	连续拉床	立式内拉床	卧式内拉床	立式外拉床	键槽及螺纹拉床	其他拉床
锯床 G				砂轮片锯床		卧式带锯床	立式带锯床	圆锯床	弓锯床	锉锯床	
其他机床 Q		其他仪表机床	管子加工机床	木螺钉加工机床		刻线机	切断机	多功能机床			

4. 机床主参数、设计顺序号和第二主参数

机床主参数代表机床规格的大小，通用机床的主参数已由机床的系列型谱规定。在机床型号中，用阿拉伯数字给出主参数的折算值(1/10 或 1/100)。某些普通机床，当无法用一个主参数表示时，则在型号中用设计顺序号表示。第二主参数一般是指主轴数、最大跨距、最大工件长度、工作台工作面长度等。第二主参数也用折算值表示。

5. 机床的重大改进顺序号

当机床的性能及结构布局有重大改进，并按新产品重新设计、试制和鉴定时，在原有机床型号的尾部加重大改进顺序号，以区别于原有机床型号。重大改进顺序号按 A、B、C、

…的字母顺序选用(但 I、O 两个字母不能用)。例如 MG1432A 型高精度万能外圆磨床型号:

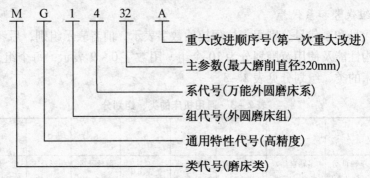

　　　M　G　1　4　32　　A

重大改进顺序号(第一次重大改进)

主参数(最大磨削直径320mm)

系代号(万能外圆磨床系)

组代号(外圆磨床组)

通用特性代号(高精度)

类代号(磨床类)

6. 其他特性代号

主要用以反映各类机床的特性,如对数控机床,可用来反映不同的数控系统;对于一般机床可用来反映同一型号机床的变型等。其他特性代号用汉语拼音字母或阿拉伯数字或二者的组合来表示。

2.2　车床

车床类机床的通用性好,主要用于加工各种回转表面(内外圆柱面、圆锥面及成形回转表面)和回转体的端面,有些车床还能加工螺纹面,是一种应用最广泛的金属切削机床。车床的种类很多,按用途和结构的不同,主要分为以下几类:

(1)卧式车床　卧式车床的万能性好,加工范围广,是基本的和应用最广的车床。

(2)立式车床　立式车床的主轴竖直安置,工作台面处于水平位置。主要用于加工径向尺寸大,轴向尺寸较小的大型、重型盘套类、壳体类工件。

(3)转塔车床　转塔车床有一个可装多把刀具的转塔刀架,根据工件的加工要求,预先将所用刀具在转塔刀架上安装调整好;加工时,通过刀架转位,这些刀具依次轮流工作,转塔刀架的工作行程由可调行程档块控制。转塔车床适于在成批生产中加工内外圆有同轴度要求的较复杂的工件。

(4)自动车床和半自动车床　自动车床调整好后能自动完成预定的工作循环,并能自动重复。半自动车床虽具有自动工作循环,但装卸工件和重新开动机床仍需由人工操作。自动和半自动车床适于在大批大量生产中加工形状不太复杂的小型零件。

(5)仿形车床　仿形车床能按照样板或样件的轮廓自动车削出形状和尺寸相同的工件。仿形车床适于在大批大量生产中加工圆锥形、阶梯形及成形回转面工件。

(6)专门化车床　专门化车床是为某类特定零件的加工而专门设计制造的,如凸轮轴车床、曲轴车床、车轮车床等。

车床的主运动通常是由工件的旋转运动实现的,进给运动则由刀具的直线移动来完成。车床的主参数是床身上最大工件回转直径。普通车床所能加工的典型表面如图 2 – 1 所示。

2.2.1　CA6140 型卧式车床

1. 机床的布局

图 2 – 2 是 CA6140 型卧式车床的外形图。其主要部件及功能如下:

(1)轴箱 1　它固定在床身 4 的左端,内部装有主轴、变速及传动机构。主轴箱的功能

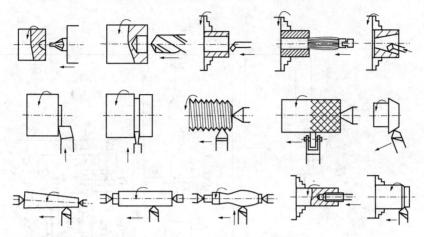

图 2 - 1　普通车床所能加工的典型表面

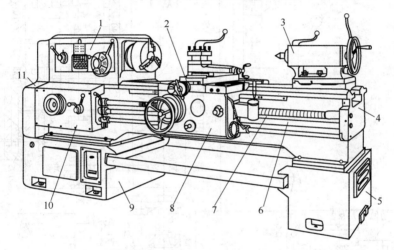

图 2 - 2　CA6140 型卧式车床的外形
1—主轴箱；2—刀架；3—尾座；4—床身；5—右床腿 6—光杠；
7—丝杠；8—溜板箱；9—左床腿；10—进给箱；11—挂轮变速机构

是支承主轴，并将动力经变速及传动机构传给主轴，使主轴按规定的转速带动工件转动。

（2）床鞍和刀架 2　它位于床身 4 的中部，可沿床身导轨作纵向移动。刀架部件由几层刀架组成，它的功用是装夹刀具，使刀具作纵向、横向或斜向进给运动。

（3）尾座 3　它装在床身 4 右端的尾座导轨上，并可沿此导轨纵向调整其位置。尾座的功能是安装作定位支撑用的后顶尖，也可以安装钻头、铰刀等孔加工刀具进行孔加工。

（4）进给箱 10　它固定在床身 4 的左前端。进给箱内装有进给运动的变速装置，用于改变进给量。

（5）溜板箱 8　它固定在床鞍和刀架部件 2 的底部，溜板箱的功用是把进给箱传来的运动传递给刀架，使刀架实现纵向和横向进给或快速移动。溜板箱上装有各种操纵手柄和按钮。

（6）床身 4　床身固定在左床腿 9 和右床腿 5 上，是车床的基本支承件。在床身上安装着车床的各个主要部件，使它们在工作时保持准确的相对位置。

2. 机床的传动系统

CA6140 型卧式车床的传动系统原理如图 2 -3 所示，它概要地表示了由电动机带动主轴和刀架运动所经过的传动机构和重要元件。

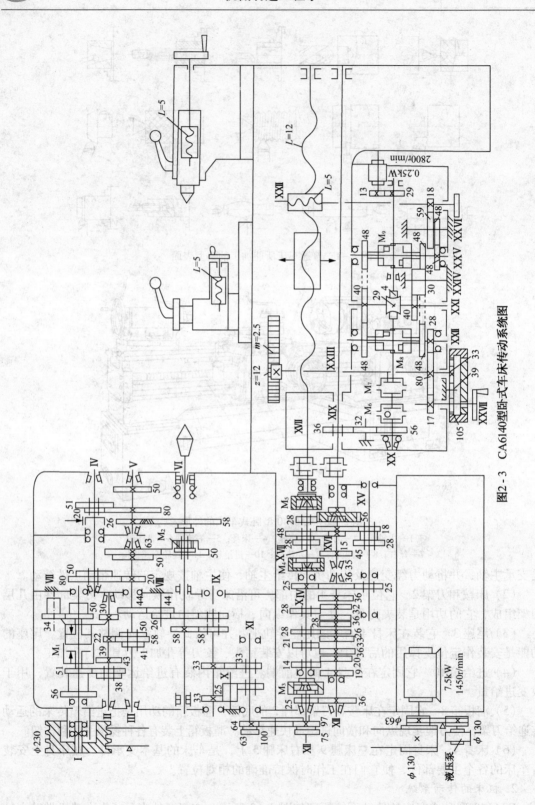

图2-3　CA6140型卧式车床传动系统图

电动机经主换向机构、主变速机构带动主轴转动；进给传动从主轴开始，经进给换向机构、交换齿轮和进给箱内的变速机构和转换机构、溜板箱中的传动机构和转换机构传至刀架。溜板箱中的转换机构起改变进给运动方向的作用，使刀架作纵向或横向、正向或反向进给运动。

2.2.2　数控车床

由图 2-4 可见，数控车床机械系统与普通车床相比简单得多。普通车床刀架的纵向进给和横向进给都由主轴经挂轮架、进给箱、溜板箱传动；数控车床的纵向和横向运动分别采用一个伺服电动机驱动。数控车床在主运动系统中安装了主轴脉冲发生器，它与主轴转速同步。车削螺纹时，主轴每转一转，主轴脉冲发生器发出一固定数目的脉冲，例如 1024 p/r，当主轴电机检测到 1024 p 时，表示主轴（带工件）旋转了一转，计算机控制纵向伺服电机旋转，带动刀架移动一个加

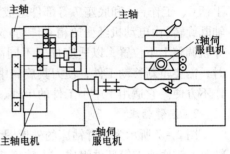

图 2-4　数控车床传动系统图

工螺纹的导程，实现螺纹车削。这说明数控车床将普通车床的主轴旋转运动和刀架移动之间的齿轮传动联系转由计算机控制来实现。

数控车床的主轴一般是卧式的（即水平方向），按 ISO 规定，数控机床的 z 坐标与主轴同方向，所以，数控车床刀架纵向移动为 z 方向，横向移动（即工件的径向）为 x 方向。当 z 与 x 协调运动时，可形成各种复杂的平面曲线，以这条曲线为母线绕工件旋转时（主轴带动工件旋转实现），可形成各种复杂的回转体。一般数控车床只需要两坐标数控运动；数控立车也只需要工件的轴向（垂直）和径向（水平）两坐标数控运动。

2.3　孔加工机床

通常所说的孔加工机床主要是指钻床和镗床，它们主要用于加工外形复杂、没有对称回转轴线工件上的孔，如箱体、支架、杠杆等零件上的单孔或孔系。

2.3.1　钻床

钻床是用钻头在工件上加工孔的机床。在钻床上钻孔时，工件一般固定不动，刀具作旋转主运动，同时沿轴向作进给运动，所以通常用于加工尺寸较小、精度要求不太高的孔。钻床可完成钻孔、扩孔、铰孔、锪孔以及攻螺纹等工作。钻床的加工方法及所需的运动如图 2-5 所示。

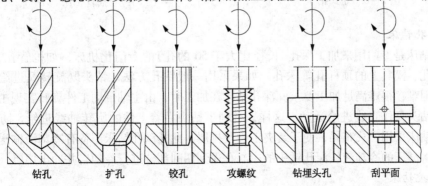

| 钻孔 | 扩孔 | 铰孔 | 攻螺纹 | 钻埋头孔 | 刮平面 |

图 2-5　钻床加工方法

钻床的主要类型有台式钻床、立式钻床、摇臂钻床、深孔钻床、数控钻床及其他钻床。钻床的主参数是最大钻孔直径。

1. 立式钻床

图2-6所示为立式钻床的外形图，主要由主轴2、进给箱3、变速箱4、立柱5、操纵手柄6、工作台1和底座7等部件组成。加工时，工件直接或利用夹具安装在工作台上，主轴既旋转(由电动机经变速箱4传动)又作轴向进给运动。进给箱3、工作台1可沿立柱5的导轨调整上下位置，以适应加工不同高度的工件。当第一个孔加工完成后再加工第二个孔时，需要重新移动工件，使刀具旋转中心对准被加工孔的中心。因此对于大而重的工件，操作不方便。它适用于中小工件的单件、小批量生产。

2. 摇臂钻床

图2-7所示为摇臂钻床的外形图，它主要由主轴6、内立柱2、外立柱3、摇臂4、主轴箱5和底座1等部件组成。主轴箱装在摇臂上，可沿摇臂上的导轨作水平移动。摇臂套装在外立柱上，可沿外立柱上下移动，以适应加工不同高度工件的要求。此外，摇臂还可随外立柱绕内立柱在180°范围内回转，因此主轴很容易调整到所需要的加工位置。摇臂钻床还具有立柱、摇臂及主轴箱的夹紧机构，当主轴的位置调整确定后，可以快速将它们夹紧。

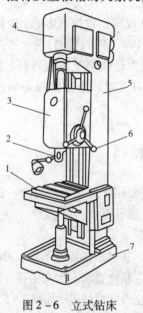

图2-6　立式钻床

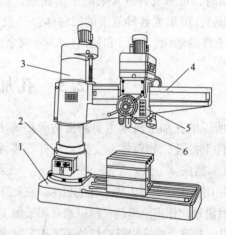

图2-7　摇臂钻床

3. 深孔钻床

深孔钻床是专门用来加工深孔(长径比大于50的孔)的专门化机床，如枪管孔、炮筒孔、机床主轴孔、模具上的顶杆孔等深孔。如果采用一般钻孔方法，钻头既旋转又进给，容易偏斜，排屑困难，很难满足加工要求。深孔钻床在加工时，由主轴带动工件旋转实现主运动，特制的深孔钻头只作直线进给运动，这样，有利于钻头沿着工件的旋转轴线进给，防止把孔钻偏。深孔钻床采用卧式布局，便于装夹工件及排屑。此外深孔钻床还备有冷却液输送装置，加工时，可将高压的冷却液从深孔钻头的中心孔送到切削部位进行冷却，并冲出切屑。

4. 数控钻床

数控钻床主要用来加工位置精度要求较高的孔和孔系。它一般都具有x、y坐标控制功能，所以在加工孔时，比立式钻床和摇臂钻床操作更方便、位置更精确。数控钻床钻孔时工件不移动，而当工件移动时，钻头已退离工件。所以一般采用点位控制，同时沿两轴或三轴快速移动，可以减少定位时间。有时也采用直线控制，以便进行平行于机床主轴轴线的钻削加工。

高速数控钻床主轴一般采用具有气浮轴承的电主轴，最高转速可达 120000r/min 甚至更高，目前多使用 55000 r/min。为了提高生产率，一般都采用 4~6 个主轴同时加工。每个主轴头上装有激光系统，以检测钻头的长度、直径、动态径向跳动及断钻头自动停机显示断钻位置，并在换上新钻头后，自动检测钻头直径，当确认无误后，再重新开始钻孔。

2.3.2 镗床

镗床是一种主要用镗刀在工件上加工孔的机床，通常用于加工尺寸较大、精度要求较高的孔，特别是分布在不同表面上、孔距和位置精度要求较高的孔，如各种箱体、汽车发动机缸体等零件上的孔。一般镗刀的旋转为主运动，镗刀或工件的移动为进给运动。在镗床上，除镗孔外，还可以进行铣削、钻孔、扩孔、铰孔、锪平面等工作。因此，镗床的工艺范围较广，图 2-8 所示为卧式镗床的主要加工方法。镗床的主要类型有卧式镗床、坐标镗床和金刚镗床等。

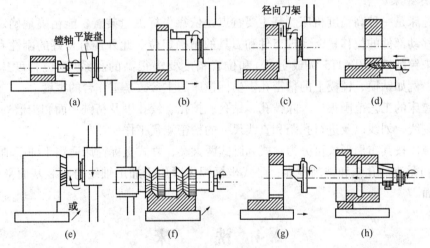

图 2-8 卧式镗床的主要加工方法

1. 卧式镗床

图 2-9 为卧式镗床的外形图，它由后支承支架 1、后立柱 2、工作台 3、径向刀具滑板 6、前立柱 7、主轴箱 8、床身 10、下滑座 11、上滑座 12、等部件组成。加工时，刀具安装在主轴 4 或平旋盘 5 上，由主轴箱提供各种转速和进给量。主轴箱 8 可沿前立柱 7 上下移动，工件安装在工作台 3 上，可与工作台一起随上下滑座 12 和 11 作纵向或横向移动。此外，工作台还可绕上滑座 12 的圆导轨在水平面内调整至一定的角度位置，以便加工互成一定角度的孔与平面。装在主轴上的镗刀还可随主轴作轴向进给或调整镗刀的轴向位置。当刀具装在平旋盘 5 的径向刀架上时，径向刀架可带着刀具作径向进给，这时可以车端面。

卧式镗床既可以完成如粗镗、粗铣、钻孔等粗加工，又可以进行如精镗孔等精加工，因此，在卧式镗床上，工件可以在一次装夹中完成大部分或全部加工工序。卧式镗床的主参数

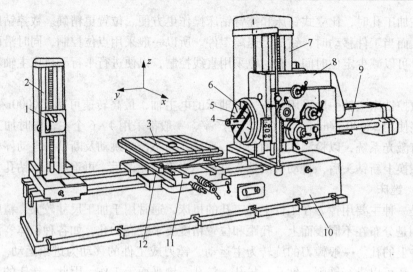

图 2 - 9　卧式镗床

是镗轴直径。

　　2. 坐标镗床

　　坐标镗床是一种高精度机床。其主要特点是依靠坐标测量装置，能精确地确定工作台、主轴箱等移动部件的位移量，实现工件和刀具的精确定位。此外还有良好的刚性和抗振性。它主要用来镗削精密孔（IT5 级或更高）和位置精度要求很高的孔系（定位精度达 0.002 ~ 0.01mm），例如钻模、镗模上的精密孔。坐标镗床的主参数是工作台的宽度。

　　坐标镗床的工艺范围很广，除镗孔、钻孔、扩孔、铰孔以及精铣平面和沟槽外，还可以进行精密刻线、划线以及进行孔距和直线尺寸的精密测量工作。

　　坐标镗床按其布局形式可分为立式和卧式两大类，立式坐标镗床适用于加工轴线与安装基面（底面）垂直的孔系和铣削顶面；卧式坐标镗床适用于加工轴线与安装基面平行的孔系和铣削侧面。

2.4　铣　　床

　　铣床可以加工平面（水平面、垂直面等）、沟槽（键槽、T 形槽、燕尾槽等）、多齿零件上的齿槽（齿轮、链轮、棘轮、花键轴等）、螺旋形表面（螺纹和螺旋槽）及各种曲面，如图 2 - 10 所示。铣床在结构上要求有较高的刚度和抗振性，因为一方面由于铣削是多刃连续切削，生产率较高；另一方面，每个刀刃的切削过程又是断续的，切削力周期性变化，容易引起机床振动。

　　铣床的主要类型有：卧式升降台铣床、立式升降台铣床、龙门铣床、数控铣床、工具铣床和各种专门化铣床。

2.4.1　卧式升降台铣床

　　图 2 - 11 是卧式升降台铣床的外形图。床身 2 固定在底座 1 上，用于安装和支承机床各部件，床身内装有主运动变速传动机构、主轴组件以及操纵机构等。床身 2 顶部的导轨上装有悬梁 3，可沿主轴轴线方向调整其位置，悬梁上装有刀杆支架 5，用于支承刀杆的悬伸端。

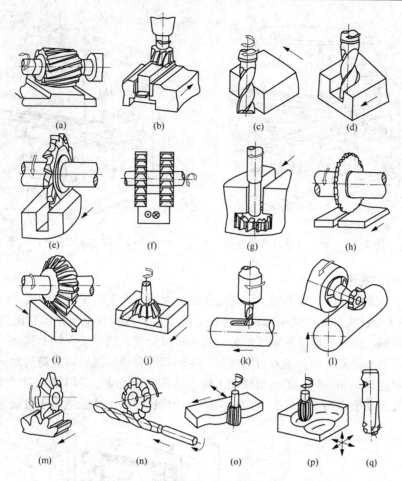

图 2 – 10　铣床加工的典型表面

铣床主轴 4 带动铣刀旋轴。升降台 8 安装在床身 2 的垂直导轨上，可以上下（垂直）移动，升降台内装有进给运动变速传动机构以及操纵机构等。滑鞍 7 装在升降台的水平导轨上，可沿平行主轴 4 的轴线方向（横向）移动，工作台 6 装在滑鞍 7 的导轨上，可沿垂直于主轴轴线方向（纵向）移动。因此，固定在工作台上的工件在相互垂直的三个方向之一实现进给运动或调整位移。

　　万能升降台铣床与卧式升降台铣床的结构基本相同，只是在工作台 6 与滑鞍 7 之间增加了一层转台。转台可相对于滑鞍在水平面内调整一定的角度（调整范围为 ±45°）。工作台可沿转台上部的导轨移动，当转台偏转一角度，工作台可作斜向进给，以便加工螺旋槽等表面。

2.4.2　立式升降台铣床

　　图 2 – 12 是常见的一种立式升降台铣床。其工作台 3、滑鞍 4 及升降台 5 的结构与卧式升降台铣床相同。铣头 1 可根据加工要求在垂直平面内调整角度，主轴 2 可沿其轴线方向进给或调整位置。这种铣床可用端铣刀或立铣刀加工平面、斜面、沟槽、台阶、齿轮、凸轮等表面。

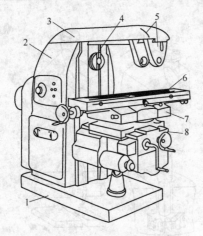 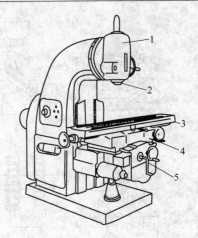

图 2 - 11　卧式升降台铣床　　　　图 2 - 12　立式升降台铣床

2.4.3　龙门铣床

图 2 - 13 是龙门铣床的外形图，主要用于加工大型工件上的平面和沟槽。一般在龙门式框架上有 3 ~ 4 个铣头。每个铣头都是一个独立的运动部件，其中包括单独的电动机、变速机构、传动机构、操纵机构及主轴等部分。铣头可以分别在横梁或立柱上移动，用以作横向或垂直进给运动及调整运动。铣刀可沿铣头的主轴套筒移动实现轴向进给运动。横梁可沿立柱作垂直调整运动。加工时，工作台带动工件作纵向进给运动。龙门铣床刚度高，可以用几把铣刀同时加工几个表面。因此，龙门铣床的生产率比较高，特别适用于批量生产。

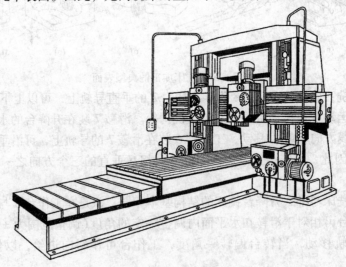

图 2 - 13　龙门铣床

2.5　磨床

用磨料或磨具(砂轮、砂带、油石和研磨料)作为切削工具进行切削加工的机床统称为磨床。磨床广泛应用于零件的精加工，尤其是淬硬钢件、高硬度特殊材料及非金属材料(如陶瓷)的精加工。随着科学技术的发展，特别是精密铸造与精密锻造工艺的进步，使得磨床有可能直接将毛坯磨成成品。此外,高速磨削和强力磨削工艺的发展,进一步提高了磨削效率,因此,磨床的使用范围日益扩大。

磨床的种类很多,主要类型有外圆磨床、内圆磨床、平面磨床、工具磨床、刀具和刃具磨床以及各种专门化磨床、珩磨机、研磨机和超精加工机床等。

2.5.1　外圆磨床

外圆磨床可以磨削 IT6~7 级精度的内、外圆柱和圆锥表面,表面粗糙度值在 $R_a1.25~0.08\mu m$ 之间。外圆磨床的主要类型有普通外圆磨床、万能外圆磨床、无心外圆磨床、宽砂轮外圆磨床和端面外圆磨床等,其主参数是最大磨削直径。

1. 万能型外圆磨床

图 2-14 是万能型外圆磨床典型加工示意图。图中表示了各种典型表面加工时,机床各部件的相对位置关系和所需要的各种运动,它们是:磨外圆砂轮的旋转运动 $n_{砂}$;磨内孔砂轮的旋转运动 $n_{内}$;工件旋转运动 $f_{周}$;工件纵向往复运动 $f_{纵}$;砂轮横向进给运动 $f_{横}$(往复纵磨时是周期间歇运动;切入磨削时是连续进给运动)。此外,机床还有两个辅助运动:为了装卸和测量工件方便,砂轮架的横向快速进退运动;为了装卸工件,尾架套筒的伸缩移动。

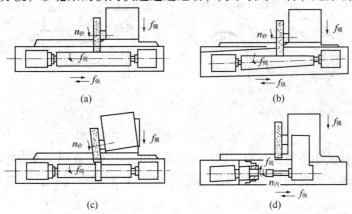

图 2-14　万能外圆磨床加工示意图

图 2-15 所示为 M1432A 型万能外圆磨床外形图。在床身 1 的纵向导轨上装有工作台 3,工作台上装有头架 2 和尾座 6,用以夹持不同长度的工件,头架带动工件旋转。工作台由液压系统驱动沿床身导轨往复移动,使工件实现纵向进给运动。工作台由上下两层组成,其上部可相对于下部水平面内偏转一定的角度(一般不超过 ±10°),以便磨削锥度不大的圆锥面。砂轮架 5 由砂轮主轴及传动装置组成,其安装在床身的横向导轨上,以实现砂轮的横向运动,也可利用液压系统实现周期横向进给运动或快进、快退。砂轮架还可在滑鞍 8 上转动一定的角度以磨削短圆锥面。图 2-15 中内圆磨具 4 处于抬起状态,磨内圆时再放下。

2. 无心外圆磨床

由于磨削时工件不用顶尖定心和支承,而由工件的被磨削外圆面定位,托板支撑进行磨削,所以称为无心外圆磨床。图 2-16 所示为无心外圆磨削的加工示意图,工件放在磨削砂轮与导轮之间,由托板支承进行磨削,如图 2-16(a)所示。导轮是用树脂或橡胶为粘结剂制成的刚玉砂轮,不起磨削作用,它与工件之间的摩擦系数较大,靠摩擦力带动工件旋转,实现圆周进给运动,如图 2-16(b)所示。导轮的线速度在 10~50m/min 范围内。砂轮的转速很高,从而在砂轮和工件间形成很大的相对速度,即磨削速度。

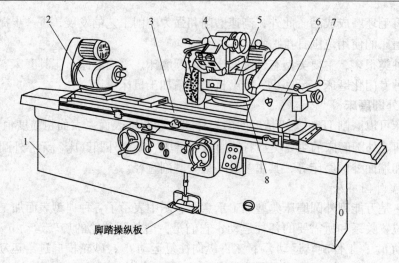

脚踏操纵板

图 2 – 15　M1432A 型万能外圆磨床外形图

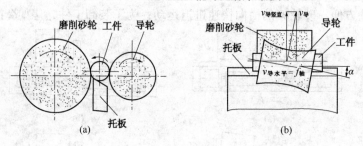

(a)　　　　　　　　　　　　　　(b)

图 2 – 16　无心外圆磨削的加工示意图

磨削时，工件的中心应高于磨削砂轮与导轮的中心连线（高出工件直径的 15% ~ 25%），使工件和导轮、砂轮的接触相当于是在假想的 V 形槽中转动，以避免磨削出棱圆形工件。

2.5.2　内圆磨床

内圆磨床主要用于磨削圆柱孔和圆锥孔，其主参数是最大磨削内孔直径。它的主要类型有普通内圆磨床、无心内圆磨床、行星内圆磨床及专用内圆磨床。

2.5.3　平面磨床

平面磨床主要有四种类型，即卧轴矩台平面磨床、立轴矩台平面磨床、立轴圆台平面磨床和卧轴圆台平面磨床，其加工示意图如图 2 –17。

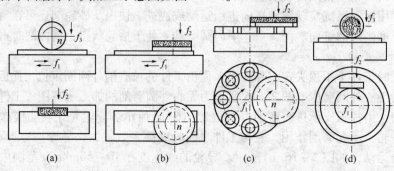

(a)　　　　(b)　　　　(c)　　　　(d)

图 2 – 17　平面磨床的加工示意图

（1）卧轴矩台平面磨床　工件由矩形电磁工作台吸住。砂轮旋转 n 是主运动，工作台纵向往复运动 f_1 和砂轮架横向运动 f_2 是进给运动，砂轮架竖直运动 f_3 是切入运动，如图 2 – 17（a）所示。

（2）立轴矩台平面磨床　砂轮旋转 n 是主运动，矩形工作台纵向往复运动 f_1 是进给运动，砂轮架间歇的竖直运动 f_2 是切入运动，如图 2 – 17（b）所示。

（3）立轴圆台平面磨床　砂轮旋转 n 是主运动，圆工作台转动 f_1 是圆周进给运动，砂轮架间歇的竖直运动 f_2 是切入运动，如图 2 – 17（c）所示。

（4）卧轴圆台平面磨床　砂轮旋转 n 是主运动，圆工作台转动 f_1 是圆周进给运动，砂轮架连续径向运动 f_2 是径向进给运动，间歇的竖直运动 f_3 是切入运动，如图 2 – 17（d）所示。此外，工作台的回转中心线可调整至倾斜位置，以便磨削锥面，例如磨削圆锯片的侧面。

目前，最常见的平面磨床为卧轴矩台平面磨床和立轴圆台平面磨床。

2.6　齿轮加工机床

齿轮加工机床是加工齿轮轮齿的基本设备。按照被加工齿轮的形状，齿轮加工机床可分为圆柱齿轮加工机床和圆锥齿轮加工机床。圆柱齿轮加工机床主要有滚齿机、插齿机等；圆锥齿轮加工机床有加工直齿锥齿轮的刨齿机、铣齿机、拉齿机和加工弧齿锥齿轮的铣齿机；用来精加工齿轮齿面的机床有研齿机、剃齿机和磨齿机等。

2.6.1　齿轮加工方法

根据齿形形成的原理，齿轮加工方法可分为成形法和展成法两类。

1. 成形法

成形法是用与被加工齿轮齿槽形状相同的成形刀具切削轮齿。图 2 – 18（a）所示是用盘形齿轮铣刀形成齿廓渐开线（母线）加工直齿圆柱齿轮。为了铣出一定长度的齿槽，需要两个运动，即盘形齿轮铣刀的旋转运动，该运动又称为主运动，其速度用 v_c 表示；铣刀沿齿轮坯的轴向移动，该运动又称为进给运动，进给量用 f 表示，两个都是简单运动。铣完一个齿槽后，铣刀退回到原位，齿轮坯作分度运动——转过 $360°/Z$（Z 是被加工齿轮的齿数），然后再铣下一个齿槽，直到全部齿槽铣削完毕。

当加工的齿轮模数较大时，常用指状齿轮铣刀铣齿轮，所需运动与盘形铣刀相同，如图 2 – 18（b）所示。

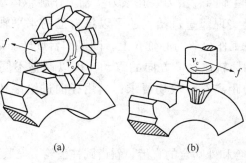

(a)　　　　　　　　　(b)

图 2 – 18　成形法加工齿轮

2. 展成法

展成法亦称包络法,是利用齿轮的啮合原理进行加工的。把齿轮啮合副中的一个转化为刀具,另一个转化为工件,并强制刀具与工件严格地按照运动关系啮合(作展成运动),则刀具切削刃在各瞬时位置的包络线就形成了工件的齿廓线。展成法切削齿轮,其刀具的切削刃相当于齿条或齿轮的齿廓,与被加工齿轮的齿数无关,只需一把刀具就能加工出模数相同而齿数不同的齿轮,其加工精度和生产率都比成形法高,因而应用也最广泛。

采用展成原理加工齿轮的机床有滚齿机、插齿机、磨齿机、剃齿机和珩齿机等。

2.6.2　滚齿机

滚齿机广泛用于加工直齿和斜齿圆柱齿轮,又是唯一能加工蜗轮的齿轮加工机床。

1. 滚齿原理

滚齿机是用齿轮滚刀根据展成原理来加工齿轮渐开线齿廓的。如图 2-19 所示,当将图 2-19(a)这对啮合传动副中的一个齿轮的齿数减少到几个或一个,螺旋角 β 增加到很大时,它就成了蜗杆,如图 2-19(b)。再将蜗杆开槽并铲背,就成为齿轮滚刀,如图 2-19(c)。当滚刀与工件按确定的关系相对运动时,滚刀的切削刃便在工件上滚切出齿槽,形成渐开线齿面。滚齿时的成形运动是滚刀旋转运动和工件旋转运动组成的复合运动,这个复合运动称为展成运动。为了得到所需的渐开线齿廓和齿轮齿数,滚齿时滚刀和工件之间必须保持严格的相对运动关系,即当滚刀转过一转时,工件应该相应地转 $K/Z_\text{工}$(K 为滚刀头数,$Z_\text{工}$ 为工件齿数)转。

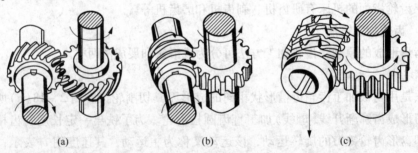

(a)　　　　　　　　(b)　　　　　　　　(c)

图 2-19　滚齿原理

2. Y3150E 型滚齿机

Y3150E 型滚齿机主要用于滚切直齿和斜齿圆柱齿轮,使用蜗轮滚刀时,还可以手动径向进给滚切蜗轮。图 2-20 是 Y3150E 型滚齿机外形图。图中:1 是床身,2 是立柱,3 是刀架。刀架上装有滚刀主轴 4,滚刀装在滚刀主轴上作旋转运动。刀架可以沿立柱上的导轨作上下直线运动,以实现竖直进给,还可以绕自己的水平轴线转位,以实现对滚刀安装角的调整。工件装在工作台 7 的心轴 6 上,随工作台旋转。后立柱 5 和工作台装在同一溜板上,可沿床身 1 的导轨作水平方向的移动,用以调整不同直径的工件轴线的安装位置,使其与滚刀轴线的距离符合滚切要求;当用径向进给滚切蜗轮时,这个水平移动是径向进给运动。

2.6.3　插齿机

插齿机用于加工内啮合和外啮合的直齿、斜齿圆柱齿轮,尤其适用于加工内齿轮和多联

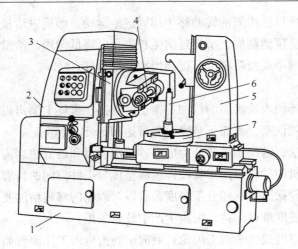

图 2 - 20　Y3150E 型滚齿机

齿轮中的小齿轮,装上附件后还可以加工齿条,但插齿机不能加工蜗轮。

插齿机的工作原理类似一对相啮合的圆柱齿轮,其中一个齿轮作为工件,另一个是"特殊的"齿轮(插齿刀),它的模数和压力角与被加工齿轮完全相同,且在端面磨有前角,齿顶及齿侧均磨有后角。图 2 - 21 所示为插齿原理及插齿时所需要的成形运动。

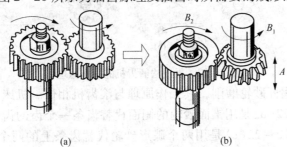

图 2 - 21　插齿原理及加工时所需要的成形运动

当插齿机插直齿时,所需要的展成运动分解为刀具的旋转运动 B_1 和工件的旋转运动 B_2 以形成渐开线齿廓。插齿刀上下往复运动 A 是一个简单的成形运动,以形成轮齿齿面的直导线。当插斜齿轮时,插齿刀主轴在一个专用的螺旋导轨上上下移动,由于导轨的作用,插齿刀还有一个附加转动,用以形成斜齿圆柱齿轮的螺旋线导线。

插齿机除了必须的插削主运动和展成运动以外,还需要让刀运动、径向切入运动和圆周进给运动。

(1)让刀运动　插齿刀向上运动(空行程)时,为了避免擦伤工件齿面及减少刀具的磨损,刀具和工件之间应该让开一定间隙,而在插齿刀向下开始工作行程之前,应迅速恢复到原位,以便刀具进行下一次切削,这种让开和恢复原位的运动称为让刀运动。

(2)径向切入运动　开始插齿时,如插齿刀立即径向切入工件至全齿深,将会因切削负载过大而损坏刀具和工件。为了避免这种情况,工件应该逐渐地移向插齿刀(或插齿刀移向工件),作径向切入运动。当刀具切入工件至全齿深后,径向切入运动停止,然后工件再旋转一整转,便能加工出全部完整的齿廓。

(3)圆周进给运动　插齿刀转动的快慢决定了工件轮坯转动的快慢,同时也决定了插齿刀每次切削的负荷，所以插齿刀的转动称为圆周进给运动。圆周进给量的大小用插齿刀每次往复行程中，刀具在分度圆圆周上所转过的弧长表示。降低圆周进给量将会增加形成齿廓的刀刃切削次数，从而减小表面粗糙度，提高齿廓曲线精度。

2.6.4　磨齿机

磨齿机多用于对淬硬齿轮齿面的精加工，也可直接在齿坯上磨出齿廓表面。磨齿加工能修整齿轮预加工的各项误差，其加工精度一般可达 IT6 级以上。

按齿廓的形成方法，磨齿机通常分为成形砂轮法磨齿和展成法磨齿两大类。

成形砂轮法磨齿机的砂轮截面形状按样板修整成与工件齿间的齿廓形状相同。机床的加工精度主要取决于砂轮截面形状和分度精度，所以对砂轮的修整精度要求很高，修整难度较大，而且砂轮廓形粗糙度难以保持，因而生产中较少采用。

大多数磨齿机是以展成法来加工齿轮。展成法磨齿机的工作原理如图 2 - 22 所示。

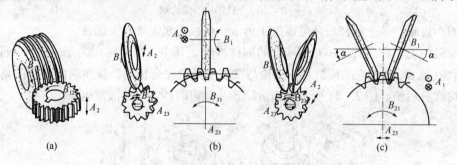

图 2 - 22　展成法磨齿机的工作原理

图 2 - 22(a)是用蜗杆砂轮磨削，其工作原理与滚齿机相似。机床生产率较高，但砂轮修整比较困难。图 2 - 22(b)是用锥面砂轮的侧面代替齿条一个齿的齿侧来磨削齿轮，加工精度通常可达 5 级。图 2 - 22(c)是用两个碟形砂轮代替齿条上的两个齿侧面来磨削齿轮，砂轮易修整，但生产率较低。

第3章 机床夹具的基本原理

机床夹具是机械制造中的一项重要工艺装置，它是用以装夹工件和引导刀具的附加装置。主要用于金属切削加工，在机床与工件、刀具之间起桥梁作用，是工艺系统中的一个重要环节。它可准确地确定工件与刀具、机床的相对位置，确保加工质量；它可以提高生产效率，降低劳动强度；它可以扩大或改变机床的使用范围等。因此，机床夹具是保证机械加工工艺过程正常进行的技术硬件之一。

3.1 机床夹具概述

3.1.1 工件的安装方法

在机床上进行加工时，必须把工件安装在准确的加工位置上，并将其可靠固定，以确保工件在加工过程中不发生位置变化，才能保证加工出来的表面达到规定的加工要求（尺寸、形状和位置精度），这个过程简称工件的安装。机械加工时，确定工件在机床上或夹具中占有准确加工位置的过程称为定位。在工件定位后用夹紧力将其固定，使其在加工过程中保持定位位置不变的操作称为夹紧。安装就是定位和夹紧过程的总和。

由于工件的加工批量、加工精度要求以及结构尺寸的不同，工件在安装中的定位方式也不同，相应工件的安装方法也不同。工件在机床上的安装方法有三种。

1. 直接找正定位安装法

用划针、百分表等直接在机床上找正工件的位置，然后夹紧。如图3-1所示，加工内孔之前用百分表找正外圆表面来获得正确安装位置，外圆表面称为定位基准。用百分表找正内外圆的同轴度误差约为0.005~0.02mm；若用划针找正，内外圆同轴度误差约为0.5 mm左右。直接找正定位安装法费时费事，一般在单件小批生产中或工件定位精度要求特别高时使用。

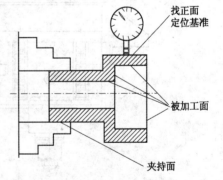

图3-1 直接找正定位的安装

2. 划线找正定位安装法

按照零件图在毛坯上用划针划出中心线、对称线及加工表面的轮廓线，然后按线找正工件在机床上的位置并将其夹紧。由于划线和找正的误差都比较大，工件的定位精度一般只能达到0.2~0.5mm。这种安装法也比较费时，只适用于生产批量不大、形状较复杂的铸件；重型铸、锻件；毛坯尺寸公差较大、表面较粗糙的情况。

3. 夹具定位安装法

利用夹具定位安装工件，如图3-2所示，图（a）为工件，图（b）为夹具。夹具以一定的位置安装在机床上，工件按照定位原理在夹具中定位并夹紧，不需要进行找正。这种方法装卸工件方便，可节省大量辅助时间。但夹具的制造费用高，制造周期长。一般只适用于批量生产、单件小批生产中一些有特殊加工要求的工件。如图3-2（b）所示，夹具以定位键安装在机床的工作台上。工件安装时不需要找正定位，可直接把工件放入夹具中。工件的 A 面支承在两支承板 2 上；B 面支承在两齿纹顶的支承钉 3 上；端面靠在支承钉 4 上，这样就完成了工件在夹具中的定位，然后旋紧螺母 9 通过压板 8 把工件夹紧，完成了整个工件的安装过程。下一工件进行加工时，夹具在机床上的位置不动，只需松开螺母 9 进行装卸工件即可。

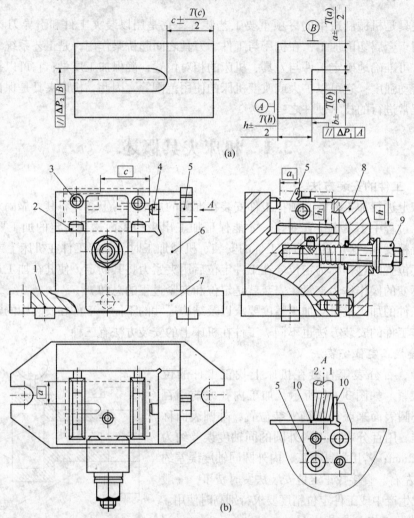

图 3-2　铣槽工序用的铣床夹具

1—定位键；2—支承板；3—齿纹顶支承钉；4—平头支承钉；5—侧装对刀块；

6—夹具底座；7—底板；8—螺旋压板；9—夹紧螺母；10—对刀塞尺

3.1.2　机床夹具的作用

从图 3-2 可知，机床夹具主要保证的是工件的位置尺寸和表面间的相互位置关系精度，它是机械加工过程中不可缺少的一种工艺装备，其主要作用可归纳入下：

（1）保证稳定可靠的达到各项加工精度要求。夹具在机床上正确安装和对刀其位置是确定的；工件在夹具中的位置是由夹具中的定位元件所确定的，因此工件相对于刀具和机床的位置易于得到保证，且不受各种主观因素的影响，加工精度稳定；

（2）缩短了辅助时间，提高了劳动生产率，降低生产成本。辅助时间占整个生产时间的多少，在某种意义上是衡量一个企业甚至一个国家的制造水平的标志之一。使用夹具可以使工件迅速在夹具中安装，避免手工找正而浪费的时间。特别是采用多件、多工位加工及高效机动夹紧，可使生产效率成倍提高；

（3）减轻工人劳动强度；

（4）降低了对工人的技术要求；

（5）扩大了机床的工艺范围。在机床上安装专用夹具，即可扩大原机床的加工范围。如在铣床上安装靠模夹具就可铣削航空发动机叶片型面。

应该特别指出，尽管机床夹具有如此有效的作用，但其使用是有条件的。由于专用机床夹具的设计制造周期较长，在单件小批生产的条件下会造成产品成本的增加，只有在一定批量的情况下使用才是经济的。

3.1.3　机床夹具的分类

机床夹具的种类和形式十分繁多，按照机床夹具的使用范围，大致可分为四类：

（1）通用夹具　通用夹具具有很强的通用性，使用时无需调整或稍加调整，就可以适应多种工件的装夹，例如通用的三爪或四爪卡盘，机用虎钳，万能分度头，磁力工作台等都是与这一类夹具。主要用于单件小批生产。

（2）专用夹具　针对工件某一工序的加工而专门设计制造的夹具。如专门用于加工图 3 - 2（a）所示工件的铣床夹具[图 3 - 2（b）]，当产品变换或工序内容更动后，夹具往往也就无法再使用。这类夹具主要适用于产品和工艺相对稳定的成批生产。

（3）组合夹具　按工件某一工序的加工要求，选择一套预先准备好的通用的夹具标准元件或部件组合而成的夹具。这类夹具用完后，可以拆卸、清洗、入库，以备为加工其他零件再重新组合使用。因此，可以缩短夹具的设计和制造周期，有利于加快生产准备工作。标准化的组合夹具元件，可多次重复使用。这类夹具主要适用于多品种小批量生产，特别是新产品的试制。

（4）通用可调夹具和成组夹具　经过适当调整或更换夹具上的个别元件后，即可用于加工形状、尺寸和加工工艺相似的多种工件。通用可调夹具的加工对象不很明确，其通用范围很大，如车床用的可调整花盘，钻床用的可调整滑柱式钻模等。成组夹具则是专门为成组加工工艺中某一组零件而设计制造的，它的加工对象和适用范围很明确，针对性强，其结构比较紧凑。这类夹具可使小批量生产有可能获得类似于大批量生产的效益，是改革工艺装备设计的一个发展方向。

（5）随行夹具　随行夹具使自动线上经常使用的夹具，他随工件一起在自动线上运行，除担负工件的安装任务外，还负责工件的运输和传送。

机床夹具也可以按所使用的机床分类，如车床夹具、铣床夹具、钻床夹具、镗床夹具、磨床夹具和齿轮机床夹具等。还可按驱动夹具夹紧的动力来源分类，如手动夹具、气动夹具、液压夹具、电动夹具、电磁夹具、真空夹具等。

机床夹具的分类如图 3 - 3。

3.1.4　机床夹具的组成

机床夹具主要是由以下几个部分组成：

（1）定位元件　定位过程中使用的元件，与工件的定位面相接触，确定工件在夹具中的正确位置。如图 3 - 2 中的支承板 2、支承钉 3 和 4；图 3 - 4 所示具有分度功能的钻床夹具中的 3 和 5 都是定位元件。

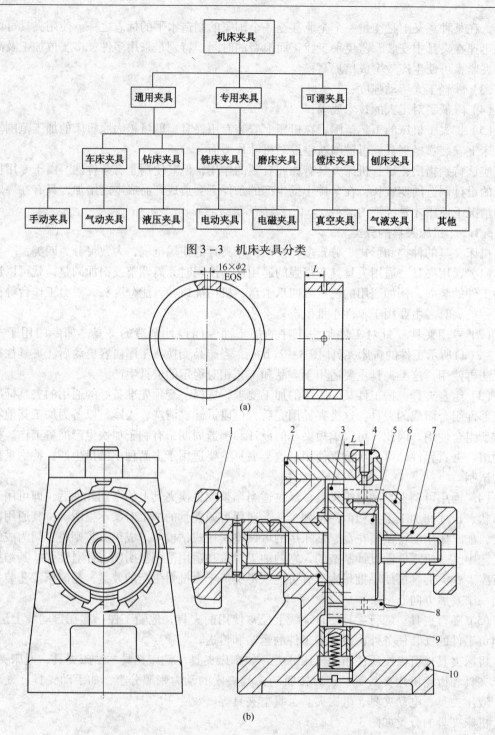

图 3 - 3   机床夹具分类

图 3 - 4   分度钻床夹具

1—分度操纵手柄；2—钻模板；3—分度板；4—钻套；5—定位心轴；

6—开口垫圈；7—夹具螺母；8—工件；9—对定机构；10—夹具体

（2）夹紧装置   实现对工件夹紧，使工件在定位后，保持在加工过程中不会移动。如图 3 - 2 中的压板 8 和夹紧螺母 9 等组成的压板部件；图 3 - 4 中的螺母 7 和开口垫圈 6 等元件所组成的夹紧装置。

（3）对刀元件　调整刀具相对机床或夹具的位置。如图 3 - 2 中的对刀块 5。

（4）导引元件　导引刀具的运动方向。如图 3 - 4 中的钻套 4 导引钻头的进给方向。

（5）其他装置　实现定位和夹紧以外的辅助过程。如图 3 - 2 中由对定机构 9 和分度板 3 组成的分度装置进行分度加工。

（6）连接元件和连接表面　与机床表面接触，确定夹具在机床中的正确位置。如图 3 - 2 中的定位键 1、夹具体底面和夹具体上的 U 形耳座。

（7）夹具体　夹具的基础元件，用于连接夹具上的各元件和装置，使其成为一个整体。如图 3 - 4 中的铸造夹具体 10。

3.2　工件在夹具中的定位原理

工件定位的实质就是要使工件在夹具中占有某个正确的位置。在夹具设计中，定位方案不合理，工件的加工精度就无法保证，工件定位方案的确定是夹具设计中首要解决的问题。

3.2.1　工件定位的基本原理

工件在不受约束的情况下，在空间都具有运动的可能性，这种运动的可能性成为工件的自由度。工件在空间直角坐标系中具有六个运动自由度，即沿三个相互垂直的坐标轴的移动自由度（$\vec{X}$，$\vec{Y}$，$\vec{Z}$）和绕三个坐标轴的转动自由度（$\overset{\frown}{X}$，$\overset{\frown}{Y}$，$\overset{\frown}{Z}$），如图 3 - 5 所示。

在夹具中，自由度可以理解为工件位置上的不确定。假如能使工件在夹具中的六个自由度保持不变，即限制工件具有的六个自由度，则就可以做到使工件在夹具中占有确定的几何位置，达到了定位的要求，这就是定位的基本原理，也称"六点定位原理"。

如图 3 - 6 所示，用六个定位支承点与工件接触，每个定位支承点限制工件的一个自由度，便可将工件的六个自由度完全限制，工件在空间的位置也就被唯一确定。

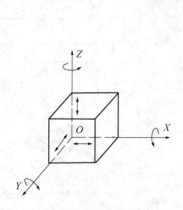

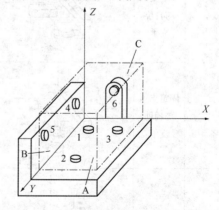

图 3 - 5　工件在空间直角坐标系的六个自由度　　　图 3 - 6　用定位支承点限制工件六个自由度

综上所述，定位基本原理可归纳为：工件在夹具中具有六个自由度，这六个自由度需要用夹具上按一定要求布置的六个支承点来限制，其中每个支承点相应限制工件的一个自由度。

在应用定位基本原理进行定位分析时，应注意以下几个问题：

（1）定位就是限制自由度，通常用合理布置定位支承点的方法来限制工件的自由度。

（2）定位支承点限制工件自由度的作用，应理解为定位支承点与工件定位基准面始终保持紧贴接触，若二者脱离，则意味着失去定位作用。

（3）一个定位支承点只能限制一个自由度，限制工件自由度的支承点最多不能超过六个。

（4）分析定位支承点的定位作用时，不考虑任何力的影响。工件的某一自由度被限制，是指工件在这一方向上有确定的位置，并非指工件在受到使其脱离定位支承点的外力时，不能运动，欲使其在外力作用下不能运动，是夹紧的任务；反之，工件在外力的作用下不能运动，即被夹紧，也并不是说工件的所有自由度被限制。要正确区分定位与夹紧的概念。

（5）定位支承点是由定位元件抽象而来，定位支承点总是通过具体的定位元件来体现，至于具体的定位元件应转化为几个定位支承点，由定位元件的具体结构来决定。表3-1为常见的典型定位方式及定位元件转化的支承定数目和限制的自由度数。

表3-1　常见典型定位方式及定位元件所限制的自由度

工件定位 基准面	定位元件	定位方式及所限制的自由度	工件定位 基准面	定位元件	定位方式及所限制的自由度
外圆柱面	V 形块	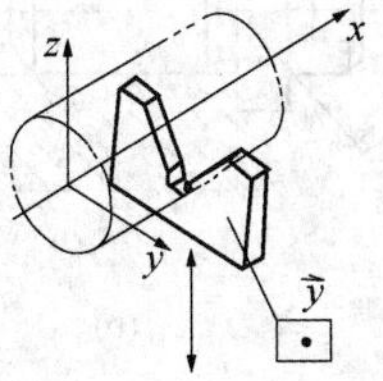	外圆柱面	固定锥套与浮动锥套组合	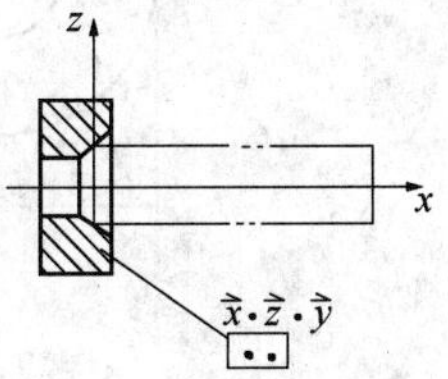
	短定位套	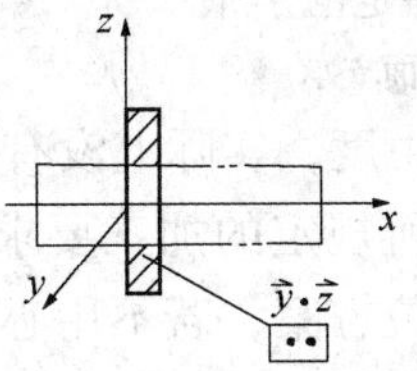			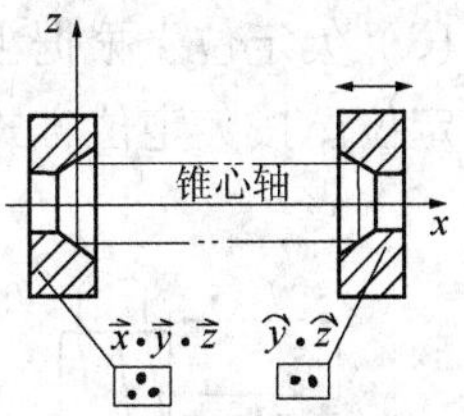
	长定位套	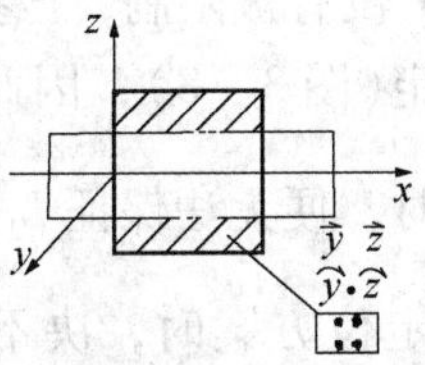	锥孔	顶尖	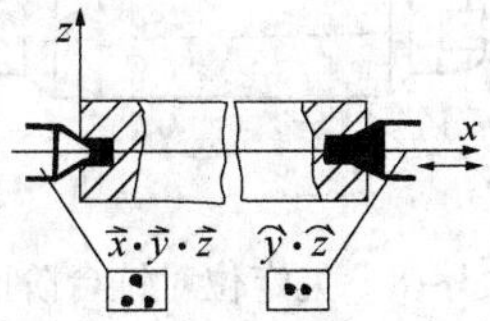
	半圆孔	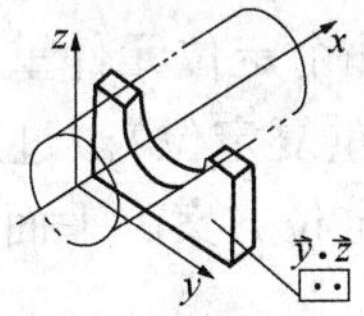		锥心轴	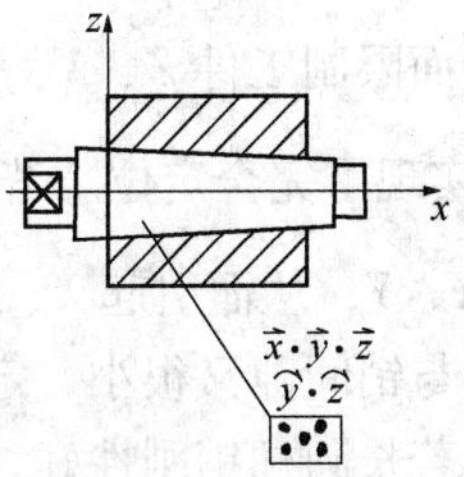

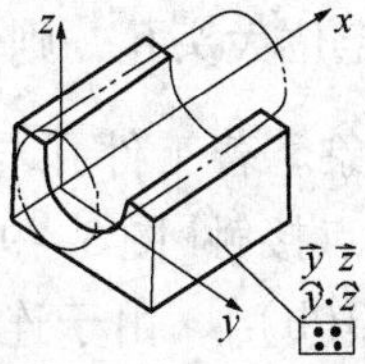

注：□内点数表示相当于支承点的数目，□外注表示定位元件所限制工件的自由度。

3.2.2　工件在夹具中定位的几种情况

根据夹具定位元件限制工件运动自由度的不同，工件在夹具中的定位，有下列几种情况：

（1）完全定位　选用并布置定位元件，使工件具有的六个方向自由度全部被限制，工件在夹具中占有完全确定的唯一位置，称为完全定位。图 3-6 所示的定位方案即为完全定位。

（2）不完全定位　部分限制了工件几个方向的自由度而没有全部限制工件的六个方向自由度，但能满足工序的加工要求，称为不完全定位。图 3-7 所示的定位方案即为不完全定位。完全定位与不完全定位都能满足工件的工序加工要求，因而都是正确的。究竟应该采用哪种定位，由该工序的加工要求来决定。

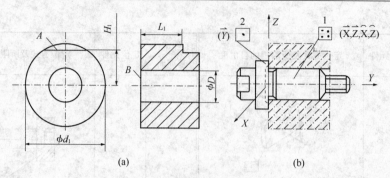

图 3 - 7　铣台阶面工序定位分析
1—定位心轴；2—端面支承

（3）欠定位　根据工序加工要求应该限制的自由度，实际上没有完全限制，这种现象称为欠定位。按欠定位方式加工，必然无法保证工序所规定的加工要求。如图 3 - 7 所示的铣台阶面工序的定位方案，若不用心轴的端面支承 2 来定位工件端面 B，则 $\vec{Y}$ 没有被限制，该批工件在心轴上沿 Y 坐标轴的位置就不定（图 3 - 8），因此用调整法铣削加工该批工件的台阶面时，便无法保证 $L_1 \pm \dfrac{T(L_1)}{2}$ 尺寸。故确定工件在夹具中的定位方案时，决不允许发生欠定位这样的原则性错误。

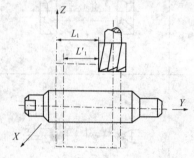

图 3 - 8　欠定位对铣台阶面的影响

（4）过定位　几个定位元件重复限制同一个自由度的现象称为过定位（重复定位）。过定位会使夹具定位元件之间发生相互矛盾与干涉。如图 3 - 9 所示为连杆的定位方案，平面支承 1 定位大小头的两个端面限制工件 $\vec{Z}$、$\hat{X}$、$\hat{Y}$，短圆柱定位销 2 限制大孔 $\vec{X}$、$\vec{Y}$，挡销 3 定位小头外侧限制工件 $\hat{Z}$，实现了完全定位。若将短销 2 改用长圆柱定位销定位大头孔，则长定位销将限制工件 $\vec{X}$、$\vec{Y}$、$\hat{X}$、$\hat{Y}$，从而引起 $\hat{X}$、$\hat{Y}$ 的重复限制，出现干涉现象。若工件孔与端面垂直度误差较大，且孔与销间隙又很小，定位后工件歪斜，端面只有一点接触[图 3 - 9（b）]。当施加夹紧力 J 时，若长圆柱销刚性好，夹紧后连杆将变形[图 3 - 10（b）]，由于连杆的刚性较差，在夹紧力的作用下产生弹性变形[图 3 - 10（a）]，若刚性不足，夹紧后长圆柱销将歪斜，工件也可能产生变形加工后[图 3 - 10（b）]，二者都会引起加工大孔的位置误差，是连杆的两孔的轴线不平行。因此，这种过定位是不允许的。

消除过定位及其干涉有两种途径：①改变定位元件的结构，以减小转化支承点的数目，消除被重复限制的自由度。如生产中常用的一面两孔定位方案，其中一定位销为削边销，限制自由度的数目有原来的两个减少为一个。②提高工件定位基面之间及夹具定位工作表面之间的位置精度，以消除过定位引起的干涉。如上例连杆定位方案中，保证销与基面、孔与连杆端面的垂直度。这种表面上的过定位在生产实际中仍然应用。确定工件在夹具中的定位方案时，应该避免过定位。但在一定条件下，过定位也是允许的，有时还能得到较好的定位效果，要视具体情况而定。

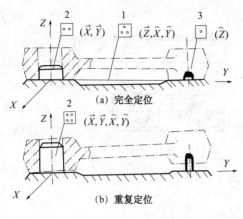

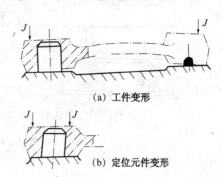

图 3-9　连杆的定位方案　　　　　　　　图 3-10　重复定位造成的后果

3.3　常见定位方式及定位元件

工件在夹具中的定位是通过工件上的定位基面与夹具上的定位元件的定位工作表面的配合与接触来实现的。工件的定位基面不同所用的定位方式和定位元件的结构也就不同。

3.3.1　工件以平面定位

平面定位是常见的工件定位方式，其定位基准为平面，如箱体、机座、支架、板盘类零件等，多以平面为定位基准。常用的定位元件有以下几种：

1. 固定支承

固定支承是指高度尺寸固定，不能调节的支承，包括固定支承钉和固定支承板两类。固定支承钉用于较小平面的支承，固定支承板用于较大平面的支承。

固定支承钉的结构已标准化，其具体结构有三种形式，如图 3-11 所示。A 型称平头支承钉，用于已加工表面；B 型称球头支承钉，用于未加工表面，以保证良好接触；C 型称网纹头支承钉，用于未加工表面，可减少实际接触面积，增大摩擦，使定位稳定可靠。

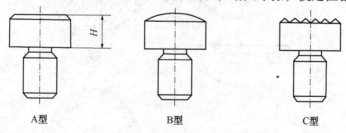

图 3-11　固定支承钉

固定支承板的结构也已标准化，其具体结构形式有两种，如图 3-12 所示。A 型结构简单，埋头螺钉处易堆积切屑，一般用于工件侧面或顶面定位；B 型支承板克服了 A 型的缺点，主要用于工件的底面定位。

2. 可调支承

可调支承是指顶端位置可在一定高度范围内调整的支承。多用于未加工平面的定位，以调节和补偿各批毛坯尺寸的误差，如图 3-13 所示，均为螺钉及螺母组成。

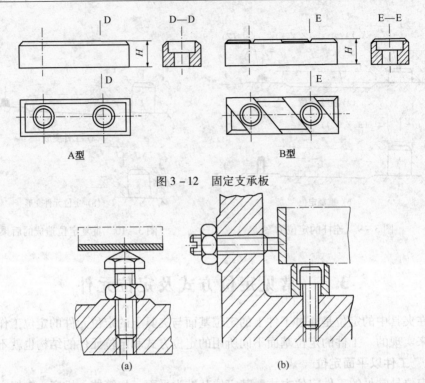

图 3 – 12　固定支承板

图 3 – 13　可调支承

3. 自位支承

自位支承也称浮动支承,其定位工作面的位置能自动适应工件定位基面位置的变化,自位支承能增加与工件定位面的接触点数目,使单位面积压力减少,多用于刚性不足的毛坯表面或不连续的平面定位。自位支承的结构形式如图 3 – 14 所示,分为两点和三点接触,无论哪一种,都相当于一个定位支承点,限制工件的一个自由度。

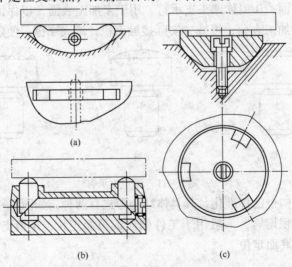

图 3 – 14　自位支承

4. 辅助支承

在生产中，有时为了提高工件的刚度和定位稳定性，常采用辅助支承。辅助支承的结构形式很多，如图 3 - 15 所示，辅助支承不起定位作用，既不限制工件的自由度，同时也不能破坏基本支承对工件的定位，因此，辅助支承的结构都是可调并能锁紧的。

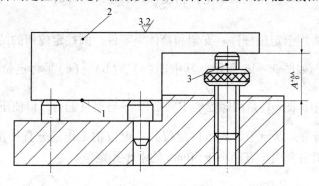

图 3 - 15　辅助支承
1—固定支承；2—工件；3—辅助支承

3.3.2　工件以圆孔定位

工件的定位基准是圆柱孔，相应定位元件的定位工作面是外圆面，以圆柱孔和外圆面的相互配合或接触实现定位。如套筒、法兰盘、拨叉等。

1. 圆柱定位心轴

圆柱定位心轴的结构形式很多，常见的有三种。如图 3 - 16 所示。图(a)和图(b)是过盈配合心轴，前者带台阶可轴向定位，后者不带台阶，用于不需轴向定位的工件，工件定位孔与心轴定位外圆采用过盈配合 $\dfrac{H7}{r6}$。心轴的结构由三部分组成：导向部分 1、定位部分 2 和传动部分 3。适应于定位精度高切削力较小的场合。图(c)是间隙配合圆柱心轴，心轴定位部分与工件定位孔采用间隙配合 $\dfrac{H7}{g6}$，依靠螺母通过开口垫圈将工件夹紧，由于间隙的存在，工件定心精度较差。

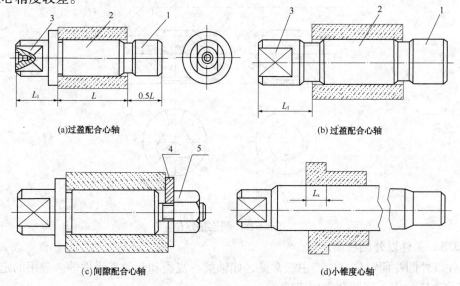

(a)过盈配合心轴　　　　　　　　　　　　　　　(b)过盈配合心轴

(c)间隙配合心轴　　　　　　　　　　　　　　　(d)小锥度心轴

图 3 - 16　圆柱定位心轴

　　工件以圆孔定位时，还会用到图 3-16(d)所示的小锥度心轴来定位，心轴的锥度极小，为 1/5000~1/1000，常用于定心定位精度高，切削力小的场合，工件在心轴上楔紧后其配合部位会产生弹性变形而形成过盈配合，并产生摩擦力带动工件回转，多用于车或磨同轴度要求较高的盘内零件，可获得较高的定位精度(0.005~0.01mm)。

　　2. 圆柱定位销

　　圆柱定位销主要用于定位杆件、支架和箱体类零件。圆柱定位销的结构已标准化，其具体结构形式有两种，如图 3-17 所示。其中图(a)、(b)、(c)是将定位销以 $\frac{H7}{r6}$ 或 $\frac{H7}{n6}$ 配合，直接压入夹具体孔中；图(d)是用螺栓经中间套以 $\frac{H7}{n6}$ 与夹具配合，以便于更换。定位销头部应做出 15°倒角或圆角，以便于装入工件定位孔。定位销工作部分直径按 h5、h6、g5、g6、f6、f7 制造。定位销主要用于直径小于 50mm 的中小孔定位。

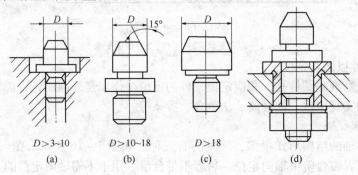

D>3~10　　　　D>10~18　　　　D>18
(a)　　　　　　(b)　　　　　　(c)　　　　　　(d)

图 3-17　圆柱定位销

　　3. 锥销

　　工件的定位面是圆孔，定位元件的工作面是圆锥面。锥销与圆孔沿孔口接触，其接触线为某一高度上的一个圆，孔口的形状直接影响定位精度。图 3-18(a)结构用于精基准；图 3-18(b)的结构用于粗基准，均可限制工件的三个自由度。

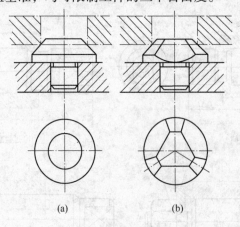

(a)　　　　　　　　(b)

图 3-18　圆锥销定位

3.3.3　工件以外圆柱面定位

　　工件以外圆柱面定位在生产中很常见，如轴类、盘类和套筒类零件等。常用的定位元件有 V 形块、定位套、半圆孔定位座等。

1. 圆定位套

圆定位套的定位工作面是圆孔，工件的定位面是外圆柱面，与定位心轴定位圆柱孔正好相反。其结构形式如图 3 – 19 所示。圆定位套装在夹具体上，用以支承外圆表面，起定位作用。这种定位方法，由于工件外圆于定位孔配合间隙的存在，定心精度比较低。

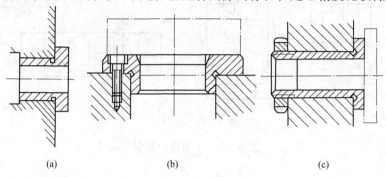

(a)　　　　　　　　(b)　　　　　　　　(c)

图 3 – 19　圆定位套定位

2. 半圆孔定位座

将同一圆周面的孔分成两半圆，下半圆部分装在夹具体上，起定位作用，上半圆部分装在可卸式或铰链式盖上，起夹紧作用，如图 3 – 20 所示，工作表面使用耐磨材料制成的两个半圆衬套，并镶在基体上，以便于更换。半圆孔定位座适用于大型轴类工件的定位。

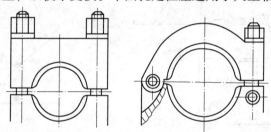

图 3 – 20　半圆孔定位座

3. V 形块

V 形块可用于完整外圆柱面和非完整外圆柱面的定位，它是外圆定位最常用的定位元件。

（1）V 形块的结构　V 形块的典型结构如图 3 – 21。定位较短外圆柱面时，采用标准 V 形块[图 3 – 21(a)]；定位较长外圆柱面或两段外圆柱面相距较远或阶梯轴时，采用长 V 形块或两个短 V 形块的组合[图 3 – 21(b)]；定位外圆柱面直径较大时，采用铸铁底座镶淬火钢或硬质合金[图 3 – 21(c)]，以提高定位工作面的耐磨性。

（2）V 形块的结构参数标准　V 形块的结构参数如图 3 – 22(GB 2208—91)。包括：V 形块的理论圆（或标准心轴）直径 D；V 形块高度 H；V 形块的开口尺寸 N；V 形块的定位高度 T；V 形块的夹角 α。通常 α 有 60°、90°和 120°三种，以 90°为最常用。

（3）V 形块的定位特性　V 形块定位外圆时具有下列特性：

① 对中特性。不管定位外圆直径如何变化，被定位外圆的轴线一定通过 V 形块夹角为 α 的二斜面的对称平面(图 3 – 23)。

② 定心特性。V 形块以二斜面与工件的外圆接触起定位作用。工件的定位面是外圆柱面，所体现的定位基准是外圆轴线。

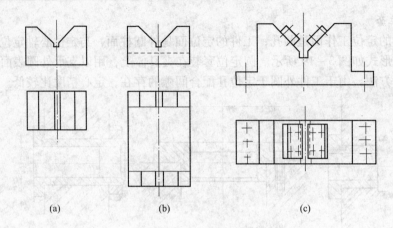

(a)　　　　　　　(b)　　　　　　　(c)

图 3 – 21　V 形块的类型

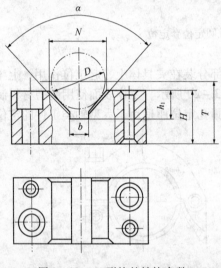

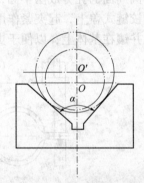

图 3 – 22　V 形块的结构参数　　　　图 3 – 23　V 形块的对中特性

③ 理论圆体现。V 形块的位置特性 理论圆的直径等于工件定位外圆直径的平均尺寸，它是一个常量。而一批工件的定位外圆直径尺寸则是在规定的极限偏差范围内变化的变量。理论圆的直径体现 V 形块的定位高度。

3.3.4　工件以圆锥孔定位

加工轴类工件或某些要求精确定心的工件，通常以工件上的锥孔作为定位基准，所用的

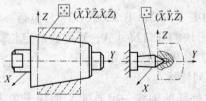

（a）圆锥心轴定位　　（b）圆锥销定位
图 3 – 24　圆锥孔定位

定位元件为圆锥心轴或圆锥销。其结构如图 3 – 24 所示，其中圆锥心轴限制工件五个自由度；圆锥销限制工件三个自由度。

3.3.5　组合定位

生产中，工件以一个基准定位有时不能满足加工要求，需要用两个或两个以上的基准共同完成对工件定位，这种定位方式称组合定位。

1. 组合定位要点

（1）几个定位元件组合起来定位一个工件相应的

几个定位面时，该组合定位元件能限制工件的自由度总数等于每个定位元件单独定位相应定位面时所能限制自由度的数目之和，不会因组合后而发生数量上的变化，但它们单独限制自由度的方向却会随不同的组合而改变。

（2）组合定位中，定位元件原来起限制工件移动自由度的作用，在组合定位后可能会转化成起限制工件转动自由度的作用，且该定位元件就不再起限制工件移动自由度的作用。

（3）单个表面的定位是组合定位的基本单元。

2. 消除组合定位时产生过定位现象的措施

组合定位时，常会产生过定位现象。若属不允许的过定位，则应采取下列措施消除过定位：

（1）使定位元件沿某一坐标轴可移动，来消除其限制沿该坐标轴移动方向自由度的作用，如图 3 – 25 所示。各定位元件沿 Y 坐标轴可移动，与固定定位元件相比，减少了一个限制 $\vec{Y}$ 自由度的作用。

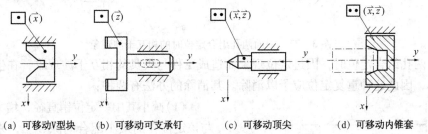

　　　(a) 可移动V型块　　　(b) 可移动可支承钉　　　(c) 可移动顶尖　　　(d) 可移动内锥套

图 3 – 25　可移动定位元件

（2）采用自位支承结构，消除定位元件重复限制某一转动自由度，如图 3 – 14 所示。

（3）改变定位元件的结构形式　在不影响定位误差的前提下，通过改变定位元件的结构形式，可起到消除过定位的目的，如将短圆柱销削边。

3. 典型组合定位——一面两孔组合定位

一面两孔组合定位是典型的组合定位方式，通常用于箱体类零件定位。工件的定位面是两定位孔和平面，夹具的定位元件是两短圆柱定位销和支承板（图 3 – 26），两定位孔可以是工件上已有的孔，也可以是专门加工的工艺孔。

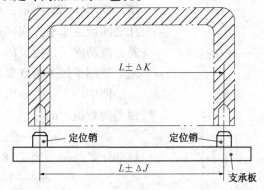

图 3 – 26　一面两孔组合定位

一面两孔组合定位时，1、2 两短圆柱销所限制的自由度形成了 X 方向的过定位。由于工件上两定位孔的孔心距和夹具上两定位销的销心距均有误差 $\left[\pm \dfrac{T(L_{\mathrm{K}})}{2} \text{和} \pm \dfrac{T(L_{\mathrm{J}})}{2} \right]$，因而会出现图 3-27 所示的相互干涉现象，造成工件不能安装到夹具中去，这是一面两孔定位要解决的主要问题。

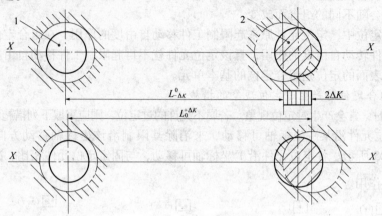

图 3-27　一面两孔组合定位时的相互干涉现象

一面两孔组合定位时，因过定位现象而造成工件与夹具的相互干涉现象，在生产中必须予以消除，因此这种重复定位应予以消除。其消除的办法有两种：

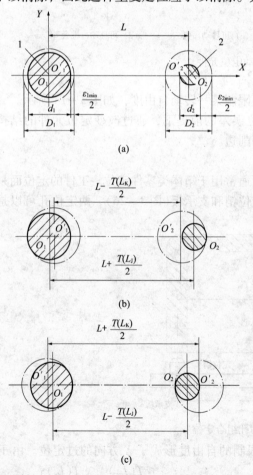

图 3-28　减小一定位销的直径补偿中心距误差

（1）减小其中一定位销直径，增大该定位销与该定位孔的最小配合间隙 $\varepsilon_{2\min}$，来全部补偿中心距误差 $T(L_K)$ 和 $T(L_J)$。如图 3-28 所示。

这种方法虽然解决了 X 方向过定位的干涉，但在增大 X 方向上的 $\varepsilon_{2\min}$ 的同时也增大了 Y 方向上的 $\varepsilon_{2\min}$。而 Y 方向上 $\varepsilon_{2\min}$ 的增大将导致其定位误差的增大，因此这种方法只适用于加工精度要求较低，或者 L_K 和 L_J 的公差值很小的工件定位。

（2）改变其中一圆柱定位销为削边定位销，如图 3-29 所示，利用削边定位销与定位孔之间产生水平方向间隙量 a 来补偿中心距误差，既消除了过定位的干涉，又减小了定位误差。适用于加工精度要求较高的工件定位。

图中　　a——削边定位销能补偿中心距误差的数值，mm；

b——削边定位销削边后留下的圆柱部分宽，mm，当 $d=8\sim32$mm 时，$b=3$mm；

c——中心距误差，mm；

d_2——定位销直径，mm；

D_2——定位孔直径，mm；

B——削边定位销在两定位销连线方向上的最大宽度，mm。$d=8\sim20$mm 时，

$B = d - 2$；$d = 20 \sim 25\text{mm}$ 时，$B = d - 3$；$d = 25 \sim 32\text{mm}$ 时，$B = d - 4$。

由图可知，削边定位销能全部补偿中心距误差的条件为：

$$a \geqslant c \qquad\qquad (3-1)$$

当 $a = c$ 时

$$\varepsilon_{2\min} = \frac{b}{D_2} c \qquad\qquad (3-2)$$

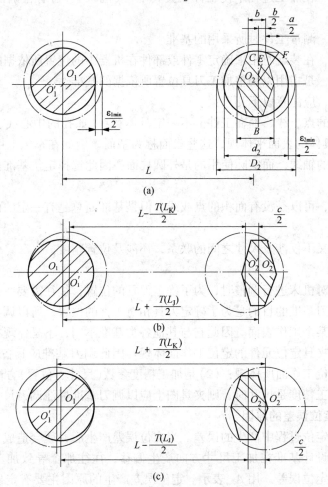

图 3 - 29　削边定位销补偿中心距误差

3.4　定位误差分析

用夹具安装加工一批工件时，由于定位不准确而引起该批工件有关的尺寸、位置误差，称为定位误差。定位误差以最大误差范围来计算，其大小是判别夹具设计质量的重要指标。也是合理选择定位方案的主要依据。

3.4.1　基准的基本概念

机械加工中用来确定生产对象的几何要素间的几何关系所依据的点、线、面称为基准。根据基准的工用不同，可分为设计基准和工艺基准两大类。

1. 设计基准

设计基准是指在设计图上确定零件几何要素的几何位置所依据的基准。具体来说就是在零件图上，确定点、线、面的基准，设计基准是由该零件在产品结构中的功用所决定的。

2. 工艺基准

工艺基准是在加工和装配中使用的基准。工艺基准根据用途的不同可分为：

(1) 定位基准　在加工过程中使工件在夹具中(或机床上)占有正确加工位置所依据的基准。

(2) 测量基准　测量工件时所采用的基准。

(3) 装配基准　在装配时用来确定零件或部件在机器中的位置所依据的基准。

(4) 调刀基准　是指用以调整加工刀具位置所依据的基准。

在确定基准时，应注意以下几点：

(1) 作为基准的点、线、面在工件上不一定具体存在(如孔的中心线、轴心线、对称面等)，而常由某些具体的表面来体现，这些表面称为基面。例如在车床上用三爪卡盘定位工件时，基准是工件的轴线，而实际使用的是外圆柱面，因此选择定位基准就是选择恰当的基准面。

(2) 作为基准，可以是没有面积的点或线，但是基准面总是有一定的面积，如代表轴心线的是中心孔面。

(3) 基准的定义不仅涉及尺寸之间的联系，还涉及位置精度。

3. 调刀基准

在零件加工前对机床进行调整时，为了确定刀具的位置，往往需要一个基准，这个基准就是调刀基准，调刀基准的目的是为了确定刀具相对工件的位置，所以调刀基准往往选择在夹具上定位元件的某个工作表面。因此它与其他各类基准不同，不是体现在工件上，而是体现在夹具中，是由夹具定位元件的定位工作面体现。因此调刀基准应具备两个条件：(1)由夹具定位元件的定位工作面所体现；(2)是加工精度参数(尺寸、位置)方向上调整加工刀具位置的依据。若加工精度是尺寸时，则夹具图上应以调刀基准标注调刀尺寸。

3.4.2　产生定位误差的原因

定位误差就是定位过程中产生的误差。当定位误差产生后，就会造成工件在夹具中定位的不准确，将会使设计基准在加工尺寸方向产生偏移，往往那个导致加工后工件达不到要求，该偏移量即为定位误差，用 Δ_{dw} 表示。定位误差产生的原因主要有定位基准与设计基准不重合产生的定位误差和定位副制造不准确产生的基准位移误差。

1. 定位基准与设计基准不重合产生的定位误差

如图 3-30 所示零件，底面 3 和侧面 4 已加工好，现需加工台阶面 1 和顶面 2。

工序一：加工顶面 2，以底面和侧面定位，此时，调刀基准是与底面 3 相接触的定位平面，而定位基准和设计基准都是底面 3，二者与调刀基准重合，加工时，使刀具调整尺寸与工序尺寸一致，即 $C = H \pm \Delta H$，则定位误差 $\Delta_{dw} = 0$。

工序二：加工台阶面 1。定位同工序一，此时定位基准为底面 3，与调刀基准重合，而设计基准为顶面 2，即定位基准与设计基准不重合。即使本工序刀具以底面为基准调整的绝对准确，且无其它加工误差，仍会由于上一工序加工后顶面 2 在 $H \pm \Delta H$ 范围内变动，导致加工尺寸 $A \pm \Delta A$ 变为 $A \pm \Delta A \pm \Delta H$，其误差为 $2\Delta H$，显然该误差完全是由于定位基准和设计基准不重合引起的，称为基准不重合误差，用 Δ_{jb} 表示，即 $\Delta_{jb} = 2\Delta H$，而 $2\Delta H$ 为定位基准底面 3 和设计基准为面 2 之间的联系尺寸 A 的公差值。

由以上分析可知：基准不重合误差 Δ_{jb} 就等于定位基准与设计基准之间的联系尺寸的公差值。

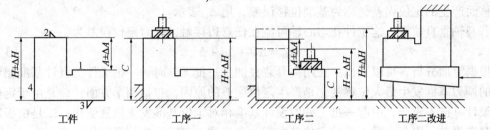

图 3 – 30 基准不重合产生的定位误差

2. 定位副制造不准确产生的基准位移误差

如图 3 – 31 所示，工件以内孔轴线 O 为定位基准，套在心轴 O_1 上，铣上平面，工序尺寸为 $H_0^{+\Delta H}$。尺寸 H 的设计基准为内孔轴线 O，定位基准与设计基准重合，而调刀基准是定位心轴轴线 O_1，从定位角度看，此时内孔轴线与心轴轴线重合，即设计基准与定位基准以及调刀基准重合，$\Delta_{jb} = 0$。但实际上，定位心轴和工件内孔都有制造误差，而且为了便于工件套在心轴上，还应留有配合间隙，安装后孔和轴的中心必然不重合 [图 3 – 31(b)]，使得定位基准 O 相对调到基准 O_1 发生位置变化。

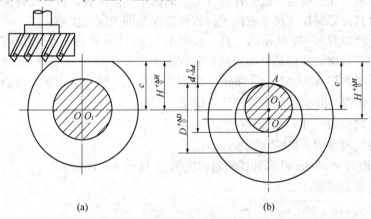

图 3 – 31 基准位移产生的定位误差

设孔径为 $D_0^{+\Delta D}$，轴径为 $d_{-\Delta d}^0$，最小间隙为 $\Delta = D - d$。当心轴如图 3 – 31(b) 水平放置时，工件孔与心轴始终在上母线 A 单边接触。则定位基准 O 与调到基准 O_1 间的最大和最小距离分别为：

$$\overline{OO_{1max}} = \overline{OA} - \overline{O_1OA} = \frac{D + \Delta D}{2} - \frac{d - \Delta d}{2}$$

$$\overline{OO_{1min}} = \frac{D}{2} - \frac{d}{2}$$

因此，由于基准发生位移而造成的加工误差为：

$$\Delta_{jw} = \overline{OO_{1max}} - \overline{OO_{1min}} = \left(\frac{D + \Delta D}{2} - \frac{d - \Delta d}{2}\right) - \left(\frac{D}{2} - \frac{d}{2}\right)$$

$$= \frac{\Delta D}{2} + \frac{\Delta d}{2} = \frac{1}{2}(\Delta D + \Delta d) \tag{3-3}$$

即此定位误差为内孔公差 ΔD 与心轴公差 Δd 之和的一半，且与最小配合间隙 Δ 无关。

若将工件定位工作面与夹具定位元件的定位工作面合称为"定位副"，则由于定位副制造误差，也直接影响定位精度。这种由于定位副制造不准确，使得定位基准相对调到基准发生位移而产生的定位误差，称为基准位移误差，用 Δ_{jw} 表示。

若心轴垂直放置，这工件孔与心轴可能在任意边接触，此时定位误差为：

$$\Delta_{jw} = \Delta D + \Delta d + \Delta \qquad (3-4)$$

根据上面分析，可以看出：在用夹具装夹加工一批工件时，一批工件的设计基准相对于夹具的调刀基准发生最大位置变化是产生定位误差的原因，包括两个方面：一是由于定位基准与设计基准不重合，引起一批工件的设计基准相对定位基准发生位置变化；二是由于定位副的制造误差，引起一批工件的定位基准相对夹具调刀基准发生位置变化。

定位误差也可概括为：一批工件某加工精度参数（尺寸、位置）的设计基准相对夹具的调刀基准在该方向上的最大位置变化量 Δ_{dw}，称为该加工精度参数的定位误差。

3.4.3　定位误差的计算

定位误差的分析计算一般有两种方法：

（1）先分别求出基准不重合误差和基准位移误差，定位误差等于该两类误差在加工尺寸方向上的代数和。即：

$$\Delta_{dw} = \Delta_{jb} + \Delta_{jw} \qquad (3-5)$$

（2）按最不利情况，确定一批工件设计基准的两个极限位置，根据几何关系求出此二位置的距离，并将其投影到加工尺寸方向上，该投影误差即为定位误差。

【例1】有一批如图 3-32 所示的工件，$\phi 50h6({}^{\ 0}_{-0.016})$ mm 外圆，$\phi 30H7({}^{+0.021}_{0})$ mm 内孔和两端面均已加工合格，并保证外圆对内孔的同轴度误差在 $T(e) = \phi 0.015$ mm 范围内。今按图示的定位方案，用 $\phi 30g6({}^{-0.007}_{-0.020})$ mm 心轴定位，在立式铣床上用顶尖顶心轴中心孔，铣 $12h9({}^{\ 0}_{-0.046})$ mm 键槽。除槽宽要求外，还应保证下列要求：

（1）槽的轴向位置尺寸 $l = 25h12({}^{\ 0}_{-0.21})$ mm；

（2）槽底位置尺寸 $H = 42h12({}^{\ 0}_{-0.10})$ mm；

（3）槽两侧面对 $\phi 50$ mm 外圆轴线的对称度公差 $T(c) = 0.06$ mm。

试分析计算定位误差。

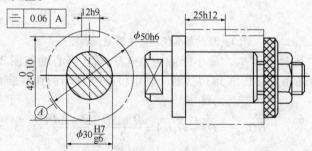

图 3-32　心轴定位内孔铣槽工序的定位

解：除槽宽由铣刀相应尺寸保证外，该方案会产生三个加工精度参数的定位误差。

（1）$l = 25{}^{\ 0}_{-0.21}$ mm 尺寸的定位误差

设计基准和定位基准都是工件左端面（紧靠心轴的定位工作面），基准重合，$\Delta_{jb1} = 0$，且又是平面定位 $\Delta_{jw1} = 0$。所以 $\Delta_{dw1} = 0$。

（2）$H = 42^{0}_{-0.10}$ mm 尺寸的定位误差

该尺寸的设计基准是外圆最低母线，定位基准是内孔轴线，定位基准和设计基准不重合，两者之间的联系尺寸是外圆半径 $d/2$ 和外圆对内孔的同轴度 $T(e)$，并且与尺寸 H 方向相同方向。

故 $\Delta_{jb2} = T(d)/2 + T(e) = (0.016/2 + 0.015) = 0.023$ mm

工件内孔轴线是定位基准，定位心轴轴线是调刀基准，内孔与心轴作间隙配合，因此，一批工件的定位基准（内孔轴线）相对夹具的调刀基准（定位心轴轴线）在 H 尺寸方向的基准位移误差：

$$\Delta_{jw2} = T(D) + T(d) + \Delta = 0.021 + 0.013 + 0.007 = 0.041 \text{mm}$$

因此，定位误差为：

$$\Delta_{dw2} = \Delta_{jb2} + \Delta_{jw2} = 0.023 + 0.041 = 0.064 \text{mm}$$

（3）对称度 $T(c) = 0.06$ mm 的定位误差

外圆轴线是对称度的设计基准，内孔轴线是定位基准，二者不重合，以同轴度 $T(e)$ 联系起来。

故　$\Delta_{jb3} = T(e) = 0.015 \text{mm}$

调刀基准是定位心轴轴线，定位基准是内孔轴线，二者作间隙配合产生基准位移误差。

即　$\Delta_{jw3} = T(D) + T(d) + \Delta = 0.021 + 0.013 + 0.007 = 0.041 \text{mm}$

Δ_{jw3} 产生在水平方向上与对称度公差带相一致，故总定位误差为：

$$\Delta_{dw3} = \Delta_{jb3} + \Delta_{jw3} = 0.015 + 0.041 = 0.056 \text{mm}$$

【例2】如图 3 - 33 所示定位方案，直径为 $d^{0}_{-\Delta d}$ 的轴在 V 形块上定位铣平面。加工表面的工序尺寸有三种不同的标注方式，分别为 H_1、H_2 和 H_3［图(a)、(b)、(c)］。试分析计算三种方式的定位误差。

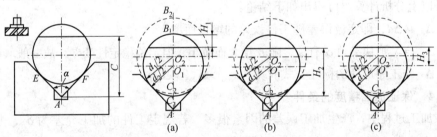

(a)　　　　(b)　　　　(c)

图 3 - 33　V 形块定位外圆

解：三种尺寸标注方式工件均以外圆上的圆柱面为定位基准，在 V 形块上定位。定位基准是外圆轴线 O，V 形块体现的调刀基准是 V 形块的理论圆的轴线。当工件直径发生变化时，将引起定位基准相对调刀基准发生位置变化，接触点 E、F 的位置将会发生变化。因此，对于尺寸 H_1、H_2 和 H_3 都有基准不重合和定位工作表面本身制造误差而造成的定位误差。

（1）尺寸 H_1 的定位误差

$\overline{B_1B_2}$ 是设计基准的最大位置变动量，即为定位误差：

$$\Delta_{dw1} = \overline{B_1B_2} = \overline{AB_2} - \overline{AB_1} = (\overline{AO_2} + \overline{O_2B_2}) - (\overline{AO_1} + \overline{O_1B_1})$$

$$= \left[\frac{d_2}{2} + \frac{d_2}{2\sin\frac{\alpha}{2}}\right] - \left[\frac{d_1}{2} + \frac{d_1}{2\sin\frac{\alpha}{2}}\right] = \frac{\Delta d}{2}\left[\frac{1}{\sin\frac{\alpha}{2}} + 1\right] \tag{3-6}$$

（2）尺寸 H_2 的定位误差

$\overline{C_1 C_2}$ 是设计基准的最大位置变动量，即为定位误差：

$$\Delta_{dw2} = \overline{C_1 C_2} = \overline{AC_2} - \overline{AC_1} = (\overline{AO_2} + \overline{O_2 C_2}) - (\overline{AO_1} + \overline{O_1 C_1})$$

$$= \frac{\Delta d}{2}\left[\frac{1}{\sin\dfrac{\alpha}{2}} - 1\right] \tag{3-7}$$

（3）尺寸 H_3 的定位误差

$\overline{O_1 O_2}$ 是设计基准的最大位置变动量，即为定位误差：

$$\Delta_{dw3} = \overline{O_1 O_2} = \overline{AO_2} - \overline{AO_1}$$

$$= \frac{d_2}{2\sin\dfrac{\alpha}{2}} - \frac{d_1}{2\sin\dfrac{\alpha}{2}} = \frac{\Delta d}{2}\left[\frac{1}{\sin\dfrac{\alpha}{2}}\right] = \frac{\Delta d}{2}\left[\frac{1}{\sin\dfrac{\alpha}{2}} - 1\right] \tag{3-8}$$

H_1 和 H_2 的定位误差是由两项构成：$\dfrac{\Delta d}{2}$ 和 $\dfrac{\Delta d}{2}\dfrac{1}{2\sin\dfrac{\alpha}{2}}$，前者即定位基准和设计基准间的联

系尺寸 $\dfrac{d}{2}$ 的公差，亦即基准不重合误差 Δ_{jb}；后者即定位基准相对 V 形块的调刀基准发生的

位置变化量，亦即基准位移误差 Δ_{jw}，而 H_3 只有 $\Delta_{jw} = \dfrac{\Delta d}{2\sin\dfrac{\alpha}{2}}$ 组成，因为此时定位基准与设

计基准重合，$\Delta_{jb} = 0$。

通过以上分析计算，可得出如下结论：

（1）$\Delta_{dw} \propto \Delta d$，即定位误差随工件误差的增大而增大；

（2）Δ_{dw} 与 V 形块夹角 α 有关，随 α 增大而减小，但定位稳定性变差，故一般取 $\alpha = 90°$。

（3）Δ_{dw} 与工序尺寸的标注方式有关，$\Delta_{dw1} > \Delta_{dw3} > \Delta_{dw2}$。

3.4.4　保证加工精度的条件

机械加工过程中，产生加工误差的因素很多。若规定工件的加工允差为 δ_{gj}，并以 Δ_{jj} 表示与采用夹具有关的误差，以 Δ_{jg} 表示除夹具外，与工艺系统其他因素有关的加工误差，则为保证工件的加工精度要求，必须满足：

$$\delta_{gj} \geqslant \Delta_{jj} + \Delta_{jg} \tag{3-9}$$

此式即为保证加工精度的条件，成为采用夹具加工时的误差计算不等式。

上式中的 Δ_{jj} 包括了有关夹具设计与制造的各种误差，如定位误差、夹紧误差、夹具的安装误差、导引元件和对刀元件与定位元件的位置误差等。因此，在夹具的设计与制造时，要尽可能设法减少这些与夹具有关的误差。这部分误差所占比例越大，留给补偿其它加工误差的比例就减少。其结果不是降低了零件的加工精度，就是增加了加工难度，导致加工成本增加。

减少与夹具有关的各项误差是设计夹具时必须认真考虑的问题之一。制订夹具公差时，应保证夹具的定位、制造和调整误差的总和不超过工序公差的 1/3。

3.5　工件在夹具中的夹紧原理

工件定位以后必须通一定的装置将其可靠的固定在正确的加工位置上，使其在加工过程中不会因受到切削力、惯性力或离心力等作用而发生位置变化，这种装置称为夹紧装置。

3.5.1　夹紧装置的组成及基本要求

1. 夹紧装置的组成

如图 3 - 34 所示为夹紧装置组成示意图，它主要由以下三部分组成：

（1）力源装置　产生夹紧作用力的装置。所产生的力称为原始作用力，如图中气缸 1。

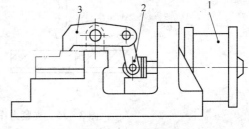

（2）中间递力机构　介于力源和夹紧元件之间的传递力的机构。如图中的斜楔 2 和滚子 3。在传递力的过程中，中间递力机构能起到以下作用：

① 改变作用力的方向；

② 改变作用力的大小，通常起增力作用；

③ 改变作用力的方向；

④ 使夹紧机构实现自锁，保证力源装置提供的原始作用力消失后，仍能可靠的夹紧工件。

图 3 - 34　夹紧装置

（3）夹紧元件　夹紧装置的最终执行元件，与工件直接接触完成夹紧作用，如图中的压板 4。

2. 夹紧装置的基本要求

夹紧装置合理与否，对保证加工精度、提高劳动生产率、减轻工人劳动强度都有很大的影响。通常夹紧装置必须满足以下几个基本要求：

（1）夹紧时不能破坏工件定位后获得的正确位置；

（2）夹紧力大小要合适，既要保证工件在加工过程中不移动、不转动、不振动，又不得使工件产生夹紧变形或损伤工件表面；

（3）夹紧动作要迅速、可靠，且操作要方便、省力、安全；

（4）结构简单紧凑，易于制造于维修，尽可能采用标准元件，以缩短夹具的设计和制造周期。

3.5.2　夹紧力的确定

正确施加夹紧力，主要是正确的确定夹紧力的三要素：夹紧力的作用点、方向和大小。

1. 合理选择夹紧力的作用点

夹紧力的作用点是指夹紧元件与工件相接触的接触点。作用点对工件的可靠定位、夹紧后的稳定与变形有显著的影响，选择是应依据以下原则：

（1）夹紧力的作用点应作用在工件刚性较好的部位，以免因夹紧力引起工件变形，如图 3 - 35 所示。

（2）夹紧力的作用点应正对定位元件或位于定位元件所形成的稳定受力区内，以免因夹

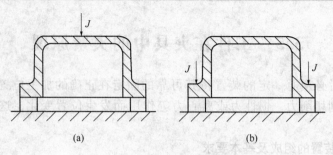

图 3 - 35　夹紧变形

紧力引起工件的移动和翻转。如图 3 - 36 所示。

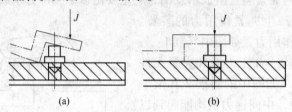

图 3 - 36　夹紧力作用点对工件定位的影响

（3）夹紧力的作用点应尽可能靠近加工部位，这样可以减小切削力对夹紧力的作用力矩，从而减小工件加工时的变形和振动。如图 3 - 37 所示形状特殊的工件，采用图示的定位方案已达到完全定位，但夹紧力 J 远离加工部位，加工时会产生较大的变形和振动，甚至根本无法进行加工。为此，应在靠近加工面处另施加夹紧力 J_1，并在 J_1 对应下方增设辅助支承 1。

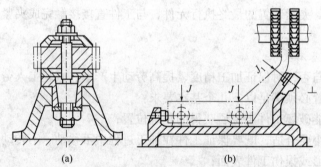

图 3 - 37　夹紧力作用点应靠近加工部位

2. 合理选取夹紧力的方向

（1）夹紧力的作用方向应指向主要定位基准面。工件在夹具中的定位基准面通常可分为：①主要定位面；②导向定位面；③止推定位面或防转定位面。主要定位面的分布面积较大，限制了工件三个方向自由度，它决定工件定位的稳定性。因此，主要夹紧力的作用方向应指向主要定位基准面。

（2）夹紧力的作用方向尽可能有利于减小夹紧力。夹紧力 J、切削力 F 和工件重力 G 三力方向一致，所需夹紧力为最小。三力方向不一致，所需夹紧力较大，特别是夹紧力 J 与切削力 F 和重力 G 方向相反，所需夹紧力为最大，一般要尽量避免这种情况。

（3）夹紧力的方向应有助于定位，而不应破坏定位。在夹紧力的作用下，工件不应离开定位元件的定位工作面，确保主要定位面与定位元件定位工作面的可靠接触，要有一定的压力使工件定位基准压向各定位元件的定位工作面。

3. 准确计算夹紧力的大小

夹紧力的大小影响夹具使用的安全性和可靠性,因此必须有足够的夹紧力。但夹紧力又不能过大,过大的夹紧力会使工件及夹具产生过大的夹紧变形,影响加工精度。夹紧力的大小是根据切削力计算公式,计算出可能产生的最大切削力(或力矩),并找出切削力对夹紧系统的作用影响为最大的状态,按静力平衡条件计算出所需夹紧 J_0,最后乘以一定的安全系数作为实际采用的夹紧力 J。

$$J = KJ_0 \quad N \tag{3-10}$$

式中　　K——安全系数,工件条件好(如精加工、连续切削、切削刀具锐利)取 $K = 1.5 \sim 2$;

工件条件差(如粗加工、断续切削、切削刀具钝化)取 $K = 2.5 \sim 3$。

3.5.3　基本夹紧机构

夹紧机构是夹紧装置中的一个很重要的组成部分,一切外加的作用力都必须通过夹紧机构转化为实际夹紧力。常见的基本夹紧机构有以下几种:

1. 斜楔夹紧机构

斜楔夹紧机构是利用其斜面移动时所产生的压力来夹紧工件。如图 3-38 所示,通过手柄 6 水平方向移动斜楔 4 直接夹紧工件 2。

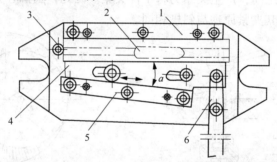

图 3-38　斜楔夹紧机构

1—定位支承板;2—工件;3—挡销;4—斜楔;5—斜导板;6—手柄

斜楔夹紧机构具有以下结构特点:

(1)斜楔具有增力作用。当外加一个较小的夹紧作用力 Q,可得到一个比 Q 大几倍的夹紧 J,而且当 Q 一定时,斜楔的斜角 α 愈小,则增力作用愈大。气动或液压作为力源的高效率机械化夹紧装置常用斜楔作为增力机构。

(2)当 $\alpha < \beta_1 + \beta_2$ 时,斜楔夹紧机构具有自锁性能。其中,α 为斜角,β_1、β_2 分别为斜楔与工件,斜楔与夹具体之间的摩擦角。所谓自锁也就是当外加的夹紧作用力 Q 一旦消失或撤除后,夹紧机构在纯摩擦力的作用下仍保持其处于夹紧状态而不松开。

(3)斜楔夹紧机构具有改变夹紧作用力方向的特点。当外加一夹紧作用力 Q,则斜楔产生一个与 Q 力方向垂直的夹紧力 J。

(4)斜楔夹紧机构的夹紧行程很小。夹紧行程与斜楔的斜角 α 有关,α 愈小,自锁性能就愈好,夹紧行程也愈小。反之亦然。由此可见,增加夹紧行程是和斜楔的自锁性能相矛盾的。

2. 螺旋夹紧机构

螺旋夹紧机构是利用螺旋直接夹紧工件，或者与其他元件或机构组合来夹紧工件，是应用最广的一种夹紧机构。如图 3–39 所示为最简单的单螺杆螺旋夹紧机构，利用螺钉直接压紧工件[图 3–39(a)]。也可以在螺钉的下端设计成带有摆动压块[图 3–39(b)]，通过它夹紧工件，摆动压块与螺钉之间有间隙，可以摆动，以保证与工件表面的良好接触。

由于螺旋就是斜楔绕在圆柱体上而形成的，因而螺旋夹紧机构的作用原理与斜楔相似。旋转螺杆相当于把斜楔推动向前，楔紧在螺母与工件被压面之间，从而将工件夹紧。

螺旋夹紧机构具有以下结构特点：

(1) 螺旋夹紧机构的夹紧力及增力比大；

(2) 螺旋夹紧机构的自锁性能良好。螺旋夹紧机构均采用标准紧固螺纹，螺纹升角恒定不变，且小于 3.5°，即小于螺纹面间的摩擦角 β_2，因此具有良好的自锁性能。

(3) 螺旋夹紧机构的夹紧行程范围很大。可根据需要加大而不会增大径向尺寸，只是轴向长度相应增长而已。

3. 圆偏心夹紧机构

圆偏心夹紧机构的作用原理如图 3–40 所示，当圆偏心回转时，就相当把曲线楔逐渐楔入在基圆与工件受压面之间，产生夹紧力将工件夹紧。因此，圆偏心夹紧机构实际上是斜楔夹紧机构的一种变型，其夹紧原理与斜楔相同。

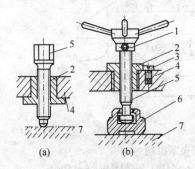

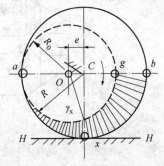

图 3–39　单螺杆夹紧机构　　　　　图 3–40　圆偏心夹紧机构作用原理

1—夹紧手柄；2—螺纹衬套；3—防转螺钉；4—夹具体；

5—夹紧螺钉；6—摆动压块；7—工件

圆偏心夹紧机构具有以下结构特点：

(1) 圆偏心上的升角 α_x 是变化的。圆偏心的升角 α_x 是工件上受压面 H–H 在夹紧点 x 处与垂直于向径 r_x 的垂线 $\overline{EE}$ 的夹角(见图 3–41)。由图可知，升角 α_x 不是一个常量，它随回转角 β_x 的变化而变化。在 $\beta_x = 0°$ 或 $180°$ 时，$\alpha_x = 0°$；在 β_x 接近 $90°$ 时，α_x 达到最大值。

(2) 圆偏心夹紧机构具有自锁性的条件为 $D/e \geqslant 14 \sim 20$。

(3) 圆偏心夹紧机构的夹紧行程 $s_x = \overline{Mx} - R_0 = e(1 - \cos\beta_x)$ 在 $0 \sim 2e$ 范围内变化。

(4) 圆偏心夹紧机构的有效工作区域有两种：

① β_x 为 $45° \sim 135°$，该区域中各工作点的升角变化较小，工作稳定。但各点的升角数值较大，增力比较小，自锁性能也受影响。

② β_x 为 75°~165°，该区域中各工作点的升角变化较大，工作稳定性较差。但各点的升角数值较小，增力比大，自锁性能也略好。

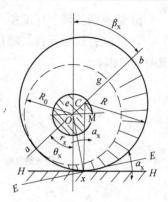

图 3-41 圆偏心夹紧
机构升角的变化

4. 对中定心夹紧机构

对中定心夹紧机构是一种同时实现对工件定心定位和夹紧作用的夹紧机构。该夹紧机构在夹紧过程中能使工件相对某一轴线或对称面保持对称性或对中性，即实现定心夹紧。对中定心夹紧机构的工作原理有两基本类型：

（1）对中定心夹紧元件以均匀等速移动原理实现定心夹紧 如图 3-42 所示。这类夹紧机构的对中定心夹紧元件的移动范围较大，能适应不同定位面尺寸的工件，有较大的通用性。如虎钳式、斜楔滑柱式、自动楔紧式定心夹紧机构等。

（2）对中定心夹紧元件以均匀弹性变形原理实现定心夹紧 如弹簧夹头类、弹性心轴类、膜片卡盘类定心夹紧机构等。

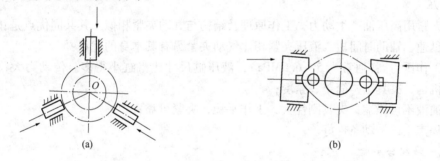

图 3-42 夹紧元件均匀等速移动定心夹紧原理

3.5.4 夹紧动力源装置

现代高效的夹具多采用机动夹紧方式，在夹紧装置中，一般都设有产生机动夹紧力的力源装置，如气动、液压、电磁、真空等，其中已气动和液压应用最为普遍。这类夹紧动力源装置的特点是：夹紧力稳定；操作方便省力；动作迅速。特别适应于自动化和大批量生产中工件的夹紧。

1. 气动夹紧

气动加紧是使用最广泛的一种机动夹紧方式，其动力源是压缩空气。压缩空气一般有压缩空气站供应，经管路损失后，到达夹紧装置中的压缩空气一般为 0.4~0.6MPa。

（1）气动传动系统的构成 典型气动传动系统的构成如图 3-43 所示，各部分的作用如下。

① 分水滤气器：滤清和去除水分，以免锈蚀元件，阻塞通道；

② 调压阀：将气源送来的压缩空气压力减至气动夹紧装置所要求的工作压力。气动夹紧装置的工作压力一般为 0.4~0.6MPa；

③ 雾化器：由气源送来的压缩空气，先经雾化器使其中的润滑油雾化而随之进入传动系统，对传动系统中的运动部件进行充分润滑；

④ 单向阀：起安全保护作用，防止气源供气突然中断或压力突降而是机构失效；

⑤ 分配阀（配气阀）：控制气缸进气和排气；

⑥ 调速阀：调节压缩空气进入气缸的流量，控制活塞的移动速度；

⑦ 气缸：执行元件，将压缩空气的工作压力转换为活塞的移动，从而推动夹紧机构实现夹紧动作。

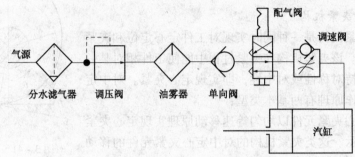

图 3 – 43　典型气动传动系统的构成

（2）气缸结构及其夹紧作用力　气压传动系统中各组成元件均已标准化，设计时可参考有关资料。

2. 液压夹紧

液压夹紧用高压油产生动力，工作原理及结构与气动夹紧相似。其共同优点是：操作简单，动作迅速，辅助时间短。液压夹紧相比气动夹紧另有其本身的优点：

（1）工作压力高（通常为 5 ~ 6.5MPa），液压缸尺寸比汽缸小得多。传动力大，通常不需要增力机构，夹具结构简单、紧凑；

（2）油液不可压缩，夹具刚性大，工作平稳，夹紧可靠；

（3）噪声小，劳动条件好。

3. 气—液组合夹紧

气—液组合夹紧的动力源仍为压缩空气，但要特殊的增压器，故结构复杂。由于综合了气动和液压夹紧的优点，又克服了各自的缺点，所以得到了使用。

气—液组合夹紧的工作原理如图 3 – 44 所示，压缩空气进入增压器的 A 腔，推动活塞 3 左移。增压器 B 腔内充满了油，并与工作油缸接通。当活塞左移时，活塞杆就推动 2 腔的油进入工作油缸 5 夹紧工件。

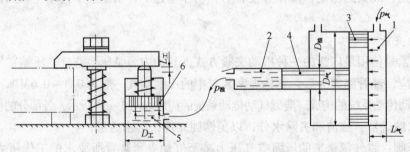

图 3 – 44　气—液组合夹紧工作原理

1—增压器 A 缸；2—增压器 B 缸；3—A 缸活塞；4—B 缸活塞；5—工作油缸；6—工作油缸活塞

第4章 机械加工工艺设计基础

4.1 工艺过程的基本概念

4.1.1 生产过程与工艺过程

生产过程是指将原材料转变成成品的过程。对机械制造而言，生产过程包括下列过程：

（1）原材料、半成品和成品的运输和保管；

（2）生产和技术准备工作，如产品的开发和设计、工艺设计、夹具的设计与制造、各种生产资料的准备以及生产组织等方面的准备工作；

（3）毛坯制造，如铸造、锻造、冲压和焊接等；

（4）零件的机械加工、热处理和其他表面处理等；

（5）部件和产品的装配、调整、检验、试验、油漆和包装等。

在生产过程中，凡是改变生产对象的形状、尺寸、位置和性质等，使其成为成品或半成品的过程称为工艺过程。工艺过程又可分为铸造、锻造、冲压、焊接、机械加工、装配等工艺过程，机械制造工艺过程一般是指零件的机械加工工艺过程和机器的装配工艺过程的总和，其他过程则称为辅助过程。

4.1.2 机械加工工艺过程及其组成

用机械加工方法逐步改变毛坯的形状、尺寸、相对位置和表面质量等，使其成为零件成品或半成品的过程称为机械加工工艺过程（简称工艺过程）。它是由工序、工步、工作行程等不同层次的单元所组成。

1. 工序、工步和工作行程

在同一个工作地点，对同一个工件（或一组工件），由一个（或一组）工人连续完成的那一部分工艺过程称为工序。工序是工艺过程的基本组成部分，是组织计划生产的基本单元。

工序又可划分为工步。在被加工表面、切削工具和机床的切削用量不变的条件下连续完成的那部分工序称为工步。为了提高生产率，有时采用几个切削工具同时加工几个表面，则称为复合工步。

一个工步又可按几次工作行程进行。切削工具在加工表面上加工一次所完成的工步称为工作行程，工作行程也叫走刀。

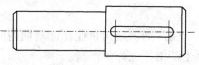

图4-1 阶梯轴

例如，图4-1所示阶梯轴加工，其加工内容有：切一端面；打中心孔；切另一端面；打中心孔；车大外圆；大外圆倒角；车小外圆；小外圆倒角；铣键槽；去毛刺。

根据车间加工条件和生产规模的不同，可以采用不同的方案来完成上述工件的加工。表

4－1和表4－2分别表示在单件小批生产及大量生产中工序的划分和所用的机床。

表 4－1　单件小批生产的工艺过程

工序号	工序内容	设备
1	车一端面、打中心孔、调头车另一端面、打另一中心孔	车床
2	车大外圆及倒角、调头车小外圆及倒角	车床
3	铣键槽、去毛刺	铣床

表 4－2　大批大量生产的工艺过程

工序号	工序内容	设备
1	铣端面、打中心孔	铣端面打中心孔机床
2	车大外圆及倒角	车床
3	车小外圆及倒角	车床
4	铣键槽	铣键槽机床
5	去毛刺	钳工台

　　从表中可以看出，随着生产规模的不同，工序的划分及每一个工序所包含的加工内容是不同的。

　　在单件小批生产的工序1中，包括四个工步：两次车端面，两次打中心孔，分为四个工步的原因是加工表面变了。在工序2中也包括了四个工步，这时加工表面和切削工具都变了。在大批大量生产中，工序1由于采用了两面同时加工的方法，所以只有两个工步。而车大、小外圆及倒角则分为两个工序，每个工序包括两个工步。

　　若在车小外圆时，由于毛坯余量过大，必须分两次切削，每次切削的切削用量都相同，则切削一次就是一次走刀。在加工小外圆时，若一次是粗加工，一次是精加工，则因切削用量不同，刀具也不同，所以为两个工步。

　　2. 安装和工位

　　为完成零件的加工，必须对工件进行安装，安装就是定位加夹紧过程。在一个工序中，可以用一次安装或几次安装来进行加工。但多次安装，不但会降低加工质量，而且还要花费较多的安装时间。工件在一次安装后，在机床上所占据的每一个位置上所完成的那一部分工序就称为工位。当工件必须在不同的位置加工时，常利用夹具来改变其位置以获得多个工位。

4.1.3　生产类型与工艺特征

　　各种机械产品的结构、技术要求等差异很大，但它们的制造工艺则存在着很多共同的特征。这些特征取决于企业的生产类型，而企业的生产类型又是由企业的生产纲领决定的。

　　1. 生产纲领

　　生产纲领是指企业在计划期内应当生产的产品产量和进度计划。计划期一般为一年，所以生产纲领也称年产量。

　　零件的生产纲领要计入备品和废品的数量。可按下式计算：

$$N = Qn(1+a)(1+b) \tag{4－1}$$

式中　　N——零件的年产量，件/年；

　　　　Q——产品的年产量，台/年；

n——每台产品中该零件的数量，件/台；

a——备品率，%。

b——废品率，%。

2. 生产类型

生产类型是指企业（或车间）专业化程度的分类。根据生产纲领的大小可分为三种类型：

（1）单件生产 单个的生产不同结构和不同尺寸的产品，并且很少重复。例如，重型机器制造、专用设备制造和新产品试制等。

（2）成批生产 一年中分批的制造相同的产品，制造过程有一定的重复性。例如，机床制造就是比较典型的成批生产。每批制造的相同产品的数量称为批量。根据批量的大小，成批生产又可分为：大批生产、中批生产和小批生产。小批生产的工艺特征和单件生产相似，大批生产的工艺特征和大量生产相似，中批生产的工艺特征则介于两者之间。

（3）大量生产 产品数量很大，大多数工作地点经常重复地进行某一个零件的某一工序的加工。例如，汽车、拖拉机、轴承等的制造。

生产类型的具体划分，可根据生产纲领和产品及零件的特征，具体参见表 4-3。

表 4-3　生产类型和生产纲领的关系

生产类型	零件生产纲领/（件/年）		
	重型零件	中型零件	轻型零件
单件生产	<5	<10	<100
小批生产	5～100	10～200	100～500
中批生产	100～300	200～500	500～5000
大批生产	300～1000	500～5000	5000～50000
大量生产	>1000	>5000	>50000

3. 各种生产类型的工艺特征

生产类型不同，零件和产品的制造工艺、所用设备及工艺装备、对工人的技术要求、采用的技术措施和达到的技术经济效果也会不同。各种生产类型的工艺特征可参考表 4-4。

表 4-4　各种生产类型的工艺特征

工艺特征	生产类型		
	单件生产	成批生产	大量生产
零件的互换性	用修配法，钳工修配	大部分具有互换性。少数用钳工修配	全部有互换性，某些精度较高的配合件采用分组装配法
毛坯的制造方法与加工余量	木模手工造型或自由锻造。毛坯精度低，加工余量大	部分采用金属模铸造或模锻。毛坯精度和加工余量中等	广泛采用金属模机器造型、模锻或其他高效方法。毛坯精度高，加工余量小
机床设备	通用机床或数控机床，或加工中心	数控机床、加工中心或柔性制造单元。也可部分采用通用机床和高效机床。	专用生产线、自动生产线、柔性制造生产线或数控机床。

续表

工艺特征	生产类型		
	单件生产	成批生产	大量生产
工艺装备	大多采用通用夹具、标准附件、通用刀具和万能量具。靠划线和试切法达到精度要求	广泛采用夹具，部分靠找正安装达到精度要求，较多采用专用刀具和量具	广泛采用高效夹具、复合刀具、专用量具或自动检测装置。靠调整法达到精度要求
对工人的技术要求	需技术水平较高的工人	需要一定水平的技术工人和编程技术人员	对操作工人的技术要求低，对生产线维护人员的技术水平要求高
工艺文件	有工艺过程卡，关键工序有工序卡	有工艺过程卡，关键零件有工序卡	有工艺过程卡和工序卡
成本	较高	中等	较低

4.1.4　工艺过程的设计原则及原始资料

1. 工艺过程的设计原则

工艺过程设计时，应遵循以下原则：

(1) 所设计的工艺过程应能保证零件的加工质量，达到设计图样上的各项技术要求；

(2) 应使工艺过程具有较高的生产率；

(3) 设法降低制造成本；

(4) 注意减轻劳动强度，保证安全生产。

2. 设计工艺过程要具备的原始资料

设计工艺过程时，必须具备以下原始资料：

(1) 产品装配图、零件图；

(2) 产品验收质量标准；

(3) 产品的年生产纲领；

(4) 毛坯材料与毛坯生产条件；

(5) 制造厂的生产条件，包括机床设备和工艺装备的规格、性能和现有的技术状态、工人的技术水平、生产专用设备和夹具的能力等；

(6) 设计所需要的手册和资料；

(7) 国内外先进制造技术及工艺。

4.1.5　工艺规程及工艺文件

1. 工艺规程

人们把合理的工艺过程的有关内容写成工艺文件的形式，用以指导生产，这些工艺文件即称为工艺规程。

合理的工艺规程是在总结长期的生产实践和科学实验的基础上，依据科学理论和必要的工艺试验而制定的，并通过生产过程的实践不断得到改进和完善。其作用有三个方面：

(1) 工艺规程是指导生产的主要技术文件，起到稳定生产秩序的作用，一切生产人员必须严格遵守；

(2) 工艺规程是组织生产和管理工作的基本依据；

（3）工艺规程是新建或扩建工厂或车间的基本资料。

2. 工艺文件

工艺文件是指导工人操作和用于生产、管理等的各种技术文件的总称。工艺文件的种类和形式有多种多样，它的详简程度亦有很大差别，要视生产类型而定。常用的工艺文件有三种：

（1）机械加工工艺过程卡片　它是以工艺过程为单位简要的说明产品或零部件的加工过程的一种工艺文件。主要用于单件和小批生产的生产管理。其格式见表 4-5。

（2）机械加工工艺卡片　它以工序为基本单元，较详细地说明零件的机械加工工艺过程，是用来指导工人进行生产和帮助技术人员掌握整个零件加工过程的一种工艺文件。主要用于成批生产和单件小批生中比较重要的零件或工序。其格式见表 4-6。

（3）机械加工工序卡　它是根据工艺卡的每一道工序制订的，用来具体指导操作工人进行生产的一种工艺文件。主要用于大批大量生产或成批生产中比较重要的零件。其格式见表 4-7。

表 4-5　机械加工工艺过程卡片

（工厂名）	综合工艺过程卡片	产品名及型号		零件名称		零件图号				
		材料	名　称	毛坯	种类	零件质量/kg	毛重		第　页	
			牌　号		尺寸		净重		共　页	
			性　能	每料件数		每台件数		每批件数		

工序号	工序内容		加工车间	设备名称及编号	工艺装备名称及编号			技术等级	时间定额/min	
					夹具	刀具	量具		单件	准备—终结
更改内容										
编制		抄写		校对		审核		批准		

表 4-6　机械加工工艺卡片

（工厂名）	机械加工工艺卡片	产品名及型号		零件名称		零件图号				
		材料	名　称	毛坯	种类	零件质量/kg	毛重		第　页	
			牌　号		尺寸		净重		共　页	
			性　能	每料件数		每台件数		每批件数		

工序	安装	工步	工序内容	同时加工零件数	切削用量				设备名称及编号	工艺装备名称及编号			技术等级	时间定额/min	
					背吃刀量/mm	切削速度/(m/min)	每分钟转数/(r/min) 或往复次数	进给量/(mm/r)或(mm/2L)		夹具	刀具	量具		单件	准备—终结
更改内容															
编制		抄写		校对		审核		批准							

表 4 – 7　机械加工工序卡

				文件编号		
(厂名全称) 机械加工工序卡片		产品型号		零(部)件图号		第　页
		产品名称		零(部)件名称		共　页
(工序简图)			车间	工序号	工序名称	材料牌号
			毛坯种类	毛坯外形尺寸	每坯件数	每台件数
			设备名称	设备型号	设备编号	同时加工件数
			夹具编号		夹具名称	冷却液
						工序时间
						准终　单件

工步号	工步内容	工艺装备	主轴转速/(r/min)	切削速度/(m/min)	进给量/(mm/r)	背吃刀量/mm	走刀次数	工时定额 基本　辅助

描图								
描校								
底图号								
装订号								
*	a ①				编制(日期)	审核(日期)	会签(日期)	*　　*

标记	处数	更改文件号	签字	日期	标记	处数	更改文件号	签字	日期

4.2　机械加工工艺规程设计

4.2.1　机械加工工艺规程设计的内容与步骤

（1）分析研究产品的装配图和零件图：

① 了解、熟悉加工对象的性能、用途及零件间的相互装配关系及其作用，了解各项技术条件制订的依据，找出其主要技术要求和关键技术问题。

② 对加工对象进行工艺审查。主要审查的内容有：图样上规定的各项技术条件是否合理，零件的结构工艺性是否好，图样上是否缺少必要的尺寸、视图或技术条件。许多功能完全相同而结构工艺性不同的零件，它们的加工方法与制造成本有着很大的差别，应仔细审查零件的结构工艺性，并提出修改意见。

（2）确定毛坯：

根据产品图样审查毛坯的材料选择及制造方法是否合适，从工艺的角度（如定位加紧、加工余量及结构工艺性等）对毛坯制造提出要求，必要时，应和毛坯车间共同确定毛坯。力求提高毛坯质量可以减少机械加工劳动量，从而大大提高材料的利用率和降低机械加工的成本。

（3）设计工艺路线，选择定位基准：

这是设计工艺过程的关键性的一步，需提出几个方案，进行分析对比，寻求最经济合理的方案，选择定位基准，安排加工顺序等。

（4）选择各工序的加工用设备。

（5）确定各工序所采用的刀具、夹具、量具和辅助工具。

（6）确定各主要工序的技术要求及检验方法。

（7）确定各主要工序的加工余量，计算工序尺寸及偏差。

（8）选择合理的切削用量与冷却润滑液。

（9）计算工时定额：

工时定额可按生产实践的统计资料来确定，也可以用规定的切削用量计算工时定额。

（10）技术经济分析。

（11）填写工艺文件。

4.2.2　设计工艺规程时要解决的主要问题

设计工艺规程所需考虑的问题很多，涉及面也很广，其主要问题有以下几个方面。

1. 定位基准选择

定位基准的选择不仅对保证加工精度和确定加工顺序有很大的影响，而且对夹具设计、制造成本及生产效率都有很大的影响。

（1）定位基准的种类　基准通常是由一些表面来体现的，体现基准的表面称为基面，定位基准也称定位基面。定位基准通常有三种类型：①在第一道工序中，只能使用毛坯表面作为定位基准，这种定位基面就称为粗基准（或粗基面）。②在以后的加工中，可以采用已经切削加工过的表面作为定位基面，这种定位基面称为精基准（或精基面）。③选择基准时，经常会遇到这种情况，工件上没有能作为定位基面的恰当表面，这时就有必要在工件上专门加工出定位基面，这种基面称为辅助基面。辅助基面在零件的工作中没有任何用处，它仅是为加工的需要而设置的。如轴类零件加工用的中心孔、活塞加工用的止口和下端面。

（2）粗基准的选择　选择粗基准时，考虑的重点是如何保证各加工表面有足够的余量，使不加工表面与加工表面之间的尺寸、位置符合图样要求。粗基准的选择一般遵循以下原则：

① 重要表面原则。如果必须保证某重要表面的余量均匀，则选该表面作为粗基准。例如，车床床身导轨的加工，导轨面是床身的重要表面，精度要求高，且要耐磨。铸造时，导轨面应向下放置，使铸造表面层的金属组织细致均匀、紧密和金属表层耐磨，同时还可以避免或减少气孔、夹砂等缺陷。因此在加工时要求加工余量均匀，同时切去的金属层应尽可能薄一些，以便留下一层组织紧密、耐磨的金属层。若导轨面的加工余量不均匀，切去又太多，如图 4-2(b)所示，则不但影响加工精度，而且将把比较耐磨的金属层切去，露出较疏松的、不耐磨的金属层。所以先以导轨面作粗基面加工床脚平面[图 4-2(a)]，然后，再以已加工了的床脚平面作精基面加工导轨面，保证重要表面的加工余量均匀，虽然床脚平面的加工余量不均匀，但不影响床身的加工质量。

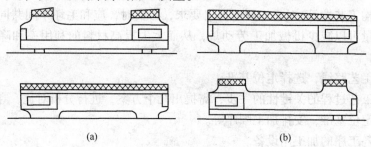

（a）　　　　　　　　　　　　（b）

图 4-2　车床床身导轨加工的定位方案

② 相互位置要求原则。如果必须首先保证工件上加工表面与不加工表面间的位置要求，则应以不加工表面作为粗基准；如果工件上有几个不加工表面，则应以其中与加工表面的位置精度较高的表面为粗基准，以求壁厚均匀、外形对称等；若零件上每个表面都要加工，则应以加工余量最小的表面作为粗基准，使这个表面在以后的加工中不会留下毛坯表面而造成废品。例如，如图 4-3 所示零件在车床上镗孔，如果采用图(a)定位方式，镗孔时切去的余量不均匀，但可获得与外圆具有较高的同轴度的内孔、壁厚均匀、外形对称；若选择图(b)定位方案(即内孔毛面)，则结果相反，切去的余量比较均匀，但零件的壁厚不均匀。

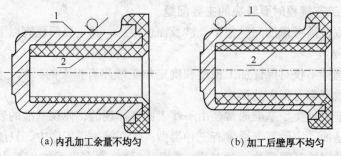

（a）内孔加工余量不均匀　　　　　　（b）加工后壁厚不均匀

图 4-3　车床镗内孔定位方案

③ 平整光洁表面原则。应该选用毛坯制造中尺寸和位置比较可靠、平整光洁的表面作为粗基准，使加工后各加工表面对各不加工表面的尺寸精度、位置精度更容易符合图样要

求。对于铸件不应选择有浇冒口的表面、分型面以及有飞刺或夹砂的表面作粗基准。对于锻件不应选择有飞边的表面作粗基准。

④ 粗基准不允许重复使用原则。由于粗基准的定位精度很低，所以粗基准在同一尺寸方向上一般只允许使用一次，否则定位误差太大。因此在以后的工序中，都应使用已切削过的表面作为精基准。

（3）精基准的选择   精基准选择时，考虑的重点是如何减少定位误差，提高定位精度。精基准的选择一般遵循以下原则：

① 基准重合原则。应尽可能选用设计基准作为定位基准。这样可以避免因基准不重合而引起的定位误差。

② 基准统一原则。应尽可能选用统一的定位基准加工各个表面，以保证各表面间的位置精度。例如，车削轴类零件，采用中心孔作为统一基准加工各外圆表面，不但能在一次安装中加工大多数表面，而且保证了各级外圆表面的同轴度要求以及端面与轴心线的垂直度要求。

③ 互为基准原则。当两个表面相互位置精度以及它们自身的尺寸与形状精度都要求很高时，可以采取互为基准的原则，反复多次进行精加工。例如图 4 - 4 所示精密齿轮，由于高频淬火的齿面其淬硬层比较薄，为力求磨削余量小而均匀，应先以齿面为基准磨内孔，然后再以内孔为基准磨齿面。这样加工，不但可以做到磨齿余量小而均匀，而且还能保证齿轮基圆对内孔有较高的同轴度。

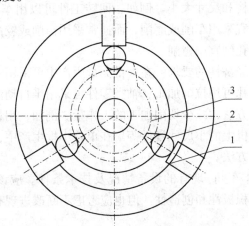

图 4 - 4   齿形表面定位加工

1—卡盘；2—滚柱；3—齿轮

④ 自为基准原则。有些精加工或光整加工工序要求余量要小而均匀，在加工时应尽量选择加工表面本身作为精基准，而该表面与其他表面之间的位置精度则应由先行的工序来保证。例如   在磨削床身导轨面时，为使加工余量小而均匀，以便提高导轨面的加工质量，保证表面材质的均匀性及耐磨性，用可调支承（在床身下）及百分表找正床身导轨面（即精基准面），如图 4 - 5 所示。导轨面本身的位置精度应由前道工序保证。此外，如浮动镗刀镗孔、浮动铰刀铰孔、拉刀拉孔、珩磨孔、无心磨床磨外圆等，都是自为基准的实际应用。

在实际生产中，按上述原则选择精基准，有时是相互矛盾的，因此应根据具体情况进行

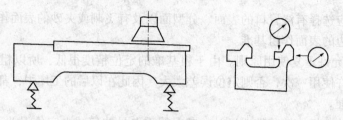

图 4 - 5 采用自为基准磨削导轨面

分析，从保证主要技术要求为出发点，灵活选用最有利的精基准。

总之，定位基准的选择原则是从生产实践中总结出来的，在保证加工精度的前提下，应使定位简单准确，加紧可靠，加工方便，夹具结构简单。因此，必须结合具体的生产条件和生产类型来分析和运用这些原则。

2. 加工方法的选择

零件表面的加工方法，取决于加工表面应有的技术要求。在明确了个加工表面的技术要求后，对个加工表面选择相应的加工方法。选择加工方法时应考虑下列各因素：

（1）根据各加工表面的技术要求，选择相应的能获得经济加工精度的方法。各种加工方法可达到的经济精度和表面粗糙度，参阅工艺设计手册。

（2）要考虑工件材料的性质。例如，对淬火钢应采用磨削加工，但对有色金属采用磨削加工就会发生困难，一般采用金刚镗削或高速精细车削加工。

（3）要考虑工件的结构和尺寸大小。例如，回转工件可以用车削或磨削等方法加工孔，而箱体上的孔，一般就不宜采用车削或磨削，而通常采用镗削或铰削加工，孔径小的宜用铰削，孔径大或长度较短的孔则宜用镗削。

（4）要考虑生产率和经济性的要求。在大批大量生产中可采用专用的高效率设备和专用工艺装备。例如，平面和孔可用拉削加工，轴类零件可采用半自动液压仿形车床加工，甚至可以从根本上毛坯的制造方法，减少切削加工的工作量。例如，用粉末冶金制造液压泵的齿轮、用石蜡浇注制造柴油机上的小尺寸零件等。在单件小批生产中，就采用通用设备、通用工艺装备以及一般的加工方法。

（5）要考虑本厂（或本车间）现有的设备情况及技术条件。应该充分利用现有设备，挖掘企业潜力，发挥工人的积极性和创造性。但也应考虑不断改进现有的加工方法和设备，采用新技术新工艺。

3. 加工阶段的划分

零件加工时，往往不是依次加工完个各表面，而是将各表面的粗、精加工分开进行。按加工性质和作用的不同，机械加工工艺过程通常可划分为四个加工阶段：

（1）粗加工阶段　这一阶段要切去大部分加工余量，为半精加工提供定位基准，主要问题是如何获得高的生产率。

（2）半精加工阶段　这一阶段主要是为主要表面的精加工做好准备（达到一定的加工精度，保证一定的精加工余量），并完成一些次要表面的加工（钻孔、攻螺纹、铣键槽等），一般在热处理之前进行。

（3）精加工阶段　保证各主要表面达到图样规定的质量要求。

（4）光整加工阶段　对于精度要求很高，表面粗糙度值要求很小（精度在 IT6 或以上，

表面粗糙度 $R_a \leqslant 0.32\mu m$)的零件，还要安排专门的光整加工阶段。以提高零件的尺寸精度和降低表面粗糙度为主，一般不用于提高形状精度和位置精度。

划分加工阶段的原因在于：

(1)保证加工质量　粗加工阶段切除金属较多，产生较大的切削力和切削热都较大，所需的夹紧力也较大，因而使工件产生的内应力和由此引起的变形也较大。不可能达到高的精度和低的表面粗糙度，因此，需要先完成各表面的粗加工，再通过半精加工和精加工来逐步修正工件的变形，提高加工精度并减小表面粗糙度，最后达到零件图要求。同时各阶段之间有一定的时间间隔，有利于工件的内应力释放，使工件有变形的时间，以便在后面的工序中加以修正。

(2)合理使用机床　划分加工阶段可合理使用机床设备。粗加工采用功率大、精度低的高效率设备；精加工时可采用相应的高精度机床设备。以便发挥机床设备各自的性能特点，有利于高精度机床在使用中保持高的精度。

(3)便于安排热处理工序　为了在机械加工工序中插入必要的热处理工序，同时使热处理充分发挥其效果。这就自然而然的把工艺过程划分为几个阶段，每个阶段都各有其特点及应达到的目的。例如，在精密主轴加工中，粗加工后进行时效处理以便消除应力，在半精加工后进行淬火处理以便提高表面硬度，在精加工后进行冰冷处理或低温回火以便得到稳定的组织，最后再进行光整加工以便获得好的表面质量。

(4)及时发现毛坯缺陷　粗加工各表面后可及早发现毛坯的缺陷，有利于及时报废或修补，以免继续进行精加工而浪费工时和制造费用。

(5)可减少主要表面的损坏　精加工工序安排在最后，可以保护精加工后的表面少受损伤或不受损伤。

应当指出上述阶段的划分并不是绝对的。当加工质量要求不高，工件的刚性足够，毛坯质量高和加工余量小时，则可以不划分加工阶段。例如，在自动机上加工零件。另外，有些重型零件，由于装夹、运输较困难，常不划分加工阶段，在一次装夹下完成全部粗加工和精加工；或在粗加工后松开夹紧，在消除夹紧变形后，再用较小的夹紧力重新夹紧进行精加工，这样就有利于保证重型零件的加工质量。但是对于精度要求高的重型零件，仍要划分加工阶段，并插入时效、去除内应力等热处理措施。因此，加工阶段的划分需要按照具体情况来处理。

4. 加工顺序的安排

一个零件上往往有几个表面需要加工，这些表面不仅本身有一定的精度要求，而且各表面间还有一定的位置要求。为了达到这些精度要求，各表面的加工顺序就不能随意安排，而必须遵循一定的原则。

1)切削加工顺序的安排

安排切削加工顺序时，须遵循以下几个原则：

(1)先粗后精　先安排粗加工，中间安排半精加工，最后安排精加工和光整加工。

(2)先主后次　先安排主要表面的加工，后安排次要表面的加工。主要表面是指装配表面、工作表面等；次要表面是指非工作表面(如紧固用的光孔、螺孔等)。由于次要表面的加工工作量比较小，它们一般与主要表面有一定的位置精度，因此，一般都放在主要表面加工结束之后，精加工或光整加工之前。

（3）先基准后其他　加工一开始，总是先把精基准加工出来。如果精基准不止一个，则应该按照基准转换的顺序和逐步提高加工精度的原则来安排基准和主要表面的加工。例如，在一般机器零件上，平面所占的轮廓尺寸比较大，用平面定位比较稳定可靠，因此，在设计工艺过程时总是选用平面作为定位基准，总是先加工平面后加工孔。

2）热处理工序的安排

热处理工序主要是用来改善材料的性能及消除内应力。一般可分为：

（1）预备热处理　安排在机械加工之前，以改善切削性能、消除毛坯制造时的内应力为主要目的。例如，对于碳质量分数超过0.5%的碳钢，一般采用退火，以降低硬度；碳质量分数小于0.5%的碳钢，一般采用正火，以提高材料的硬度；调质处理能得到组织细密均匀的回火索氏体，有时也作为预备热处理。

（2）最终热处理　安排在半精加工以后和磨削加工之前，主要用于提高材料的强度和硬度。如淬火、调质、氮化等。

（3）去除应力处理　安排在粗加工之后，精加工之前，如人工时效、退火等。

3）辅助工序的安排

辅助工序的种类很多，如检验、去毛刺、倒棱边、去磁、清洗、涂防锈油等。其中检验工序是主要的辅助工序，它是保证产品质量的重要措施。除了在每道工序的进行中，由操作者自行检验外，还必须在下列情况下安排单独的检验工序：

（1）加工结束后；

（2）重要工序之后；

（3）零件从一个车间转到另一个车间时；

（4）特种性能（磁力探伤、密封性等）检验之前；

（5）零件全部加工结束之后。

5. 工序的集中与分散

一个工件的加工是由许多工步组成的，如何把这些工步组成工序，是设计工艺过程时要考虑的一个问题。在一般情况下，根据工步本身的性质（如车外圆、铣平面等）、粗精加工阶段的划分、定位基准的选择和转换等，就把这些工步集中成若干个工序，在若干台机床上进行。工序集中就是将零件各表面的加工集中在少数几个工序内完成，而每个工序的内容和工步都较多。工序分散则相反，就是将零件各表面的加工分的很细，工序多且工艺过程长，每个工序所包含的加工内容很少，在极端情况下，每个工序只有一个工步。

工序集中的特点是：

（1）有利于采用高效的专用设备和工艺装备，显著提高生产率；

（2）减少了工序数目，缩短了工艺过程，简化了生产计划和生产组织工作；

（3）减少了设备数量，相应的减少了操作工人数量和生产面积；

（4）减少了工件的安装次数，不仅有利于提高生产率，而且由于在一次安装下加工多个表面，也易于保证这些表面间的位置精度；

（5）专用设备、工艺装备的投资大，调整和维修较费事，生产准备工作量大。

工序分散的特点是：

（1）采用比较简单的机床和工艺装备，调整容易；

（2）对工人的技术要求比较低；

（3）生产准备工作量小，容易变换产品；

（4）设备数量多，工人数量多，生产面积大。

工序集中与工序分散是设计工艺工程时两个不同的安排原则。在一般情况下单件小批生产只能工序集中，而大批大量生产则可以集中，也可以分散。但集中工序是机械加工的发展趋势。

4.3　加工余量及工序尺寸

4.3.1　加工余量的概念

加工余量是指加工过程中，从被加工表面上切除的金属层厚度。加工余量又可分为工序间加工余量和加工总余量。

（1）工序间加工余量　每一道工序所切除的金属层厚度。它取决于同一表面相邻工序尺寸之差。工序间加工余量又可分为单边余量和双边余量。对于外圆和孔等旋转表面而言，加工余量是从直径方向上考虑的，故称双边余量，即实际所切除的金属层厚度是直径上的加工余量的一半。平面的加工余量称为单边余量，加工余量等于实际所切除的金属层的厚度。

（2）加工总余量　在由毛坯变为成品的过程中，在某加工表面上切除的金属层总厚度称为该加工表面的加工总余量。

4.3.2　加工余量与工序尺寸的关系

任何加工方法都不可避免地要产生尺寸的变化，因此各工序加工后的尺寸也有一定的误差。这样就造成实际切除的金属层厚度大小不等，就产生了工序间加工余量的最大值和最小值。为了便于加工和计算，生产中规定工序尺寸一般按"入体原则"进行标注工序尺寸公差带。即：对于被包容面（如轴、键等），工序尺寸公差带取上偏差为零，即加工后的基本尺寸等于最大极限尺寸；对于包容面（如孔、键槽宽等），工序尺寸公差带取下偏差为零，即加工后的基本尺寸等于最小极限尺寸；毛坯尺寸的公差带取双向标注。

根据上述规定，可作出如图 4 – 6 和图 4 – 7 所示的加工余量和工序尺寸的关系图。从图中可以看出：

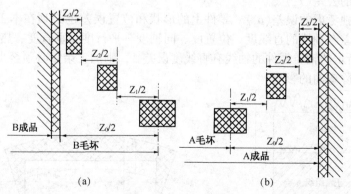

图 4 – 6　加工余量示意图

1. 加工总余量等于各工序间余量之和

$$Z_0 = Z_1 + Z_2 + Z_3 + \cdots$$

2. 对与被包容面而言

工序间余量 = 上工序的基本尺寸 – 本工序的基本尺寸

工序间最大余量 = 上工序的最大极限尺寸 – 本工序的最小极限尺寸

工序间最小余量 = 上工序的最小极限尺寸 – 本工序的最大极限尺寸

3. 对于包容面而言

工序间余量 = 本工序的基本尺寸 – 上工序的基本尺寸

工序间最大余量 = 本工序的最大极限尺寸 – 上工序的最小极限尺寸

工序间最小余量 = 本工序的最小极限尺寸 – 上工序的最大极限尺寸

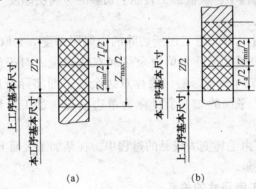

(a) (b)

图 4 – 7　加工余量与工序尺寸的关系

4.3.3　影响加工余量的因素

影响加工余量的因素比较复杂,在一次切削中影响加工余量的因素主要反映为以下几个方面:

(1) 上工序的表面粗糙度(R_{ya})　由于尺寸测量是在表面粗糙度的高峰上进行的,任何后续工序都应降低表面粗糙度,因此在切削中首先要把上工序所形成的表面粗糙度切去。

(2) 上工序的表面破坏层(D_a)　由于切削加工会在表面上留下一层塑性变形层(如图 4 – 8),这一层金属的组织已遭破坏,必须在本工序中予以切除。

(3) 上工序的公差(T_a)

(4) 需要单独考虑的误差(ρ_a)　零件上的形状和位置误差也必须在本工序中予以切除。属于这一类的误差有轴线的直线度、位置度、同轴度、平行度、垂直度、热处理变形等。例如,如图 4 – 9 所示的轴类零件的轴线有直线度误差 Δ,则加工余量必须至少增加 2Δ 才能保证轴在加工后消除弯曲的影响。

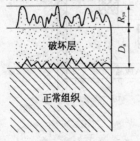

图 4 – 8　表面粗糙度和表面破坏层

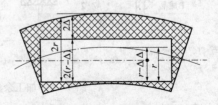

图 4 – 9　轴弯曲对加工余量的影响

（5）本工序的安装误差（ε_b）　这一项误差包括定位误差和夹紧误差。

由以上因素可知：

对于平面加工，单边最小余量为：

$$Z_{bmin} = T_a + R_{ya} + D_a + |\vec{\rho}_a + \vec{\varepsilon}_b| \qquad (4-2)$$

对于外圆和内孔加工，双边最小余量为：

$$2Z_{bmin} = T_a + 2(R_{ya} + D_a + |\vec{\rho}_a + \vec{\varepsilon}_b|) \qquad (4-3)$$

4.3.4　加工余量的确定方法

加工余量的大小，对零件的加工质量、生产率和生产成本都有很大影响。确定加工余量的基本原则是在保证加工质量的前提下尽量减少加工余量。目前，生产中确定加工余量的方法有以下几种：

1. 分析计算法

分析影响加工余量的诸因素，并应用理论公式计算确定工序余量。此法考虑问题较全面，又能区别不同情况进行具体分析，确定的余量比较精确。但由于分项计算繁琐，还需依赖一些经验数据，故目前仅在少数工厂中应用，对那些生产批量比较大的重要工序，才用理论公式来计算工序余量。

2. 经验估算法

依靠工艺人员的工作经验，采用类比法来确定工序余量。该法比较简便，但不够精确。为了防止出废品，一般选取较大的余量。此法多用于单件小批量生产。

3. 查表修正法

按有关的统计数据来初步确定余量，再结合实际加工情况进行修正，最后确定工序余量。这种方法简便、准确，应用广泛。

4.3.5　工序尺寸的计算

由于加工的需要，在工序图或工艺规程中要标注一些专供加工用的尺寸，这类尺寸称为工序尺寸。工序尺寸往往不能采用零件图上的尺寸，需要进行计算。计算工序尺寸是设计工艺过程的主要工作之一。通常有以下几种情况：

1. 基准重合时的工序尺寸计算

对于加工过程中基准没有变换的情况，工序尺寸的计算比较简单。在决定了各工序间加工余量和工序所能达到的经济精度后，采用反推法计算，即由最后一道工序往前工序推算。

例如，车床主轴箱的主轴孔加工，其设计要求为：$\phi 180 J6 \left({}^{+0.018}_{-0.007} \right)$，$R_a \leqslant 0.8 \mu m$。在成批生产的条件下，其加工方案为：粗镗—半精镗—精镗—铰孔。

将从机械加工工艺手册中所查的各工序的加工余量和所能达到的经济精度列入表 4-8 中的第二和第三列，其计算结果列于第四和第五列，这样就很容易的从表中看出工序尺寸及公差。

2. 基准不重合时的工序尺寸计算

在复杂零件的加工过程中，经常会出现定位基准与设计基准不重合的现象，在加工过程中要经过多次转换基准。这时工序尺寸的计算就不能使用以上方法，需借助于工艺尺寸链原理进行计算，具体计算方法将在下一节中详细叙述。

表 4-8 工序尺寸和公差的计算

工序名称	工序间加工余量(双边)	工序的经济精度		最小极限尺寸	工序尺寸及偏差
		公差等级	公差值		
铰孔	0.2	IT6	0.025	$\phi179.993$	$\phi180^{+0.018}_{-0.007}$
精镗孔	0.6	IT7	0.04	$\phi179.8$	$\phi179.8^{+0.04}_{0}$
半精镗孔	3.2	IT9	0.10	$\phi179.2$	$\phi179.2^{+0.1}_{0}$
粗镗孔	6	IT11	0.25	$\phi176$	$\phi176^{+0.25}_{0}$
毛坯孔			3	$\phi170$	$\phi170^{+1}_{-2}$

3. 孔系坐标尺寸的计算

孔系的坐标尺寸,通常在零件图上已经标注清楚。对于未标注清楚的,就要计算孔系的坐标尺寸,这时,可运用工艺尺寸链原理,作为平面尺寸链进行计算。

4.4 工艺尺寸链

在加工过程中,工件的尺寸在不断的变化,由毛坯尺寸到工序尺寸,最后达到设计要求的尺寸。这些尺寸存在一定的联系,尺寸链原理就是揭示这些尺寸之间的内在联系的一种工具。运用尺寸链原理可以解决基准不重合时的工序尺寸计算、孔系坐标尺寸的计算和装配工艺过程中的有关计算问题等,在设计工艺过程和保证装配精度中起到很大的作用。

4.4.1 工艺尺寸链的基本概念

1. 工艺尺寸链的定义

在零件的加工或测量过程中,以及在机器的设计或装配过程中,经常会遇到一些互相联系的尺寸组合。这种互相联系的、按一定顺序排列成封闭图形的尺寸组合称为尺寸链。其中,由单个零件在工艺过程中的有关尺寸所组成的尺寸链称为工艺尺寸链;在机器的设计和装配过程中,由有关的零(部)件上的有关尺寸所组成的尺寸链称为装配尺寸链。

如图 4-10 所示,在车床上加工套筒零件时,面 3 以面 1 为测量基准,工序尺寸为 A_1;面 2 以面 3 为测量基准,工序尺寸为 A_2。在面 2、面 3 加工后,设计尺寸 A_0 间接得到保证,这时 A_0 的精度取决于 A_1 和 A_2 的精度,三者构成封闭尺寸组合,即工艺尺寸链。

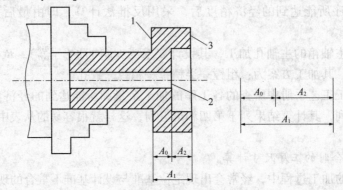

图 4-10 工艺尺寸链

2. 工艺尺寸链的特征

根据以上尺寸链定义可知，尺寸链有以下两个特征：

（1）封闭性　尺寸链中，必须由一系列互相关联的尺寸排列成封闭的形式。其中，应包含一个间接保证的尺寸和若干个对此有影响的直接保证的尺寸。

（2）关联性　尺寸链中，间接保证的尺寸，其大小和变化受直接保证的尺寸精度所支配，它们具有特定的函数关系，并且间接保证的尺寸精度必然低于直接保证的尺寸精度。

3. 工艺尺寸链的组成

组成尺寸链的每个尺寸称为尺寸链的环。如图 4-10 中的尺寸 A_0、A_1 和 A_2 都是尺寸链的环，这些环又可分为：

（1）封闭环　最终被间接保证精度的那个环，用 A_0 表示，图 4-10 中 A_0 即为封闭环。工艺尺寸链的封闭环是由零件的加工顺序来确定的。在零件图上，设计尺寸链的封闭环是图上未标注的尺寸。在机器的装配过程中，凡是在装配以后才形成的尺寸，就称为装配尺寸链的封闭环，它是由两个零件上的表面构成的。

（2）组成环　除封闭环以外的其他环都称为组成环，如图 4-10 中的 A_1 和 A_2 就是组成环。组成环又可按它对封闭环的影响性质分成两类：

① 增环。当其余各组成环不变，该环尺寸增大使封闭环尺寸也相应增大者，该组成环叫增环。如图 4-10 中的 A_1 就是增环，用 $\vec{A_1}$ 表示。

② 减环。当其余各组成环不变，该环尺寸增大反而使使封闭环尺寸也相应减小者，该组成环叫减环。如图 4-10 中的 A_2 就是减环，用 $\overleftarrow{A_2}$ 表示。

4. 尺寸链图的作法

（1）首先确定间接保证的尺寸，并把它定为封闭环。

（2）从封闭环起，按照零件上表面间的联系，依次画出有关的直接获得的尺寸（大致上按比例），作为组成环，直到尺寸的终端回到封闭环的起端形成一个封闭图形。必须注意：要使组成环环数达到最少。

（3）判断增减环。对于一般尺寸链，可直接用增减环的定义判断。对于复杂尺寸链，按照各尺寸首尾相接的原则，可顺着一个方向在各尺寸上画箭头。凡是箭头方向与封闭环箭头方向相同的尺寸就是减环，箭头方向与封闭环箭头方向相反的尺寸就是减环。如图 4-11 所示，$\vec{A_1}$、$\vec{A_3}$、$\vec{A_4}$、$\vec{A_5}$ 与封闭环 $\overleftarrow{A_0}$ 相反，即为增环。$\overleftarrow{A_2}$ 和 $\overleftarrow{A_6}$ 与封闭环 $\overleftarrow{A_0}$ 相同，即为减环。

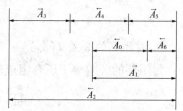

图 4-11　尺寸链增减环判断

此处还要注意以下几点：

（1）工艺尺寸链的构成，取决于工艺方案和具体的加工方法。

（2）确定哪一个尺寸是封闭环，是解尺寸链的决定性的一步。封闭环判断错了，整个计算就是错的，甚至得出完全不合理的结果。

（3）一个尺寸链只能解一个封闭环。

4.4.2 工艺尺寸链的计算公式

工艺尺寸链的计算方法有极值法和概率法两种。极值法比较简便可靠，应用比较广泛，概率法将在第六章里介绍。所谓极值法就是综合考虑误差的两个极限情况来计算封闭环或组成环的极限尺寸的方法，下面介绍极值法的计算公式。

1. 封闭环的基本尺寸

根据尺寸链的封闭性，封闭环的基本尺寸等于所有增环的基本尺寸之和减去所有减环的基本尺寸之和，即：

$$A_0 = \sum_{i=1}^{m} \overrightarrow{A_i} - \sum_{i=m+1}^{n-1} \overleftarrow{A_i} \tag{4-4}$$

式中　　A_0——封闭环的基本尺寸，mm；

　　　　$\overrightarrow{A_i}$——增环的基本尺寸，mm；

　　　　$\overleftarrow{A_i}$——减环的基本尺寸，mm；

　　　　m——增环的环数，mm；

　　　　n——包括封闭环在内的尺寸链总环数。

2. 封闭环的极限尺寸

封闭环的最大尺寸等于所有增环的最大尺寸之和减去所有减环的最小尺寸之和，即：

$$A_{0max} = \sum_{i=1}^{m} \overrightarrow{A}_{imax} - \sum_{i=m+1}^{n-1} \overleftarrow{A}_{imin} \tag{4-5}$$

封闭环的最小尺寸等于所有增环的最小尺寸之和减去所有减环的最大尺寸之和，即：

$$A_{0min} = \sum_{i=1}^{m} \overrightarrow{A}_{imin} - \sum_{i=m+1}^{n-1} \overleftarrow{A}_{imax} \tag{4-6}$$

3. 封闭环的上偏差 $ES(A_0)$ 与下偏差 $EI(A_0)$

封闭环的上偏差等于所有增环的上偏差之和减去所有减环的下偏差之和，即：

$$ES(A_0) = \sum_{i=1}^{m} ES(\overrightarrow{A_i}) - \sum_{i=m+1}^{n-1} EI(\overleftarrow{A_i}) \tag{4-7}$$

封闭环的下偏差等于所有增环的下偏差之和减去所有减环的上偏差之和，即：

$$EI(A_0) = \sum_{i=1}^{m} EI(\overrightarrow{A_i}) - \sum_{i=m+1}^{n-1} ES(\overleftarrow{A_i}) \tag{4-8}$$

4. 封闭环的公差 $T(A_0)$

封闭环的公差等于所有组成环的公差之和，即：

$$T(A_0) = \sum_{i=1}^{m} T(\overrightarrow{A_i}) - \sum_{i=m+1}^{n-1} T(\overleftarrow{A_i}) = \sum_{i=1}^{n-1} T(A_i) \tag{4-9}$$

4.4.3 尺寸链的计算形式

计算工艺尺寸链时，会遇到以下三种形式：

1. 正计算

已知各组成环尺寸及公差，求封闭环尺寸及公差，其计算的结果是唯一的。这种情况主要用于验证工序图上所标注工序尺寸及公差能否满足设计尺寸要求。

2. 反计算

已知封闭环的尺寸及公差求各组成环的尺寸及公差。主要用于产品设计，工艺过程工序尺寸的计算。这时封闭环为已知数，组成环为未知数，未知数的个数多于方程的个数，所以要采用公差分配法计算。即将封闭环的公差值合理地分配给各组成环，其分配方法有以下

几种:

（1）等公差值分配　即将封闭环的公差值平均分配给各个组成环,即:

$$T(A_i) = \frac{T(A_0)}{n-1} \qquad (4-10)$$

此方法比较简单、方便,但从工艺上讲是不合理的,只适用于各组成环尺寸相差不是很大的情况。

（2）等公差级分配　即各组成环按相同的公差等级,根据基本尺寸的大小进行分配,并使各组成环的公差符合下列条件:

$$T(A_0) \geqslant \sum_{i=1}^{n-1} T(A_i) \qquad (4-11)$$

这种方法从工艺上讲比较合理,但要加以适当调整。

（3）按具体情况分配　将封闭环的公差按照各组成环的经济精度的公差值进行分配给各组成环,然后适当调整个别组成环的公差,并满足式(4-9)。

3. 中间计算

已知封闭环和部分组成环的尺寸及公差,求某一组成环的尺寸及公差。此类计算主要用于基准转换时工序尺寸及偏差的确定。

4.4.4　工艺尺寸链的竖式计算法

在用基本公式计算工艺尺寸链时,为了使计算过程简单方便,通常把尺寸链的基本公式化成表 4-9 所示的竖式。方法是:第一行注明环、基本尺寸、上偏差、下偏差;第二行对应填写增环基本尺寸及上下偏差;第三行填写减环,减环的上、下偏差应对调位置,且在基本尺寸,上下偏差前加负号;最后一行对应填入封闭环的尺寸及偏差。最后可求出竖式中各列中增减环值的代数和等于封闭环的对应值即可。这种竖式中对增环、减环的处理可归纳成一句口诀:"增环,上、下偏差照抄;减环,上、下偏差对调,变号"。

表 4-9　计算尺寸链的竖式

环	基本尺寸	上偏差 ES	下偏差 EI
增环	$+\vec{A_i}$	$ES(\vec{A_i})$	$EI(\vec{A_i})$
减环	$-\overleftarrow{A_i}$	$-EI(\overleftarrow{A_i})$	$-ES(\overleftarrow{A_i})$
封闭环	A_0	$ES(A_0)$	$EI(A_0)$

4.4.5　典型工艺尺寸链分析与计算实例

1. 测量基准与设计基准不重合时的工序尺寸计算

零件加工时,有时会遇到设计尺寸不便直接测量,需要另选一个易于测量的表面作测量基准,间接保证该设计尺寸,这时就要进行尺寸换算。

【例1】如图 4-12 所示套筒零件,两端面已加工完毕,现要加工孔底 C 面,为保证尺寸 $16^{0}_{-0.35}$ mm,因该尺寸不便测量,试标出换算后的测量尺寸。

解:由于孔的深度可以用深度游标卡尺测量,因而尺寸 $16^{0}_{-0.35}$ mm 可以通过尺寸 $A_1 = 60^{0}_{-0.17}$ mm 和孔深尺寸 A_2 间接来保证。由此可知,尺寸 $16^{0}_{-0.35}$ mm 是封闭环,连接有关的尺寸构成如图 4-12(b)所示尺寸链图,其中 A_1 为增环,A_2 为减环。

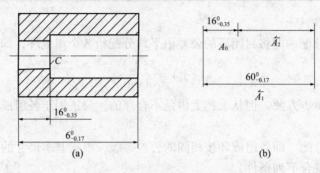

图 4 - 12　测量尺寸的换算

（1）用尺寸链公式计算：

由式（4 - 4）知：

$$A_0 = \overrightarrow{A_1} - \overleftarrow{A_2}$$

则

$$\overleftarrow{A_2} = \overrightarrow{A_1} - A_0 = 60 - 16 = 44 \ \text{mm}$$

由式（4 - 7）知：

$$ES(A_0) = ES(\overrightarrow{A_1}) - EI(\overleftarrow{A_2})$$

则

$$EI(\overleftarrow{A_2}) = ES(\overrightarrow{A_1}) - ES(A_0) = 0 - 0 = 0$$

由式（4 - 8）知

$$EI(A_0) = EI(\overrightarrow{A_1}) - ES(\overleftarrow{A_2})$$

则

$$ES(\overleftarrow{A_2}) = EI(\overrightarrow{A_1}) - EI(A_0) = -0.17 - (-0.35) = 0.18 \ \text{mm}$$

所以测量尺寸 $A_2 = 44_0^{+0.18}$ mm

（2）用竖式计算：

环	基本尺寸	上偏差 ES	下偏差 EI
增环 $\overrightarrow{A_1}$	+60	0	-0.17
减环 $\overleftarrow{A_2}$	-44	0	-0.18
封闭环 A_0	16	0	-0.35

即计算结果 $A_2 = 44_0^{+0.18}$ mm ，答案相同。

通过本例说明，由于基准不重合而进行尺寸换算，将带来两个问题：

（1）由于尺寸换算，提高了对测量尺寸的精度要求。按原设计尺寸进行测量，公差值为 0.35mm，换算后的测量尺寸公差为 0.18mm，测量公差减小了 0.17mm，差值恰是组成环 A_1 的公差值。

（2）假废品问题。当测量零件的尺寸 A_1 在 59.83 ～ 60mm 之间，A_2 的尺寸在 44 ～ 44.18mm 之间时，则 A_0 必在 15.65 ～ 16mm 之间，说明零件为合格品。

假如 A_2 的实测尺寸超出 $44_0^{+0.18}$ mm 的范围，如超差量偏大或偏小 0.17mm，即 A_2 的最大尺寸为 44.35mm 或最小尺寸为 44.83mm 时，只要组成环 A_1 的尺寸也相应为最大 60mm 或最小 59.83mm，则算得 A_0 的尺寸相应为（60 - 44.35）= 15.65mm 和（59.83 - 43.83）= 16mm，显然，零件仍为合格品，这就出现了假废品。由此可见，只要超差量小于另一组成环的公差时，则有可能出现假废品，这时，需重新测量其它组成环的尺寸，再算出封闭环的实际尺寸，以判断是废品还是假废品。

2. 定位基准与设计基准不重合时的工序尺寸计算

在零件加工工艺过程中，当加工表面的定位基准与设计基准不重合时，也需要进行一定的尺寸换算。

【例 2】轴承座零件，如图 4 - 13 所示，镗孔前，表面 A、B、C 已经加工过。镗孔时，为使工件装夹方便，选择表面 A 为定位基准，并按工序尺寸 A_3 进行加工，试求工序尺寸 A_3。

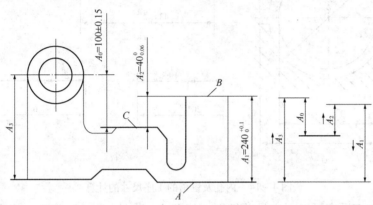

图 4 - 13　定位基准与设计基准不重合的尺寸换算

解：设计尺寸 A_0 是本工序加工中需要保证的尺寸，但不能直接得到，因此是封闭环。A_0 的大小和精度受前工序尺寸 A_1 和 A_2，以及本工序尺寸 A_3 的影响。由此连接 A_0、A_1、A_2、A_3 成封闭图形，构成尺寸链。在此尺寸链中，$\overrightarrow{A_2}$ 和 $\overrightarrow{A_3}$ 为增环，$\overleftarrow{A_1}$ 为减环。

用竖式计算：

环	基本尺寸	上偏差 ES	下偏差 EI
增环 $\overrightarrow{A_2}$	+40	0	-0.06
增环 $\overrightarrow{A_3}$	+300	+0.15	+0.01
减环 $\overleftarrow{A_1}$	-240	0	-0.10
封闭环 A_0	100	+0.15	-0.15

则镗孔尺寸为：

$$A_3 = 300^{+0.15}_{+0.01} \text{ mm}$$

3. 尚需继续加工表面的工序尺寸计算

在工件的加工过程中，有些表面的测量基准或定位基准是尚待加工的表面，当加工这些表面时，同时要保证两个设计尺寸的要求，为此也要进行工序尺寸的计算。

【例 3】齿轮键槽孔加工，如图 4 - 14 所示为齿轮内孔的局部简图。其中，孔径 $\phi 40^{+0.05}_0$ mm，键槽深度为 $43.6^{+0.34}_0$ mm，其加工顺序为：

工序 I：镗内孔至 $\phi 39.6^{+0.1}_0$ mm；

工序 II：插键槽至尺寸 A；

工序Ⅲ：热处理，淬火；

工序Ⅳ：磨内孔至 $\phi 40_0^{+0.05}$mm。

试确定插键槽的工序尺寸 A。

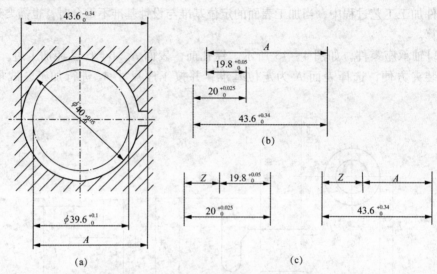

图 4-14　内孔及键槽的工序尺寸的计算

解：根据加工顺序可以画出尺寸链图，如图 4-14(b) 所示。注意，当有直径尺寸时，一般应考虑用半径尺寸来画尺寸链。加工中直接控制的尺寸为 $\phi 40_0^{+0.05}$mm（$R\ 20_0^{+0.025}$mm）和 $\phi 39.6_0^{+0.1}$mm（$r\ 19.8_0^{+0.05}$mm），间接保证 $43.6_0^{+0.34}$mm 的尺寸（封闭环 A_0），尺寸 A 和 R $20_0^{+0.025}$mm 为增环，$r\ 19.8_0^{+0.05}$mm 为减环。利用竖式计算尺寸链：

环	基本尺寸	上偏差 ES	下偏差 EI
增环 $\vec{A}$	+43.4	+0.315	+0.050
增环 $\vec{R}$	+20	+0.025	0
减环 $\overleftarrow{r}$	-19.8	0	-0.050
封闭环 A_0	43.6	+0.34	0

计算结果：$A = 43.4_{+0.050}^{+0.315}$mm，按入体原则标注 $A = 43.5_0^{+0.265}$mm。

另外，尺寸链还可以画成图 4-14(c) 的形式，引进了半径余量 Z，图 4-14(c) 左图中 Z 是封闭环，右图中的 Z 则认为是已经获得为组成环，而 $43.6_0^{+0.34}$mm 尺寸才是封闭环。其解算结果与尺寸链图 4-14(b) 相同。

4. 保证渗氮、渗碳层深度的工序尺寸计算

有些零件的表面需进行渗氮或渗碳处理，并且要求精加工后要保持一定的渗氮（碳）层深度。为此，必须确定渗前加工的工序尺寸和热处理时的渗氮（碳）层深度。

【例4】图 4-15 所示为某轴颈衬套，内孔 $\phi 145_0^{+0.04}$mm 的表面需经渗氮处理，渗氮层深度要求为 $0.3 \sim 0.5$mm（即单边 $0.3_0^{+0.2}$mm，双边为 $0.6_0^{+0.4}$）。其加工过程为：

（1）磨内孔至 $\phi 144.76_0^{+0.04}$mm；

（2）渗氮，渗氮深度为 t mm；

（3）磨内孔至 $\phi 145_0^{+0.04}$ mm，并保留渗氮层深度 $0.3 \sim 0.5$ mm，试求渗氮时的深度。

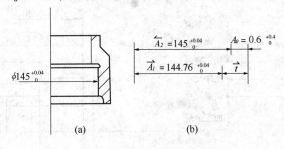

图 4 - 15　渗氮深度的尺寸换算

解：由加工过程可知，工序尺寸 A_1、A_2、t 是组成环，而渗层深度 $0.6_0^{+0.4}$ mm 是加工间接保证的设计尺寸，是封闭环。

用计算竖式如下：

环	基本尺寸	上偏差 ES	下偏差 EI
增环 $\overrightarrow{A_1}$	+144.76	+0.04	0
增环 $\overrightarrow{t}$	+0.84	+0.36	+0.04
减环 $\overleftarrow{A_2}$	-145	0	-0.04
封闭环 A_0	0.6	+0.4	0

计算结果 $t = 0.84_{+0.04}^{+0.36}$ mm，按入体原则标注 $t = 0.88_0^{+0.32}$ mm。$\dfrac{t}{2} = 0.44_0^{+0.16}$ mm，即渗氮层深度为 $0.44 \sim 0.6$ mm。

4.4.6　工艺尺寸图表跟踪法

当零件的加工工序和同一方向的尺寸都比较多，工序中定位基准与设计基准又不重合，且需多次转换基准时，工序尺寸及公差的换算会很复杂。因为此时不仅组成尺寸链的各环有时不易分清，难以方便地建立工艺尺寸链，而且在计算过程中容易出错。如果采用图表跟踪法，就可以直观、简便地建立起尺寸链，且便于用计算机进行辅助计算。下面结合具体例子，对图表跟踪法做具体介绍。

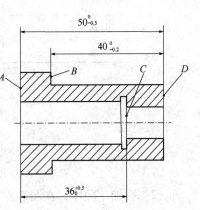

图 4 - 16　套筒零件简图

【例 5】如图 4 - 16 所示，为一套类零件的轴向设计尺寸简图，有关轴向尺寸的加工工艺过程如图 4 - 17 所示。要求确定工序尺寸 A_1、A_2、A_3、A_4 和 A_5 及其公差，并验证磨削余量 Z_5。

该计算是比较典型的综合性问题，在加工过程中基准变换多次，并且欲求的未知量有四项，而且包含余量的验算。仅通过一个尺寸链不可能解决上述问题。由工艺过程可知：设计尺寸 $36_0^{+0.5}$ mm 在加工过程中没有直接得到保证，因此可以作为封闭环建立尺寸链；但是，可以发现，加工过程中基准的多次变换，造成难以直观的画出该尺寸链。同时，磨削余量 Z_5 的大小会影响 $36_0^{+0.5}$ mm 的精度。计算这类复杂的工序尺寸，可以用图表跟踪法。

用图表跟踪法计算工序尺寸的方法步骤为：

（1）在图表上方画出工件简图，标出有关设计尺寸，从有关表面向下引出表面线；

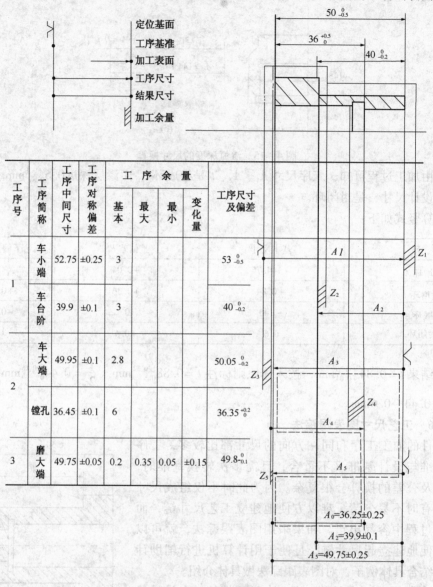

工序号	工序简称	工序中间尺寸	工序对称偏差	工 序 余 量				工序尺寸及偏差
				基本	最大	最小	变化量	
1	车小端	52.75	±0.25	3				$53_{-0.5}^{\ 0}$
1	车台阶	39.9	±0.1	3				$40_{-0.2}^{\ 0}$
2	车大端	49.95	±0.1	2.8				$50.05_{-0.2}^{\ 0}$
2	镗孔	36.45	±0.1	6				$36.35_{\ 0}^{+0.2}$
3	磨大端	49.75	±0.05	0.2	0.35	0.05	±0.15	$49.8_{-0.1}^{\ 0}$

图 4 - 17　工艺尺寸链的跟踪图表

（2）按加工顺序，在图表左侧自上而下地填写各工序的加工内容；

（3）用查表法或经验比较法将所确定的工序基本余量填入表中；

（4）为计算方便，将有关的设计尺寸改写为平均尺寸和对称偏差的形式在图表的下方标出；

（5）按图 4 - 17 所规定的符号，标出定位基面、工序基准、加工表面、工序尺寸、结果尺寸及加工余量。加工余量画在待加工表面竖线的"体外"一侧；与确定工序尺寸无关的粗加工余量可标可不标；同一工序内的所有工序尺寸按加工时或尺寸调整时的先后次序列出；

（6）从封闭环的两端，沿相应表面线同时向上（或向下）追踪，当遇到尺寸箭头时，说明此表面是在该工序加工而得，从而可判定该工序尺寸即为一组成环。此时，应沿箭头拐入追踪至工序基准，然后再沿该工序基准的相应表面线按上述方法继续向上（或向下）追踪，直到两条追踪线汇合封闭为止。图 4-17 中的虚线就是以结果尺寸 A_0 为封闭环向上追踪所找到的一个工艺尺寸链。同时，可分别列出以各个结果尺寸和加工余量为封闭环的尺寸链。如图 4-18 所示。

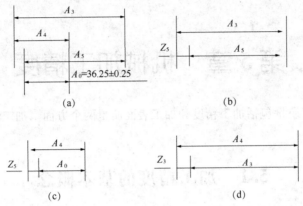

图 4-18　用跟踪法列出的尺寸链

（7）工序尺寸和公差的计算。

由图 4-18（a）、（b）、（c）可看出，尺寸 A_3、A_4、A_5 是公共环，需要先通过图（b）和（c）求出 A_3 和 A_4，然后再解图（a）尺寸链。由图 4-17 知 $A_5 = 49.75$ mm 和 $A_0 = 36.25$ mm 是设计尺寸。

确定各工序的基本尺寸 A_3、A_4：

$$A_3 = A_5 + Z_5 = 49.75 + 0.2 = 49.95 \text{ mm}$$
$$A_4 = A_0 + Z_5 = 36.25 + 0.2 = 36.45 \text{ mm}$$

将封闭环 A_0 的公差 $T(A_0)$ 按等公差的原则，并考虑加工方法的经济精度及加工的难易程度分配给工序尺寸 A_3、A_4、A_5，即

$$\pm \frac{T(A_3)}{2} = \pm 0.10 \text{mm}, \quad \pm \frac{T(A_4)}{2} = \pm 0.10 \text{mm}, \quad \pm \frac{T(A_5)}{2} = \pm 0.05 \text{mm}$$

所以得　$A_3 = 49.95 \pm 0.10$ mm，$A_4 = 36.45 \pm 0.10$ mm，$A_5 = 49.75 \pm 0.05$ mm

解图 4-18（d）所示尺寸链，由图 4-18（d）可知

$$A_1 = A_3 + Z_3 = 49.95 + 2.8 = 52.75 \text{mm}$$

按粗车的经济精度取 $\pm \dfrac{T(A_1)}{2} = \pm 0.25$ mm，则

$$A_1 = 52.75 \pm 0.25 \text{mm}$$

由图 4-17 知 $A_2 = 39.9 \pm 0.10$ mm

按图 4-18（b）所列尺寸链验算磨削余量

$$Z_{5\max} = A_{3\max} - A_{5\min} = 50.05 - 49.7 = 0.35 \text{mm}$$
$$Z_{5\min} = A_{3\min} - A_{5\max} = 49.85 - 49.8 = 0.05 \text{mm}$$

所以，$Z_5 = 0.05 \sim 0.35$ mm，满足磨削余量要求。

将各工序尺寸按入体原则标注：

$A_1 = 53_{-0.5}^{0}$ mm，$A_2 = 40_{-0.2}^{0}$ mm，$A_3 = 50.05_{-0.2}^{0}$ mm，$A_4 = 36.35_{0}^{+0.2}$ mm，$A_5 = 49.8_{-0.1}^{0}$ mm

（8）将上述计算过程的有关数据及计算结果填入跟踪图表中。

第 2 部分　加工分析篇

第 5 章　机械加工精度

机器零件的加工质量包括加工精度和加工表面质量两个方面。加工精度是本章研究的主要内容。

5.1　加工精度的基本概念

5.1.1　加工精度与加工误差

零件在加工后的几何参数(尺寸、形状和位置)与图纸规定的理想零件的几何参数符合的程度称为加工精度。符合程度愈高，加工精度也愈高。反之亦然。理想零件，即对表面形状而言，就是绝对准确的圆柱面、平面、锥面等；对表面位置而言，就是绝对的平行、垂直、同轴和一定的角度等；对于尺寸而言，就是零件的尺寸在公差带中心。

由于加工中的种种原因，实际上不可能把零件加工成绝对精确的理想零件，总会与理想零件产生一些偏离。这种偏离，就是加工误差。客观上，只要能保证零件在机器中的功能，没有必要把零件都加工得绝对精确，把零件的加工精度保持在一定范围之内是完全允许的。国家已规定了各级精度和相应的公差标准。只要零件的加工误差不超过零件的设计要求和公差标准，就算保证了零件加工精度的要求。"加工精度"和"加工误差"就是从两种观点来评定同一零件几何参数的。加工精度的高低用加工误差的大小来表示。

5.1.2　经济精度

在加工过程中有许多因素影响加工精度，同一加工方法在不同的条件下所能达到的精度也是不同的。就是在相同的条件下，采用同一种加工方法，适当降低切削用量，多费一些工时去细心完成加工过程中的每一操作，也能提高加工精度。但这样做会降低生产率，增加加工成本，因而是不经济的。在考虑零件加工的工艺过程时，我们不仅要注意保证加工精度，而且同时要设法不断提高生产率和降低成本，这才符合优质、高产、低消耗的原则。

经济精度是指在正常加工条件下，采用符合质量标准的设备和标准技术等级的工人，在不延长工时的情况下，所能达到的加工精度。

不同加工方法的经济精度是各不相同的，可根据具体情况参考有关手册，从中选择最合适的加工方法。

5.1.3　零件获得加工精度的方法

机械零件的加工精度通常包括尺寸精度、形状精度和位置精度。

1. 尺寸精度的获得方法

机械加工中，零件尺寸精度的获得方法通常有四种：

（1）试切法　先试切出一小部分加工表面，测量试切尺寸，按照试切尺寸调整刀具切削刃相对工件的位置，再试切，再测量，如此经过两三次试切和测量达到要求的尺寸后，再切削整个待加工表面。

（2）定尺寸刀具法　用具有一定尺寸精度的刀具（如铰刀、扩孔钻、钻头等）来保证工件被加工部位（如孔）的精度。

（3）调整法　预先调整好刀具相对于机床或夹具的位置，然后加工一批工件。

（4）自动控制法　使用一定的装置，在工件达到要求的尺寸时，自动停止加工。具体方法有两种：自动测量法—机床上装有自动测量工件的装置，当工件达到要求尺寸时，自动测量装置发出指令使机床自动退刀并停止工作；数字控制法—机床上装有控制刀架或工作台精确移动的数字控制系统，尺寸的获得是由预先编好的程序通过数字控制系统自动控制的。

2. 形状精度的获得方法

机械加工中，零件形状精度的获得方法通常有三种：

（1）轨迹法　利用切削运动中刀尖的运动轨迹形成被加工表面的形状。这种方法所能达到的形状精度，主要取决于该成形运动的精度。

（2）成形法　利用成形刀具刀刃的几何形状切削出工件的形状。这种方法所能达到的形状精度主要取决于刀刃的形状精度与刀具的安装精度。

（3）展成法　利用刀具和工件作展成运动时，刀刃在被加工表面上的包络面形成成形表面。这种方法所能达到的形状精度，主要取决于机床展成运动的传动链精度和刀具的制造精度。

3. 位置精度的获得方法

机械加工中，零件位置精度的获得方法通常有两种：

（1）一次装夹获得法　零件有关表面间的位置精度是直接在工件同一次装夹中，由机床的精度来保证。如数控加工中主要靠机床的精度保证工件各表面之间的位置精度。

（2）多次装夹获得法　零件有关表面间的位置精度是由工件在夹具中的正确定位来保证的。

5.1.4　原始误差

在机械加工中，零件的几何参数的形成，主要取决于工件和刀具在切削运动过程中相互位置的关系。工件和刀具是安装在夹具和机床上的，并受到夹具和机床的约束。因此，机械加工时，机床、夹具、刀具和工件就构成了一个完整的系统，这个系统称之为工艺系统。工艺系统中的种种误差，就是在不同的具体条件下，以不同的程度反映为加工误差。工艺系统的误差是根源，加工误差是表现。因此把工艺系统的误差称之为原始误差。

研究零件的加工精度，就是研究工艺系统原始误差的物理、力学本质，掌握其规律，分析原始误差和加工误差之间的定性与定量关系，这是保证和提高零件加工精度的必要理论基础。

在加工过程中可能出现的原始误差包括：①原理误差；②工件装夹误差；③工艺系统静误差（机床误差、夹具误差和刀具误差）；④调整误差；⑤工艺系统动误差（工艺系统受力变形、工艺系统热变形、刀具磨损和工件内应力引起的变形）；⑥度量误差。

5.2　影响加工精度的因素及分析

5.2.1　原理误差

由于采用了近似的加工运动或者近似的刀具轮廓而产生的加工误差称为原理误差。在很多场合下，为了得到规定的零件几何参数，工件和刀具的运动之间必须建立一定的联系，这种运动联系一般都是由机床的机构或夹具来保证的。例如车削螺纹，必须使工件和车刀之间有准确的螺旋运动联系；滚切齿轮，必须使工件和滚刀之间有准确的展成运动。机械加工中的这种运动联系一般称之为加工原理，它经常出现在加工成形表面的场合。除此以外，还有采用近似刀具轮廓的成形刀具直接加工出成形表面的方法。从理论上讲，应采用合乎理想的加工原理，完全准确的运动联系，以求获得完全准确的成形表面。但是，采用理论上完全准确的加工原理会使机床或夹具的机构极为复杂，造成制造上的困难；或者由于环节过多，增加了机构运动中的误差，适得其反。采用近似的加工原理往往还可以提高生产率，并使工艺过程更为经济。因此，不能认为有了原理误差就不算是一种完善的加工方法。

【例1】齿轮模数铣刀的成形面轮廓就不是纯粹的渐开线，而是近似的线型，并且对于每种模数，只用一套(8~26把)模数铣刀来分别加工在一定齿数范围内的所有齿轮。而每把铣刀是按照一种模数的一种齿数设计制造的，在加工同模数而齿数不同的齿轮时，齿形就有了偏差，造成原理误差。其误差的大小可以从有关刀具设计的资料中查得。

【例2】齿轮滚刀，它具有两种原理误差：由于制造上的困难，采用阿基米德基本蜗杆或法向直廓基本蜗杆来代替渐开线基本蜗杆而产生的误差；另一种是为了得到切削刃口，在基本蜗杆上沿轴向开槽形成刀齿，使基本蜗杆不连续，而这些刀齿是有限的，因此滚刀只能断续切削，齿形是由刀齿轨迹的包络线所形成的一条近似的折线，而不是渐开线，造成齿形误差。如图5-1所示。

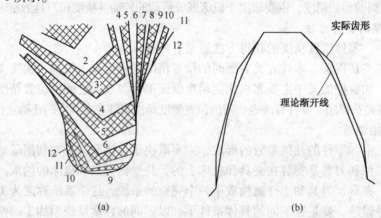

图5-1　用展成法切削齿轮时的齿形误差

【例3】车削模数蜗杆时，由于蜗杆的螺距等于蜗轮的周节，即 πm，其中 m 是模数，π 是一个无理数($\pi=3.1415926\cdots\cdots$)，但是车床的挂轮的齿数是有限的，选择挂轮时，只能将 π 化为分数值来近似计算，这样就会引起刀具相对于工件的成形运动(螺旋运动)不准确，造成螺距误差。

5.2.2　机床误差

机械加工中，工件相对于刀具的各种成形运动一般是由机床提供的，零件的加工精度在很大的程度上取决于机床的加工精度。机床的精度主要取决于机床的制造误差、使用过程的磨损以及机床的安装误差。对零件加工精度影响较大的有机床导轨误差、机床主轴误差和机床传动链误差。

1. 机床导轨误差

机床导轨是机床主要部件的相对位置基准和直线运动基准，加工中必须依靠它来保证工件与刀具之间的位置，它的各项误差将直接影响到被加工工件的精度。常规机床导轨精度标准有三项：①导轨在水平面内的直线度，如图 5-2(a) 所示；②导轨在垂直面内的直线度，如图 5-2(b) 所示；③前、后导轨的平行度(扭曲)，如图 5-2(c) 所示。

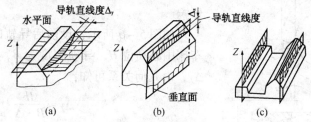

图 5-2　机床导轨误差的形式

现以车床为例，分析机床导轨各项误差对工件加工精度的影响。

1) 导轨在水平面内直线度对加工精度的影响

如果车床导轨产生图 5-2(a) 所示水平面内的直线度误差 Δy，刀具将相应产生位移 Δy，并引起工件的半径增大 ΔR_y，如图 5-3 所示。

由图可知

$$\Delta R_y = \Delta y$$

可见，导轨的误差将 1:1 反映到工件上，当车削轴类零件时，工件会在轴向产生形状误差，如图 5-4 所示。

图 5-3　车床导轨在水平面内的直线度对加工精度的影响

2) 导轨在垂直面内直线度对加工精度的影响

如果车床导轨产生图 5-2(b) 所示垂直面内的的直线度误差 Δz，车外圆时，刀具沿 z 方向产生位移 Δz，如图 5-5 所示，此时工件半径变化量为 ΔR_z，在忽略二次项误差后，由几何关系可知：

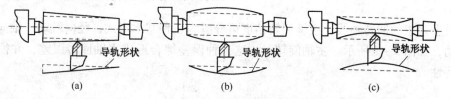

图 5-4　车床导轨在水平面内的直线度误差引起的工件形状误差

$$\Delta R_z \approx \frac{\Delta z^2}{2R}$$

若 $R = 25\,\text{mm}$，$\Delta y = \Delta z = 0.1\,\text{mm}$，则 $\Delta R_z = 0.0002\,\text{mm}$，$\Delta R_y = 0.1\,\text{mm}$。由此可见在水平面内同样大的直线度误差，所造成的工件半径误差是垂直面内的 500 倍。这就是说，在垂直面内的直线度误差对加工精度影响很小，可以忽略不计；而在水平面内同样大小的直线度误差就不能忽视。

由此我们可以看出：误差的方向对加工精度影响很大。对于不同的加工方法，误差的方向对加工精度影响是不同的。误差 1:1 的反映到工件上去的方向称为原始误差的敏感方向，即加工表面的法线方向。也就是说原始误差所引起

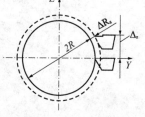

图 5-5　车床导轨在垂直面内的直线度对加工精度的影响

的刀刃与工件间的相对位移，如果产生在加工表面的法线方向，则对加工精度就有直接的影响；如果产生在切线方向，就可以忽略不计。

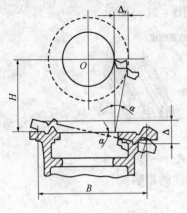

图 5-6　前后导轨的平行度
对加工精度的影响

3）前后导轨的平行度误差（扭曲）对加工精度的影响

如图 5-6 所示，设前后导轨的平行度误差为 Δ，车床中心高位 H，导轨宽度为 B，工件的加工误差为 Δy，由几何关系可知：

$$\Delta y \approx \frac{H}{B \cdot \Delta}$$

一般车床 $H \approx \frac{2}{3}B$，外圆磨床 $H \approx B$。因此，这项误差对加工精度影响较大，不可忽略。由于床身的扭曲度 Δ 在个点不同，则 Δy 不同，因而工件将产生圆柱度误差。

2. 主轴误差

1）主轴回转精度

机床主轴是工件和刀具的位置基准和运动基准。它的误差直接影响着工件的加工精度。机床主轴的理想回转轴线在空间的位置应是固定的。但实际上由于主轴部件存在着主轴轴颈的圆度误差、前后轴颈的同轴度误差、轴承本身的制造误差等等，这些误差使主轴每一瞬间的回转轴线在空间的位置都是变动的，这种瞬时回转中心的变化范围，称为"主轴回转精度"。主轴的回转精度与主轴部件的制造精度、受力变形、转速的高低及散热的快慢有关。

主轴回转精度是机床主要的精度指标之一，它影响工件加工表面的形状精度和表面粗糙度。

相对于理想的回转轴线，主轴回转精度可分解为三种基本形式，径向跳动、轴向窜动和角度摆动，如图 5-7 所示。主轴旋转时，这三种误差综合形成主轴回转误差，并往往表现出随机特性。

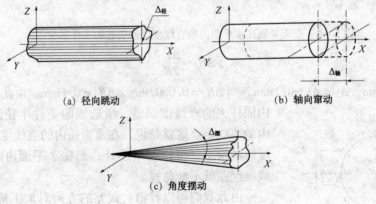

(a) 径向跳动　　　　　　　(b) 轴向窜动

(c) 角度摆动

图 5-7　主轴回转误差的基本形式

2）影响主轴回转精度的因素

机床主轴是以其主轴轴颈与装在床头箱孔中的前后轴承相配合而回转的，因此影响主轴回转精度的因素是轴承的精度、主轴的精度和床头箱上的主轴孔精度。轴承有滑动轴承和滚动轴承之分，其影响主轴回转精度的因素也不相同。

（1）滑动轴承支承的主轴　采用滑动轴承支承，主轴是以轴颈在轴承孔内旋转的。对于工件旋转的车床类机床，主轴的受力方向是一定的（切削力方向基本不变），主轴轴颈被压向轴套表面的一定地方，孔表面接触点几乎不变。这时主轴轴颈的圆度误差将传给工件。如图 5 - 8（a）所示。如果主轴前后轴颈不同轴或存在圆度误差将会使主轴产生角度摆动。而轴套孔的误差对加工精度影响较小。在镗床一类机床上，作用在主轴上的切削力是随镗刀而旋转的，轴表面接触点几乎不变，因此轴套的圆度误差将传给工件，而与轴颈圆度误差关系不大，如图 5 - 8（b）所示。当两轴承孔不同轴或有圆度误差时，将使主轴产生角度摆动。

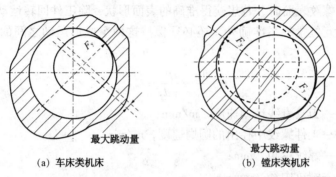

（a）车床类机床　　　　　　　　　　　（b）镗床类机床

图 5 - 8　轴颈与轴套圆度误差引起的径向跳动

（2）滚动轴承支承的主轴　在主轴用滚动轴承的结构中，主轴的回转精度不但取决于滚动轴承本身的精度，而且还在很大程度上和配合件（对内环而言是主轴轴颈，对外环而言是箱体上的轴座孔）的精度有关。滚动轴承本身的回转精度取决于：内外环滚道的圆度误差；内环的壁厚差以及滚动体的尺寸差和圆度误差，如图 5 - 9 所示。在前后支承处这些误差综合起来造成了主轴轴心线的移动和摆动，在主轴每一转中都是变化的。这是因为滚动体的自转和公转的周期并不和主轴一样的缘故。

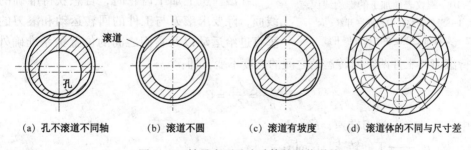

（a）孔不滚道不同轴　　（b）滚道不圆　　　（c）滚道有坡度　　（d）滚道体的不同与尺寸差

图 5 - 9　轴承内环及滚动体的形状误差

　　主轴轴心线的随机性移动传给工件就形成了工件表面的圆度误差和波度。推力轴承滚道端面误差会造成主轴的轴向窜动。滚锥轴承、向心推力轴承的内外滚道的倾斜既会造成主轴的轴向窜动，又会引起径向移动和摆动，从而产生加工表面的圆度误差和端面不平。

　　3）提高主轴回转精度的方法

（1）根据机床精度要求，选择相应的高精度轴承，并合理确定主轴轴颈、箱体主轴孔、调整螺母等零件的尺寸精度和形位精度，以便减少影响主轴回转精度的原始误差。

（2）让主轴部件的定位功能和驱动功能分开。例如，磨外圆时，工件由两死顶尖定位，主轴仅起驱动作用，主轴部件的误差就不再产生影响，同时还减少了累积误差。

3. 传动链误差

对于某些表面，如螺纹表面、齿形表面、涡轮、螺旋面等的加工，必须保证工件与刀具间有严格的运动关系。这种运动关系是由机床内传动链完成的。内传动链误差，即内传动链始末两端传动元件间相对运动误差，是螺纹加工和展成法加工中影响加工精度的主要因素之一。

1）传动链误差对加工表面形状精度的影响

在车床上加工螺纹表面时，若想获得准确的表面形状，除工件回转运动和刀具直线运动以及它们之间的相互位置关系准确外，还必须保持这两个成形运动之间的速度关系也要准确，即：

$$\frac{v_{刀}}{v_{工}} = \frac{P}{\pi d_2} = C$$

式中　　$v_{刀}$——刀具直线运动速度，m/min；

　　　　$v_{工}$——工件螺纹中径出的圆周速度，m/min；

　　　　P——螺纹螺距，mm；

　　　　d_2——螺纹中经，mm；

　　　　C——常数。

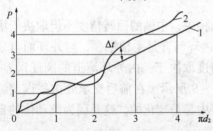

图 5 – 10　螺纹表面加工的螺旋线误差
1—理想螺纹在中径展开线；
2—实际加工螺纹在中径处展开线

当加工出来的表面是理想螺旋面时，其中径处螺旋线展开后因为一条直线，如图 5 – 10 所示。若在加工过程中各成形运动之间速度关系不准确，加工后将螺纹在中径处展开得到一条无明显规律的曲线。此曲线与直线间在垂直方向的差值，即反映螺纹表面形状精度的螺旋线误差。

在滚齿机上加工齿轮时，若想获得准确的渐开线面，除要求滚刀与工件的回转运动和滚刀的直线垂直进给运动以及它们之间的位置关系准确外，还必须保持滚刀与工件两个回转运动之间的速度不变，即：

$$\frac{n_{刀}}{n_{工}} = \frac{Z_{工}}{Z_{刀}} = C$$

式中　　$n_{刀}$——滚刀转速，r/min；

　　　　$n_{工}$——工件转速，r/min；

　　　　$Z_{工}$——被切齿轮的齿数；

　　　　$Z_{刀}$——滚刀头数。

若在加工过程中，不能保持上述速度关系准确，就要造成齿轮的齿形和圆周齿距等误差。

2）提高传动链精度的措施

（1）缩短传动链，减少误差源数；

（2）采用降速传动，因为升速传动时，传动误差被扩大，降速传动时，传动误差被缩小；

（3）提高传动元件的制造精度和装夹精度，以减小误差源；

（4）采用误差补偿装置。

5.2.3　调整误差

为使零件获得规定的加工精度，就须对机床、刀具和夹具组成的工艺系统进行调整。任何调整工作都不可能绝对准确，必然会带来原始误差，即调整误差。不同的调整方式，有不同的误差来源。

1. 试切法调整

对被加工工件试切 – 测量 – 调整 – 再试切，直到达到要求的精度为止，影响试切法调整误差的主要因素有测量误差、微进给机构误差和加工余量的大小等。

（1）测量误差。量具本身的误差和使用条件下的误差（如温度影响，使用者的细致程度）掺入到测量所得的读数之中，无形中扩大了加工误差。

（2）加工余量的影响。在切削加工中，切削刃所能切掉的最小厚度是有一定限度的，锐利的切削刃可达 $5\mu m$，已钝化的切削刃只能达到 $20\sim50\mu m$，切屑厚度在小时切削刃就"咬"不住金属而打滑，刀刃只起挤压作用而不进行切削。精加工时，试切的最后一刀总是很薄的，往往因打滑不能被切除。但正式切削时，背吃刀量大于试切部分，刀刃不打滑，就会多切去一点，因此工件尺寸比试切部分小，如图 5 – 11（a）所示。加工孔时尺寸变大。

粗加工时，试切的最后一刀切削厚度较大，刀刃不打滑，正式切削时，背吃刀量变大，受力变形也较大，因此工件尺寸比试切部分大，如图 5 – 11（b）所示。加工孔时尺寸变小。

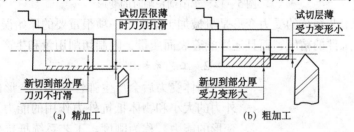

图 5 – 11　试切法调整

（3）微进给误差。在试切最后一刀或在精加工时，一般都要使刀具在径向微量进给。由于进给机构是弹性系统，并且动静摩擦系数不等，使得刀具在微量进给的过程中出现"爬行"现象。结果刀具的实际径向移动比手轮上转动的刻度数要偏大或偏小些，以致于难以控制尺寸的精度，造成了加工误差。通常采用两种措施来消除这种误差：一种是在微进给以前先退出刀具，然后在快速引进刀具到新的手轮刻度值，中间不加停顿，使进给机构滑动面间不产生静摩擦；另一种是轻轻敲击手轮，用振动消除静摩擦。

2. 用定程机构调整

在机床上控制刀具行程的机构的制造精度、调整精度以及与其配合使用的配件的灵敏度等，是影响调整误差的主要因素。

3. 用样件或样板调整

多刀加工时，常用专门的样件或样板来调整刀刃之间的相对位置，以保证零件各表面的位置及尺寸精度。样件或样板本身的制造误差和对刀误差是影响调整误差的主要因素。

上述调整误差属于随机误差,有一定的分散范围。在确定调整尺寸时,可以把调整误差理解为分布曲线中心的最大可能的偏移量来提高调整精度。

5.2.4　工艺系统受力变形引起的误差

1. 工艺系统受力变形现象

工艺系统在切削力、夹紧力等多种外力的作用下,会产生相应的弹性变形和塑性变形,这种变形将破坏刀具与工件之间的正确位置关系,使工件产生加工误差。例如在车床上加工一根细长轴时,可以看到在纵向走刀过程中切屑的厚度起了变化,越到中间,切屑层越薄,加工出来的工件出现了两头细中间粗的腰鼓形误差,如图 5 - 12 所示。又如在内圆磨床上磨孔时,由于内圆磨头主轴的弹性变形,使磨出的孔出现锥度误差,如图 5 - 13 所示。

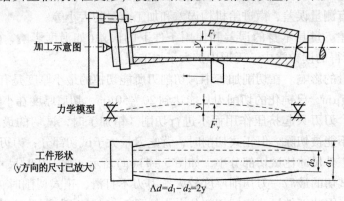

图 5 - 12　车削细长轴时的变形

由此可见,工艺系统的受力变形是机械加工精度中一项很重要的原始误差,它不但严重地影响着加工后工件的精度,而且还影响着表面质量,限制切削用量和生产率的提高。

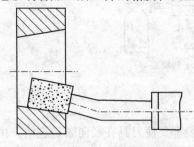

图 5 - 13　磨孔时磨头轴的变形

2. 工艺系统刚度

物体受力后会产生弹性变形,变形的大小,取决于外力的大小和物体抵抗外力作用的能力,这种抵抗使其变形的能力,称为刚度。工艺系统抵抗外力使其变形的能力,就是工艺系统刚度。因为工艺系统沿工件法线方向的变形对加工精度影响最大,所以工艺系统刚度 K 就是在径向分力 F_y 的作用下,工艺系统沿工件径向变形 y 的比值。即

$$K = \frac{F_y}{y} \quad \text{N/mm} \tag{5-1}$$

应该注意,径向位移 y 是在切削合力 F_r 的作用下形成的,它除了受到 F_y 分力的影响外,还受 F_z、F_x 分力的影响。

工艺系统是由机床、夹具、工件等环节组成,工艺系统沿工件径向变形值 y,应该是各个环节沿工件径向变形值的和,即:

$$y = y_{机床} + y_{夹具} + y_{刀具} + y_{工件}$$

而　$K = \dfrac{F_y}{y}$,　$K_{机床} = \dfrac{F_y}{y_{机床}}$,　$K_{夹具} = \dfrac{F_y}{y_{夹具}}$,　$K_{刀具} = \dfrac{F_y}{y_{刀具}}$,　$K_{工件} = \dfrac{F_y}{y_{工件}}$

所以
$$K = \cfrac{1}{\cfrac{1}{K_{机床}} + \cfrac{1}{K_{夹具}} + \cfrac{1}{K_{刀具}} + \cfrac{1}{K_{工件}}} \qquad (5-2)$$

3. 工艺系统各环节的刚度

1）工件刚度

工件的刚度不仅和结构尺寸有关，而且和装夹方式有关。例如棒料在卡盘上悬伸装夹时，在伸出端面处的刚度最小、靠近卡盘处的刚度最大，车外圆后工件前端直径大，卡盘处直径小。用双顶尖装夹长轴时（图5-12），车刀处于轴的两端时工件刚度最大，在轴中间处工件刚度最小，车外圆后工件将呈腰鼓形。

不同装夹方式下工件变形的数值，可按材料力学中的挠度公式计算。

棒料悬伸装夹时，变形值 y 计算公式
$$y = \frac{F_y l^3}{3EI} \quad \text{mm} \qquad (5-3)$$

式中　　l——棒料悬伸长度，mm；

　　　　E——棒料弹性模量，N/mm^2；

　　　　I——棒料截面的惯性矩，mm^4。

即悬伸装夹时工件的刚度为
$$K = \frac{F_y}{y} = \frac{3EI}{l^3} \approx 3 \times 10^4 \times \frac{d^4}{l^3} \quad \text{N/mm} \qquad (5-4)$$

双顶尖装夹工件时，中间位置轴的最大变形
$$y = \frac{F_y l^3}{48EI} \quad \text{mm} \qquad (5-5)$$

即工件的刚度值为
$$K \approx 48 \times 10^4 \times \frac{d^4}{l^3} \quad \text{N/mm} \qquad (5-6)$$

2）刀具刚度

一般刀具的刚度较大，切削受力产生的径向变形极小，对加工精度影响不大。但镗细长孔时，镗刀的刚度往往对镗孔精度影响很大。

镗孔时，镗刀（或镗杆）伸出长度不变，刀具的刚度虽然很弱但刚度值基本不变。在一定的切削条件下，对悬臂镗孔来说，随着镗杆的不断伸长，刚度急剧下降，因为悬臂梁刚度与镗杆的伸出长度成反比，就会严重影响镗孔的轴向几何形状精度。

3）机床刚度

机床刚度取决于机床各有关部件的刚度。

（1）机床部件刚度　机床部件刚度比较复杂，它在很大程度上取决于各零件连结面之间的接触情况，目前还不能全部用公式作近似计算。通常采用实验的方法来测定。

如图5-14为车床部件刚度的静载荷测定法。测定时进行三次加载-卸载后车床部件的静刚度测定曲线如图5-15所示。从曲线可以看出：

① 力和变形的关系为非线性关系，说明部件的变形不纯粹是弹性变形；

② 加载曲线与卸载曲线不重合，两者之间的面积代表了在加载卸载的循环中所损失的能量，也就是消耗在克服部件内零件间的摩擦力和接触面塑性变形所作的功；

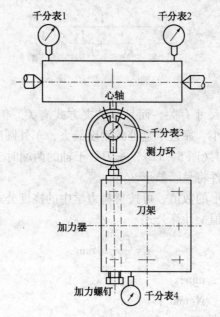

图 5 - 14 车床部件刚度的静载荷测定示意图

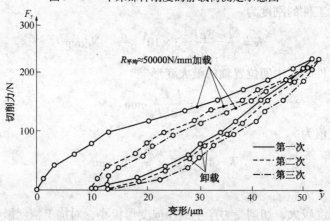

图 5 - 15 车床刀架的静刚度曲线

③ 载荷消除后，变形恢复不到起点，说明部件的变形不纯粹是弹性变形，还产生了不能恢复的塑性变形；

④ 部件的实际刚度远比按实体零件计算的刚度要小，因为部件由许多零件组成，其中存在有薄弱环节，部件的受力变形要比整体零件的变形大得多。

载荷和变形曲线的斜率，即表示刚度的大小，一般可取两个端点连线的斜率来表示其平均刚度，即：

$$K = \frac{250 \times 1000}{52} = 5000 \ \text{N/mm}$$

只相当于一个 $30\text{mm} \times 30\text{mm} \times 200\text{mm}$ 铸铁悬臂梁的刚度。

（2）影响机床刚度的因素 影响机床刚度的主要因素有接触变形、薄弱零件本身的变形、间隙的影响和摩擦的影响。

① 接触变形（零件与零件间接触点的变形）。机械加工后的零件表面并不是平整和光滑

的理想表面，存在着宏观的几何形状误差和微观的
表面粗糙度，零件间的实际接触面积仅是名义接触
面积的一小部分，个别凸峰(图 5 - 16)在外力的作
用下，接触点处将产生较大的接触应力，因而有较
大的接触变形。接触变形中不仅有表面层的弹性变
形，还有局部的塑性变形，造成了部件的刚度曲线

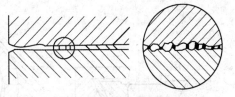

图 5 - 16　零件表面的接触情况

不是直线而是复杂的曲线，即部件的刚度远比实体零件本身的刚度要低。接触表面塑性变形
的结果，还导致残余变形，在多次加载卸载循环以后才趋于稳定。出现残余变形的另一个原
因是接触面之间油膜的存在，在滑动轴承副中较为明显，经过几次加载后才能逐渐排除。此
外，零件的材料及其硬度对接触变形也有很大的影响。

接触变形是机床受力变形中的一个很重要因素。通常采用如下经验公式来计算：

$$\delta = Cp^m \qquad\qquad (5-7)$$

式中　　δ——接触表面层法向接触变形；

p——接触表面层法向单位面积上的力(即压强)；

C、m——接触面特性参数，与接触件的材料、表面粗糙度、接触面尺寸与不平度、
切痕方向等有关。

δ 和 p 不成线性关系，则接触刚度 K_j 定义为：

$$K_j = \frac{\mathrm{d}p}{\mathrm{d}\delta} = \frac{p^{1-m}}{Cm} \qquad\qquad (5-8)$$

当材料为铸铁或钢，接触表面粗糙度 $R_a = 1.6 \sim 0.05\mu m$ 时，m 为 0.5，C 值可查表 5 - 1。

表 5 - 1　加工方式与接触面特性参数 C 的关系

最终加工方式	表面粗糙度 $R_a/\mu m$	C 值
精刨面→精刨面	>0.8 ~ 1.6	0.6
	>0.4 ~ 0.8	0.4
精车面→精车面	>0.4 ~ 0.8	0.4 ~ 0.5
	>0.2 ~ 0.4	0.35
磨削面→磨削面	>0.1 ~ 0.2	0.25
	>0.05 ~ 0.1	0.15

② 薄弱零件本身的变形。部件中的个别薄弱零件对部件刚度有较大的影响。如图 5 - 17(a)
所示为刀架和溜板中常用的楔铁。由于结构薄而长，刚度很差，再加上不易做得平直，接触
不良，在外力的作用下，楔铁容易发生很大的变形，使刀架的刚度大为降低。图 5 - 17(b)
所示为轴承和轴颈、壳体的接触情况。由于轴承套本身的形状误差而形成局部接触。在外力
的作用下，轴承套就像弹簧一样，产生较大的变形，使轴承部件的刚度大大降低。只有在薄
弱环节完全压平以后，部件的刚度才逐渐提高。这类部件的刚度曲线如图 5 - 17(c)所示，
其刚度具有先低后高的特征。

③ 间隙的影响。在加工过程中，如果是单向受力，使零件始终靠在一面，间隙对位移
没有什么影响。如果受力方向经常改变(如镗头、行星式内圆磨头等)，则间隙引起的位移
对加工精度的影响就比较大(图 5 - 18)。

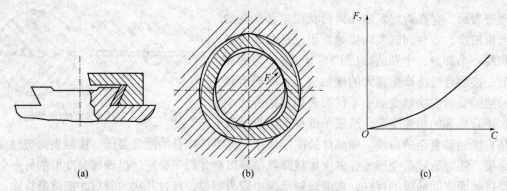

图 5 – 17　机床刚度的薄弱环节

④ 摩擦的影响。部件加载时，零件接触面间产生的摩擦力会阻止变形增加，卸载时摩擦力又阻止变形的回复，这就是加载和卸载曲线不一致的原因之一。

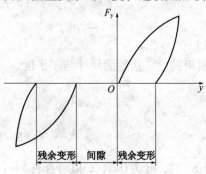

图 5 – 18　间隙对刚度曲线的影响

4. 工艺系统刚度对加工精度的影响

1）受力点位置变化的影响

工艺系统的刚度除了受到各组成部分的刚度的影响之外，还有一个很大的特点，就是随着受力点位置的变化而变化。以普通车床加工轴类零件为例：

（1）在两顶尖间车削粗而短的光轴　假定工件是刚性，工艺系统的变形 $y_{系统}$ 完全取决于机床头、尾座（包括顶尖）和刀架（包括刀具）的变形。如图 5 – 19（a），当车刀走到 C 点时，在切削力的作用下，头座由 A 位移到 A′，尾座由 B 位移到 B′，刀架由 C 位移到 C′，它们的位移分别为 $y_{头座}$、$y_{尾座}$、$y_{刀架}$。此时工件的轴心线由 AB 位移到 A′B′，则在切削点处的位移 y_x 为：

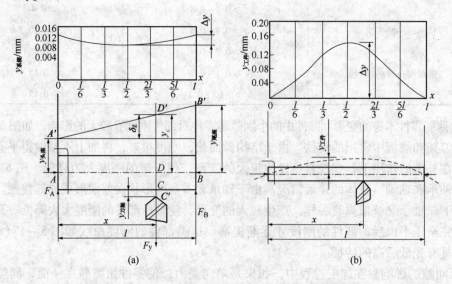

图 5 – 19　工艺系统的位移随受力点位置的变化情况

$$y_x = y_{头座} + \delta_x$$

由于
$$\delta_x = (y_{尾座} - y_{头座})\frac{x}{l}$$

所以
$$y_x = y_{头座} + (y_{尾座} - y_{头座})\frac{x}{l}$$

设 F_A、F_B 为 F_y 所引起的在头、尾座处的作用力，则：

$$F_A = F_y\frac{l-x}{l}, \quad F_B = F_y\frac{x}{l}$$

把
$$y_{头座} = \frac{F_A}{k_{头座}}, \quad y_{尾座} = \frac{F_B}{k_{尾座}}$$

代入上式，得到：

$$y_x = \frac{F_y}{k_{头座}}\left(\frac{l-x}{l}\right)^2 + \frac{F_y}{k_{尾座}}\left(\frac{x}{l}\right)^2$$

又因
$$y_{刀架} = \frac{F_y}{k_{刀架}}$$

工艺系统的总位移：

$$y_{系统} = y_x + y_{刀架} = F_y\left[\frac{1}{k_{刀架}} + \frac{1}{k_{头座}}\left(\frac{l-x}{l}\right)^2 + \frac{1}{k_{尾座}}\left(\frac{x}{l}\right)^2\right] \tag{5-9}$$

工艺系统的刚度：

$$k_{系统} = \frac{F_y}{y_{系统}} = \frac{1}{\frac{1}{k_{刀架}} + \frac{1}{k_{头座}}\left(\frac{l-x}{l}\right)^2 + \frac{1}{k_{尾座}}\left(\frac{x}{l}\right)^2} \tag{5-10}$$

设 $F_y = 300\text{N}$，$k_{头座} = 60000\text{N/mm}$，$k_{尾座} = 50000\text{N/mm}$，$k_{刀架} = 40000\text{N/mm}$，顶尖间距离为 600mm，则沿工件长度 x 方向上工艺系统的位移 y 值如表 5-2 所示。

表 5-2　车削粗短轴时不同位置的位移量

x	0	$l/6$	$l/3$	$l/2$	$2l/3$	$5l/6$	l
$y_{系统}$/mm	0.0125	0.0111	0.0104	0.0103	0.0107	0.0118	0.0135

工件轴向最大直径误差（鞍形）为 $(0.0135 - 0.0103) \times 2 = 0.0064\text{mm}$。

（2）在两顶尖间车削细长轴　假设机床、夹具、刀具为刚性，工艺系统的变形完全取决于工件的变形，如图 5-19（b）所示，当车刀走到轴向任意位置时，在切削力作用下工件的中心线产生弯曲。在切削点处的位移为：

$$y_{工件} = \frac{F_y}{3EI} \times \frac{(l-x)^2 x^2}{l} \tag{5-11}$$

工艺系统的刚度：

$$k_{系统} = \frac{3EIl}{(l-x)^2 x^2} \tag{5-12}$$

仍设，$F_y = 300\text{N}$，工件尺寸为 $\phi30 \times 600\text{mm}$，$E = 2 \times 10^5 \text{N/mm}^2$，则沿工件长度上的位移如表 5-3 所示。

表 5 - 3　切削细长轴时不同位置的位移量

x	0	$l/6$	$l/3$	$l/2$	$2l/3$	$5l/6$	l
$y_{系统}$/mm	0	0.052	0.132	0.170	0.132	0.052	0

轴向最大直径误差（鼓形）为 $0.17 \times 2 = 0.34$mm，比上面的误差要大 50 倍。

综合以上两例的分析，可以推广到一般情况，即工艺系统的总位移等于两者位移的叠加：

$$y_{系统} = y_x + y_{刀架} = F_y\left[\frac{1}{k_{刀架}} + \frac{1}{k_{头座}}\left(\frac{l-x}{l}\right)^2 + \frac{1}{k_{尾座}}\left(\frac{x}{l}\right)^2 + \frac{(l-x)^2 x^2}{3EIl}\right] \qquad (5-13)$$

$$k_{系统} = \frac{F_y}{y_{系统}} = \frac{1}{\dfrac{1}{k_{刀架}} + \dfrac{1}{k_{头座}}\left(\dfrac{l-x}{l}\right)^2 + \dfrac{1}{k_{尾座}}\left(\dfrac{x}{l}\right)^2 + \dfrac{(l-x)^2 x^2}{3EIl}} \qquad (5-14)$$

由此可见，工艺系统的刚度在沿工件轴向的各个位置是不同的，所以加工后工件各个横截面上的直径尺寸也不相同，造成了加工后工件的形状误差（如锥度、鼓形、鞍形等）。图 5 - 20(a)、(b)和(c)分别表示在内圆磨床、单臂龙门刨床和卧式镗床上加工时工艺系统中对加工精度起决定性作用的部件的变形状况。它们都是随着施力点位置的变化而变化的。图 5 - 20(d)表示同样的加工方式，采用了工件进给而镗杆不进给的方式，工艺系统刚度不随施力点位置的变化而变化，同时，镗杆受力从悬臂梁变成简支梁，从而大大的提高了加工精度。

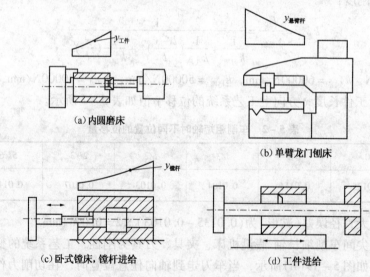

图 5 - 20　工艺系统受力变形随施力点位置的变化而变化的情况

2）切削力的影响—误差复映规律

在加工过程中，由于工件毛坯加工余量或硬度的变化，引起切削力和工艺系统变形的变化，因而产生加工误差。如在车床上加工有偏心的毛坯（图 5 - 21），在工件每一转的过程中，背吃刀量将在最小值 a_{p1} 和最大值 a_{p2} 之间变化，必然引起切削力变化，使工艺系统的受力变形也发生了相应的变化。切削力大时，变形大，切削力小时，变形小。所以加工偏心毛坯之后得到的工件仍然是略有偏心的。这种现象称为误差复映。

由式(1-23)可知，切深抗力 F_y 可表示为：

$$F_y = C_{F_y} \cdot a_p^{x_{F_y}} \cdot f^{F_y} \cdot v^{n_{F_y}} \cdot K_{F_y}$$

在材料硬度均匀，刀具几何形状、切削条件、进给量和切削速度一定的情况下，$C_{F_y} \cdot f^{F_y} \cdot v^{n_{F_y}} \cdot K_{F_y} = C$(常数)

则

$$F_y = C a_p^{x_{F_y}}$$

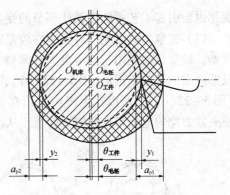

图 5-21　车削的误差复映

对于一般切刀的几何形状：$(\kappa_r = 45°, \ \gamma_0 = 10°, \ \lambda_s = 0°)$，$x_{F_y} \approx 1$，

$$\therefore \qquad F_y = C a_p$$

由此引起的工艺系统变形为：

$$y_1 = \frac{C a_{p1}}{K_{系统}}, \quad y_2 = \frac{C a_{p2}}{K_{系统}}$$

$$\Delta_{工件} = y_1 - y_2 = \frac{C}{K_{系统}}(a_{p1} - a_{p2})$$

由于

$$\Delta_{毛坯} = a_{p1} - a_{p2}$$

$$\therefore \qquad \Delta_{工件} = \frac{C}{K_{系统}} \Delta_{毛坯} \qquad\qquad (5-15)$$

令

$$\varepsilon = \frac{\Delta_{工件}}{\Delta_{毛坯}}$$

则

$$\varepsilon = \frac{C}{K_{系统}} \qquad\qquad (5-16)$$

ε 表示了加工误差与毛坯误差之间的比例关系，说明了误差复映的规律，定量地反映了毛坯误差经加工所减小的程度，称之为"误差复映系数"。工艺系统刚度越高，ε 越小，复映在工件上的误差越小。

当加工过程分成几次走刀进行时，每次走刀的复映系数为 ε_1、ε_2、ε_3……，则总的复映系数 $\varepsilon = \varepsilon_1 \varepsilon_2 \varepsilon_3 \cdots$。

工艺系统总是具有一定刚度，零件加工误差总是小于毛坯误差。ε 总是小于1，经过几次走刀后，ε 降到很小的数值，加工误差也就降低到允许的范围以内。

由以上分析，可以把误差复映规律推广到一般情况：

(1) 毛坯的形状误差，不论是圆度、圆柱度、同轴度(偏心、径向跳动等)、平直度误差等都以一定的复映系数复映成工件的加工误差。

(2) 车削时，ε 远小于1，在2~3次走刀以后，毛坯误差下降很快。尤其是第二次、第三次走刀时的进给量 f_2 和 f_3 常常是递减的(半精车、精车)，ε_2 和 ε_3 也就递减，加工误差将下降更快。所以只有在粗加工时用误差复映规律估算加工误差才有实际意义，精加工时可忽略不计。

(3) 采用调整法加工时，对一批尺寸大小有参差的毛坯，由于误差复映的结果，也就造成了一批工件的"尺寸分散"。

3) 工艺系统中其它作用力的影响

工艺系统中其它作用力(如惯性力、夹紧力、工件的重量、机床移动部件的重量等)的变化也会引起工艺系统中某些环节的受力变形的变化，同样产生加工误差。

（1）夹紧力的影响　对于刚性较差的工件，若在夹紧时施力不当，也常引起工件的形状误差。最常见的是用三爪卡盘夹持薄壁套筒镗孔。夹紧后套筒成为棱圆状［图 5 - 22(a)］，虽然镗出的孔成正圆形［图 5 - 22(b)］，但松夹后，套筒的弹性恢复使孔产生了三角棱圆形［图 5 - 22(c)］。所以在生产中采用在套筒外加上一个厚壁的开口过渡环［图 5 - 22(d)］，使夹紧力均匀地分布在薄壁套筒上，从而减少了变形。

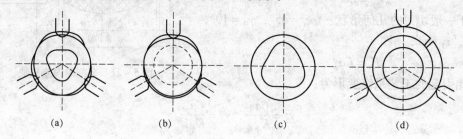

图 5 - 22　夹紧力引起的工件形状误差

（2）机床部件和工件本身质量以及在移动中位置变化的影响　在大型机床上，机床部件在加工中位值的移动改变了部件自重对床身、横梁、立柱的作用点位置，也会引起加工误差。

图 5 - 23 表示大型立车在刀架的自重下引起的横梁变形，形成了工件端面的不平和外圆的锥度。工件的直径愈大，加工误差也愈大。

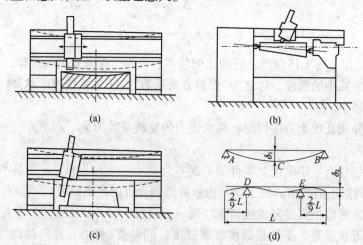

图 5 - 23　机床部件和工件自重所引起的误差

（3）传动力和惯性力的影响　传动力和惯性力也会使工艺系统产生受力变形，从而引起加工误差。在车床或磨床类机床上加工轴类零件时，常用单爪拨盘带动工件旋转，如图 5 - 24(a)所示，传动力 F 在拨盘的每一转中不断改变方向，其在误差敏感方向的分力有时把工件推向刀具［图 5 - 24(b)］，使实际背吃刀量增大；有时把工件拉离刀具［与图 5 - 24(b)相反］，使实际背吃刀量减小，从而在工件上靠近拨盘一端的部分产生呈心脏线性的圆度误差［图 5 - 24(c)］。对形状精度要求较高的工件来说，传动力引起的误差是不容忽视的。在加工精密零件时可改用双爪卡盘或柔性联接装置带动工件旋转。

在高速切削中，高速旋转的零部件的不平衡会产生离心力。离心力和传动力一样，它在

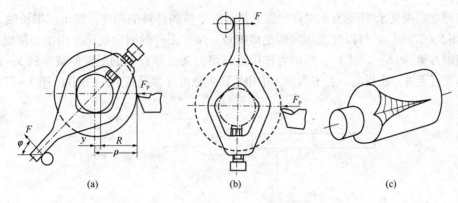

图 5 - 24　传动力引起的加工误差

误差敏感方向的分力有时将工件推向刀具[图 5 - 25(a)]；有时将工件拉离刀具[图 5 - 25(b)]，所以在被加工工件表面上产生了与图 5 - 25(c)相似的形状误差，但这种心脏线性的圆度误差是产生在轴的全长上[图 5 - 25(c)]。在高速切削加工中，离心力的影响不可忽略，常常采用"对重平衡"的方法来消除不平衡现象，即，在不平衡质量的反方向加装重块，使工件和重块的离心力相等而方向正好相反，达到相互抵消的效果。必要时还须适当地降低转速，以减少离心力的影响。

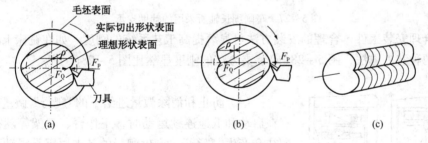

图 5 - 25　惯性力引起的加工误差

5. 提高工艺系统刚度的措施

减少工艺系统受力变形和提高工艺系统的刚度是机械加工中保证质量和提高效率的有效途径。一般生产中从以下几个方面提高工艺系统的刚度：

（1）提高接触刚度　提高接触刚度是提高工艺系统刚度的关键措施。通常采用以下两种方法：

① 提高工艺系统中零件间的配合表面质量。如提高机床导轨的刮研质量；提高顶尖锥体同主轴和尾座套筒锥孔的接触质量；多次修研加工精密零件用的中心孔等。以便增大实际接触面积，减小配合表面局部区域的弹性、塑性变形，从而有效地提高部件的接触刚度。

② 预加载荷。预加载荷不但可以消除零部件配合面间的间隙，而且从一开始就有较大的实际接触面积。由图 5 - 26 可以看出，在相同外力后作用下，无预加载荷曲线 1 的位移量 y_1，要大于有预加载荷曲线的位移量 y_2，说明预加载荷可以有效地提高部件刚度。

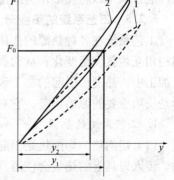

图 5 - 26　预加载荷对刚度的影响
1—无预加载荷；2—有预加载荷

（2）增加辅助支承　辅助支承可以加强工艺系统中薄弱部件的刚度，如车削细长轴，采用中心架［图 5 - 27（a）］，可以使支承间的距离缩短一半，工件的刚度就比不用中心架提高了 8 倍，采用跟刀架［图 5 - 27（b）］，切削力作用点与跟刀架支承点间的距离便减少到 5 ~ 10mm，工件的刚度可更进一步提高。在卡盘加工中用后顶尖也可显著提高工件的刚度［图 5 - 27（c）］。

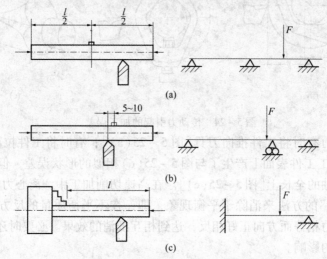

图 5 - 27　车削细长轴所采用的辅助支承

（3）合理安装工件　合理的安装方法可显著提高工艺系统的刚度。如在铣床上加工角铁类零件的两种装夹方法，图 5 - 28（a）装夹方法的刚度显然比图 5 - 28（b）低。

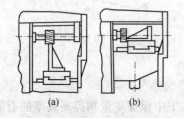

图 5 - 28　铣角铁的两种装夹方法

（4）防止和消除微量进给下的"爬行"　微量进给机构在启动和低速连续运动时，工作台、刀架等随行机构往往会产生"爬行"。产生爬行的基本原因是滑动面间的摩擦系数具有"下降"特性，即滑动速度 v 低于临界速度 v_0 时，摩擦系数 f 小于静摩擦系数 f_0。

改善滑动面的摩擦特性（使静、动摩擦系数尽量接近）和提高传动系统的刚度可消除爬行现象。改善摩擦特性通常采用以防爬油作为润滑剂和在滑动导轨面上敷设塑料软带两种方法。

5.2.5　工艺系统的热变形

工艺系统在各种热源的作用下会产生热变形，热变形的产生将导致工艺系统中各个环节间的相互位置发生变化，从而影响工件与刀具相对运动的准确性，因而产生加工误差。在精密加工中，热变形引起的加工误差约占加工总误差的 40% ~ 70%。因此，工艺系统的热变形是一项重要的原始误差，它对加工精度有较大的影响。

1. 工艺系统的热源

（1）切削热　切削热是引起工艺系统热变形的主要热源。切削热的产生与传出详见第 1 章。传入刀具上的热量会使刀具的温度升高，影响刀具的磨损。

（2）动力源热　工艺系统中的各种动力源（电动机、电气箱、油泵、各种阀件等）产生的热量。

（3）运动副的摩擦热　如轴承副、齿轮副、导轨副、摩擦离合器等产生的摩擦热。

（4）环境热　如环境温度、阳光照射、取暖装置等使工艺系统各环节受热不均匀而引起工艺系统热变形。

2. 机床热变形及其对加工精度的影响

机床热变形主要取决于本身的温度场，由于各种热源分布的不均匀和机床结构的复杂性，所形成的温度场是不均匀的。因此，各类机床的热变形也是不相同的。根据热变形影响的不同，可以把机床分为三类：

（1）加工精度要求很高或较高的精密机床（如坐标镗床和磨床类机床）。

（2）半自动和自动机床。在整个工作时间内，都要求这些机床在一次调整后加工精度稳定。但机床的热变形会导致加工精度（尺寸、形状、位值等）不断的变化，以致于超差。

（3）床身较长的机床。由于床身与地基的温差使导轨弯曲变形，破坏加工精度（如导轨磨床和龙门刨床）。

各类机床热变形趋势见图 5 - 29。由于机床本身产生了热变形，引起刀具和工件相对位置的变化，从而产生不同的加工误差。

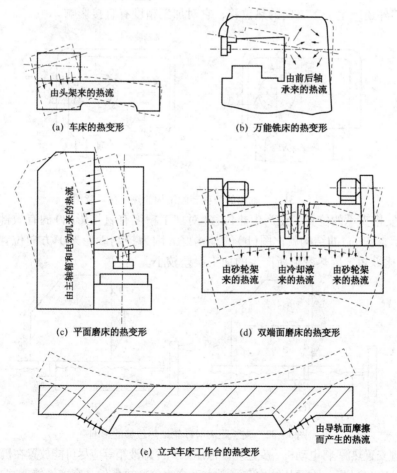

图 5 - 29　典型机床的热变形趋势

3. 减少机床热变形对加工精度影响的基本途径

1) 结构措施

（1）合理的机床结构设计 机床结构设计时，采
用合理的机床结构，可有效地减少机床热弯曲变形
和热位移对加工精度的影响。常用的措施有：

① 热对称结构。如图 5-30 所示，在受热影响
下，单立柱结构产生相当大的扭曲变形；而双立柱
结构由于左右对称，仅产生垂直方向的平移（这种
单向的原始误差，很容易用垂直坐标移动的修正量
来补偿掉）。因此，双立柱结构的机床主轴相对于
工作台的热变形比单立柱结构小得多。

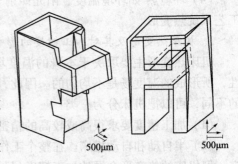

图 5-30   立柱热对称结构

② 在设计上使关键件的热变形避开加工误差的敏感方向。如图 5-31 所示的车床主轴
箱和床身的连接结构中，图(a)比图(b)有利，前者的主轴轴心线对于安装基准而言，只有
Z 方向的热位移，不在加工误差的敏感方向上，因此对加工精度的影响很小，而后者除了 Z
方向的热位移外还产生了 Y 方向的热位移，它对加工精度有直接影响。

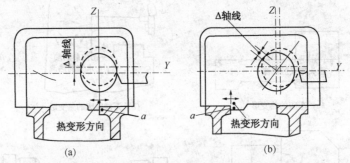

图 5-31   主轴箱的两种装配结构的热位移示意图

③ 合理安排支承的位置，使产生热位移（对加工精度有直接影响）的有效部分缩短 如
图 5-32 所示，图(a)的结构就比图(b)的结构好。因为控制砂轮架 Y 方向位置的丝杠的有
效长度 L_1 要比 L 短，因热变形所产生的加工误差较小。

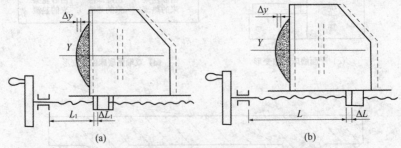

图 5-32   支承距离对砂轮架热位移的影响

（2）合理安置热源 将电动机、变速箱、液压泵、冷却液箱等应尽可能放置在机床主体之外。

（3）充分冷却润滑 一方面从结构和润滑方面来改善散热条件、摩擦性能，减少发热。另一
方面采用强制式的空气冷却、水冷却、循环润滑或采用低粘度的润滑油、锂基润滑脂等措施。

（4）均衡机床基础件的温度场 如采用热空气来加热单立柱平面磨床温升较低的立柱后

壁，使立柱前后壁温差减少，可显著地降低立柱的弯曲变形。

2）工艺措施

（1）保持恒定的环境温度。如均匀安排厂房内的加热器、取暖系统等的位置，使热流的方向不朝向机床。

（2）保持精密机床装在恒温中使用。如坐标镗床、螺纹机床和齿轮机床等，通过严格控制恒温基数(一般 20℃ ±1℃)来控制热变形引起的误差。

（3）保持工艺系统的热平衡。精加工前先让机床空转一段时间使之预热，待达到或接近热平衡后再进行加工，可使加工精度比较稳定。

4. 刀具的热变形及其对加工精度的影响

金属切削过程中，大部分切削热被切屑和工件带走，传给刀具的热量只占很小部分。但刀具的体积小，热惯性小，所以还是有相当高的温升和热变形。图 5 - 33 所示三条曲线中，A 表示了车刀在连续工作状态下的升温变形过程；B 表示切削停止后，刀具冷却的变形过程；C 表示在加工一批短小轴类零件时，由于刀具间断切削而温度忽升忽降所形成的变形过程。间断切削刀具总的热变形比连续切削要小一些，最后其波动量保持在 δ 范围内。因此，在调整好的转塔车床、自动和半自动车床加工一批小零件时，刀具热变形对加工尺寸的影响并不显著，但在开动机床后一段时间内加工出的一些零件尺寸要偏大(加工外圆时)或偏小(加工内孔时)一些。

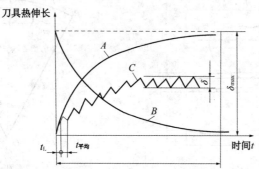

图 5 - 33　车刀的热伸长

5. 工件热变形

工件主要受切削热的影响而产生变形，在热膨胀下达到的尺寸，加工后经冷却收缩会变小，有时超过极限偏差。对大型零件，加工环境温度也会影响其加工精度。

不同形状和尺寸的工件，采用不同的加工方法，工件的热变形也不相同。工件热变形的形式通常有以下两种情况：

（1）轴类零件加工的热变形　假设工件受热均匀，其长度方向的热变形量为：

$$\Delta L = \alpha L \Delta T \quad \text{mm} \tag{5-17}$$

直径上的热变形量为

$$\Delta D = \alpha D \Delta T \quad \text{mm} \tag{5-18}$$

式中　ΔL、ΔD——工件在热变形方向上的热变形尺寸，mm；

L——热变形方向的长度，mm；

D——工件直径，mm；

α——工件材料的热膨胀系数，1/℃；

ΔT——温升，℃。

车削轴类零件的外圆时，随着切削的进行，温度逐渐升高，其直径逐渐增大，加工结束时，直径增大最多。直径增大部分均被刀具切除。工件冷却后直径缩小，因此产生了圆柱度和尺寸误差。至于工件长度伸长问题一般不大，因轴类零件在长度上的精度要求一般不高。但细长轴在两顶尖间加工时，工件受热伸长，则受顶尖压力作用而将产生弯曲变形，这对加工精度影响就大了。为此，当加工精度要求高的轴类零件时，宜采用弹性或液压顶尖。丝杠加工时，工件受热伸长非常突出，会产生螺距累积误差。例如磨削丝杠时，若丝杠长度为3m，每磨一次温度就升高约3℃，则丝杠的伸长量为：

$$\Delta L = 3000 \times 12 \times 10^{-6} \times 3 = 0.1mm$$

而6级丝杠的螺距累积误差在全长上不允许超过0.02mm，可见，热变形严重影响丝杠的螺距累积误差和弯曲变形。

（2）板类零件加工的热变形　板类零件一般分为薄板零件（如摩擦离合器片）和大型平板零件（如床身导轨零件）两种。由于单面受热，其加工热变形大致相似，加工时中凸，加工后中凹。如磨平面时工件单面受热，其上下表面之间会形成温度差引起工件中间凸起，加工时凸起部分被切除，待加工冷却后，加工表面便产生了下凹的平面度误差，如图5-34所示。

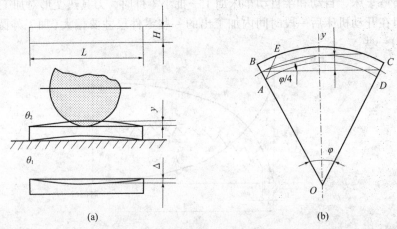

图5-34　平面磨削加工时的翘曲变形计算

其翘曲变形量为：

$$\Delta \approx \frac{\alpha \cdot \Delta T \cdot L^3}{8H} \tag{5-19}$$

由此可知，工件的长度L越大，厚度H越小，则中凹形状误差就越大。为了减小工件的热变形带来的加工误差，应控制工件上下表面的温差ΔT。

（3）减少工件热变形的措施：

① 及时磨刀具和修整砂轮，保持刀具的锋利性，减少切削热的产生；

② 充分而迅速冷却，提高切削速度或进给量，迅速将切削热传走；

③ 使工件在夹紧状态下有伸缩的自由。

5.2.6　内应力引起的变形

内应力是指当外部的载荷去除以后，仍残存在工件内部的应力。内应力是由于金属内部宏观的或微观的组织发生了不均匀的体积变化而产生的，其外界因素来自热加工和冷加工。

具有内应力的零件处于一种不稳定的状态，它内部的组织有强烈的倾向要恢复到一个稳定的没有内应力的状态，即使在常温下零件也不断地进行这种变化，直到内应力消失为止。在这种过程中，零件的形状逐渐地发生变化，原有的加工精度逐渐丧失，将零件装配成机器，它在机器的使用期内会逐渐变形，就有可能破坏整台机器的质量，带来严重的后果。

1. 内应力产生的原因

（1）毛坯制造过程中产生的内应力　在铸、锻、焊、热处理等加工过程中，温度变化剧烈，产生冷热收缩不均匀以及金相组织转变的体积变化都容易使零件毛坯产生内应力。具有内应力的毛坯由于内应力暂时处于相对平衡的状态，在短时期内还看不出有什么变动。但在切削去某些表面部分以后，就打破了这种平衡，内应力重新分布，零件就明显地出现了变形。当内应力超过材料强度极限时会使零件产生裂纹。

如图 5-35（a）所示为一个内外壁厚相差较大的铸件。在浇注后，它的冷却过程大致如下：由于壁 1 和壁 2 比较薄，散热较易，所以冷却较快；壁 3 比较厚，所以冷却较慢。当壁 1 和壁 2 从塑性状态冷却到弹性状态时（约 620℃），壁 3 温度还比较高，尚处在塑性状态。所以壁 1 和壁 2 收缩时壁 3 不起阻挡变形的作用，铸件内部不产生内应力。但当壁 3 也冷却到弹性状态时，壁 1 和壁 2 的温度已经降低很多，收缩速度变得很慢，而此时壁 3 收缩较快，就受到了壁 1 和壁 2 的阻碍。因此，壁 3 受到了拉应力，壁 1 和壁 2 受到压应力，形成了相互平衡的状态。如果在这个铸件的壁 2 上开一个口，如图 5-35（b）所示，则壁 2 的压应力消失，铸件在壁 3 和壁 1 的内应力作用下，壁 3 收缩，壁 1 伸长，铸件就发生弯曲变形，直至内应力重新分布达到新的平衡状态为止。

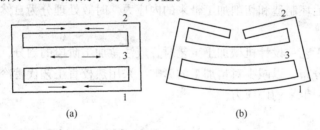

(a)　　　　　　　　　　(b)

图 5-35　铸件因内应力而引起的变形

为了克服这种内应力重新分布而引起的变形，特别是对大型和精度要求较高的零件，一般在铸件粗加工后进行时效处理，然后在精加工。

（2）冷校直带来的内应力　冷校直就是在原有变形的相反方向加力 P，使工件向反方向弯曲，产生塑性变形，以达到校直的目的，如图 5-36（a）所示。在力 P 的作用下，工件内部的应力分布在轴心线以上的部分产生了压应力，在轴心线以下的部分产生了拉应力，在轴心线和上下两条虚线之间是弹性变形区域，应力分布成直线，在直线以外是塑性变形区域，应力分布成曲线，如图 5-36（b）所示。当外力 P 去除以后，弹性变形部分本来可以完全恢复而消失，但因塑性变形部分恢复不了，内外层金属就起了相互牵制的作用，产生了新的应力平衡状态，如图 5-36（c）所示。冷校直后虽然弯曲减少了，但依然处于不稳定状态，随着时间的推移或者再次加工，工件又会产生新的弯曲。因此对于精密零件（如精密丝杠）不允许采用冷校直工艺。

（3）切削加工带来的内应力　工件表面在切削力、切削热作用下，会产生不同程度的塑性变形和金属组织的变化，因而产生内应力。这种内应力的分布情况（包括大小和方向）由加工时的各种工艺因素决定。

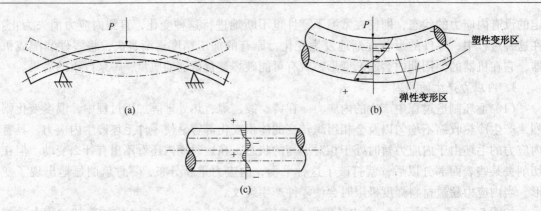

图 5 – 36　冷校直引起的内应力

2. 减小和消除内应力的措施

工件的内应力是工件内部处于暂时平衡的一种应力状态，这种状态是不稳定的。随着时间推移，内应力发生变化而会重新平衡，使工件产生变形，影响已获得的加工精度和产品性能，因此必须控制和消除内应力。生产中减小和消除内应力的措施有以下几种：

（1）合理设计零件结构　在零件结构设计时，应尽量简化结构，使壁厚均匀，增大零件刚性，减少壁厚差，这样可以减少在铸、锻毛坯制造中产生的内应力。

（2）时效处理　时效处理是去除内应力的有效措施。通过对毛坯或粗加工后的工件进行时效处理即可消除毛坯制造和切削加工带来的内应力。时效处理分为自然时效、人工时效和振动时效。

（3）合理安排工艺　设计机械加工工艺时，应注意加工阶段的划分，使粗加工后有一定时间使内应力重新分布，以减少对精加工的影响。采用热校直工艺代替冷校直工艺，可以避免在工件校直过程中带来的内应力。

5.3　加工误差的综合分析

在生产中出现的加工精度问题往往是综合性很强的工艺问题，其影响因素也比较复杂。因此，解决具体加工误差问题时，应对实际误差的性质，误差的大小、特点和变化规律进行分析，并将各种可能的影响因素和实际误差进行对比，找出主要影响因素，才能采取相应措施，有效地控制加工误差。

5.3.1　加工误差的性质

加工误差的性质是研究和解决加工精度问题的重要依据。不同性质的误差，其产生原因和解决途径都不一样。按照在一批零件加工中误差出现的规律，加工误差可分为系统性误差和随机性误差两大类。

1. 系统性误差

（1）系统性误差　在连续加工一批零件时，误差的大小和方向始终保持不变，或按一定的规律而变化，该类误差称为系统性误差。前者称为常值系统性误差；后者称为变值系统性误差。

常值系统性误差通常包括：原理误差、机床、刀具、夹具、量具的制造误差、调整误差、工艺系统的静力变形等，它和加工的顺序（或时间）没有关系。这类误差可通过相应的调整或检修工艺装备的办法来消除，有时候还可以认为地用一种常值误差去抵消本来的常值误差。例如，刀具的调整误差引起的工件加工误差，可以通过重新调整刀具加以消除。

变值系统性误差通常包括：机床和刀具的热变形、刀具的磨损等，是随着加工顺序（或加工时间）而有规律地变化。这类误差可通过自动连续补偿、自动周期补偿等办法来消除。例如，磨床上对砂轮磨损和砂轮修正的自动补偿；机床热变形则采用空车运转使机床达到热平衡状态再加工的方法来减少热变形的影响。

（2）随机性误差   在连续加工一批零件时，误差的大小和方向没有一定变化规律，该类误差称为随机性误差。

随机性误差通常包括：毛坯误差的复映、基面尺寸不一的定位误差、夹紧力大小不同的夹紧误差、多次调整的误差、内应力引起的变形误差等。随机性误差无明显的变化规律，很难完全消除，只能对其产生的根源采取适当的措施，以缩小其影响。例如，对毛坯带来的误差，可以从缩小毛坯本身误差和提高工艺系统刚度两方面来减少其影响。

5.3.2 加工误差的统计分析法

统计分析法是以生产现场中对同一批零件进行检查的结果为基础，运用数理统计的方法处理检查数据，从中找出变化规律性，以指导解决加工精度问题的方法。常用的统计分析法有分布曲线法和点图法。

1. 分布曲线法

1）实际分布曲线

由于随机误差的存在，加工一批零件时，加工后的每个零件实际尺寸是各不相同的，这种现象称为尺寸分散。将每个零件的加工尺寸进行测量，并按实测尺寸大小将其分成若干个尺寸间隔相同的组，则每一尺寸组中就包含一定数量的零件，这个数量称为频数 m，频数 m 与测量工件总数 n 之比，称为频率。如检查一批精镗后的活塞销孔径，图纸规定的尺寸及公差为 $\phi 28^{0}_{-0.015}$，抽查件数为 100 件。把测量所得的数据按尺寸间隔为 0.002mm 分组，其频数分布如表 5 - 4。

表 5 - 4 活塞销孔频数分布表

组别	尺寸范围	中点尺寸 x	频数 m	频率 m/n
1	27.992 ~ 27.994	27.993	4	3/100
2	27.994 ~ 27.996	27.995	16	16/100
3	27.996 ~ 27.998	27.997	32	32/100
4	27.998 ~ 28.000	27.999	30	30/100
5	28.000 ~ 28.002	28.001	16	16/100
6	28.002 ~ 28.004	28.003	2	2/100

如果用每组的件数（频数）m 或频率 m/n 作为纵坐标，以尺寸范围的中点 x 为横坐标，就可以作成图 5 - 37 所示的实线折线图，当工件数量增加，而尺寸间隔取得很小时，作出的折线就非常接近光滑的曲线，该曲线就称为实际分布曲线。从图 5 - 37 中可知：

分散范围 = 最大孔径 - 最小孔径 = 28.004 - 27.992 = 0.012mm

分散范围中心（即平均孔径）= 27.9979mm

公差范围中心 = 27.9925mm

由此可见，该分布曲线的分散范围小于公差范围，但一部分工件还是超出了公差范围（28.00 ~ 28.004，占 18%），成了废品。这是由于分散中心偏离公差范围中心所造成的，即加工过程存在常值系统性误差。因此解决这道工序精度问题的方法是消除常值系统性误差。如果能够设法将分散中心调整到公差范围中心，工件就完全合格，如图中虚折线示。因此解决这道工序的精度问题是消除常值系统性误差 $\Delta_{\text{系统}}$ = 27.9979 - 27.9925 = 0.0054mm。

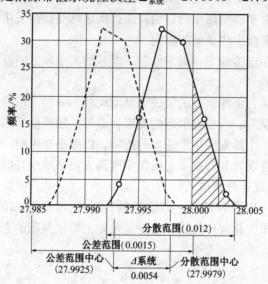

图 5 - 37　活塞销孔实际直径尺寸分布折线图

2）理论分布曲线

理论分布曲线是根据某一数学方程式画出的曲线，实践证明：在正常条件下加工一批工件，其实际分布曲线符合理论曲线——正态分布曲线。所以在分析加工误差问题时，常用一些理论分布曲线来近似地代替实际分布曲线，可使分析问题的方法大为简化。

（1）正态分布曲线的方程式　正态分布曲线的方程式用概率密度函数 $y(x)$ 来表示：

$$y(x) = \frac{1}{\sigma \sqrt{2\pi}} \exp\left[-\frac{(x - \bar{x})^2}{2\sigma^2} \right] \quad (-\infty < x < +\infty) \tag{5-20}$$

式中　　x——工件尺寸，mm；

　　$\bar{x}$——工件平均尺寸（分散范围中心），$\bar{x} = \sum\limits_{i=1}^{n} \frac{x_i}{n}$，mm；

　　σ——均方根误差，$\sigma = \sqrt{\sum\limits_{i=1}^{n} \frac{(x_i = \bar{x})^2}{n}}$；

　　n——工件总数，件。

（2）正态分布曲线的特点　由正态分布曲线方程式，可看出它有以下一些特点：

① 正态分布曲线所包含的全部面积代表了全部工件数，即 100%：

$$\int_{-\infty}^{+\infty} \frac{1}{\sigma \sqrt{2\pi}} \exp\left[\frac{-(x - \bar{x})^2}{2\sigma^2} \right] dx = 1 \tag{5-21}$$

图 5 - 38（a）中阴影部分的面积 F 为尺寸在 $\bar{x}$ 到 x 间的工件的概率：

$$F = \int_{-x}^{x} \frac{1}{\sigma \sqrt{2\pi}} \exp\left[\frac{-(x-\bar{x})^2}{2\sigma^2} \right] dx \qquad (5-22)$$

在实际计算时，可直接查积分表。

② 曲线相对于 $\bar{x}$ 是对称的，中间高，两边低。这表示零件尺寸靠近分散中心（平均尺寸 $\bar{x}$）出现的机会多，零件尺寸远离的是极少数。

③ 工件尺寸大于 $\bar{x}$ 和小于 $\bar{x}$ 的同间距范围内的频率是相等的。

④ 参数 σ 影响正态分布曲线的形状 [图5-38(b)]。σ 越大，曲线越平坦，尺寸越分散，也就是加工精度越低；σ 越小，曲线越陡峭，尺寸越集中，也就是加工精度越高。

⑤ 零件平均尺寸的变动仅能使整个曲线在横坐标上移动，对曲线的形状没有影响。

⑥ 理论上分布曲线与 x 轴相交于无穷远，但从生产角度看，误差很大的可能性极小，实际误差大小有一定的范围。当 $x-\bar{x}=3\sigma$ 时，$F=49.865\%$，$2F=99.73\%$。即工件尺寸在 $\pm 3\sigma$ 以外的频率只占 0.27%。因此，一般取正态分布曲线的分散范围为 $\pm 3\sigma$ [图5-38(a)]。6σ 的大小代表了某一种加工方法在规定的条件（毛坯余量、切削用量、正常的机床、夹具、刀具等）下所能达到的加工精度。所以在一般情况下应该使公差带的宽度 T 和均方根误差 σ 之间具有下列关系：

$$T(A) \geqslant 6\sigma \qquad (5-23)$$

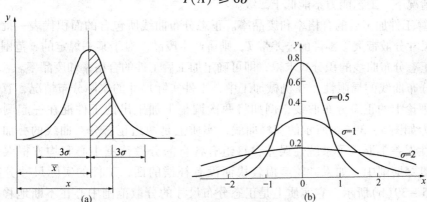

图 5-38 正态分布曲线的性质

(3) 正态分布曲线的应用 正态分布曲线主要应用于：

① 分析加工误差的性质。根据分布曲线相对公差带的配置情况和分布曲线的形状特性，可以计算出常值系统性误差的数值以及由于变值系统性误差和随机性误差的影响而造成的尺寸分散范围。如果值偏离公差带中心，则表明加工过程中工艺系统存在常值系统性误差；如果按加工顺序分批抽查同一批工件，值有规律的递增或递减，则说明工艺系统存在变值系统性误差；σ 的大小表明工件尺寸的分散程度，若 σ 较大，说明工艺系统随机性误差较大。

② 确定各种加工方法所能达到的精度等级。由于各种加工方法在随机性因素影响下，所得的加工尺寸的分散规律符合正态分布，因而可以在多次统计的基础上为每一种加工方法求得它的均方根误差 σ，然后可按分布范围等于 σ 的规律，确定各种加工方法的精度等级。

③ 分析工艺能力。工艺能力是指工序所用的加工方法、设备、工艺装备、调整方法等对工件加工质量的控制能力。工艺能力通常用工艺能力系数 C_p 来表示的，它是公差范围 $T(A)$ 和实际加工误差(分散范围 6σ)之比，即：

$$C_p = \frac{T(A)}{6\sigma} \qquad\qquad (5-24)$$

根据工艺能力系数 C_p 的大小，可以将工艺分成5个等级，见表5-5。

表5-5　工艺等级

工艺能力系数	工艺等级	工艺特点
$C_p > 1.67$	特级	工艺能力过高，不经济
$1.67 \geq C_p > 1.33$	一级	工艺能力足够，可以允许一定的波动
$1.33 \geq C_p > 1.00$	二级	工艺能力勉强，必须密切注意
$1.00 \geq C_p > 0.67$	三级	工艺能力不足，可能出现少量不合格品
$0.67 \geq C_p$	四级	工艺能力不行，必须加以改进

一般情况下，工艺能力不能低于二级。

④ 计算工件加工后的合格率和废品率。正态分布曲线所包含的面积代表一批零件的总数，如果尺寸分散带大于零件的公差带 T，则将产生废品。对于某一规定的 x 范围的曲线面积，可由正态分布曲线的积分式求得，即可确定加工后工件的合格率和废品率。

(4) 分布曲线的局限性　在机械加工中，工件实际尺寸的实际分布情况，有时也出现并不符合理论上的正态分布曲线，例如将两次调整下加工出的工件混在一起测量，其分布曲线将为如图5-39(a)所示的双峰曲线，实质上是两组正态分布曲线的叠加，也就是说在随机性误差中混入了系统性误差，每组有各自的分散范围中心和均方根误差。又如在活塞销贯穿磨削中，如果砂轮磨损较快而没有补偿的话，工件的实际尺寸分布将成平顶，如图5-39(b)所示。它实质上是正态分布尺寸的分散范围中心在不断地移动，也就是在随机误差中混入变值系统性误差。有时候产生加工误差的因素比较复杂，这时就不容易从分布曲线中看出和区分出几种不同性质的加工误差。此外分布曲线法必须待全部工件加工完毕后，才能测量和处理数据，不能暴露出在加工过程中的误差变化规律。因此它存在以下缺陷：

① 正态分布曲线法不能区分系统性误差和随机性误差；

② 正态分布曲线不能在加工过程中提供控制工艺过程的资料。

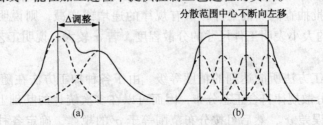

图5-39　随机性误差和系统性误差混合而形成的分布曲线

2. 点图法

为了克服分布曲线法的缺点，生产中常用另一种统计分析法——点图法。

（1）点图法的要点　按加工零件的顺序定期测量工件的尺寸，以工件序号为横坐标，以测得的工件尺寸为纵坐标，将测量结果标注在坐标图上，则可得到图 5-40 所示的点图。点图反映了加工尺寸随时间变化的规律，可以暴露整个加工过程的误差变化全貌。如果将每次调整后加工出的零件尺寸画在同一个图上，则还能看出由于调整对加工尺寸的影响。

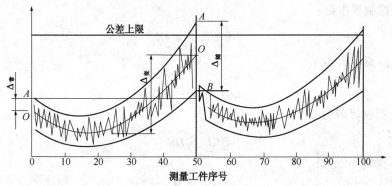

图 5-40　自动车床加工的点图

（2）点图法的用途　点图的用途有多种，通常用来进行工艺稳定性的判定和工序质量的控制。为了确定准备投产的工艺能否保证加工质量要求或对现行的工艺进行定期、不定期的检查，需查明工艺能力和判断工艺过程是否稳定性。

所谓工艺稳定，从数理统计的原理来说，一个过程（工序）的质量参数的总体分布，若平均值 $\bar{x}$ 和均方根差 σ 在整个工艺过程中能保持不变，则工艺是稳定的。工艺的稳定性是用 $\bar{x}_i$ 和 R_i 两张点图来判断的。$\bar{x}_i$ 是将一批工件依照加工顺序分成 m 个为一组、第 i 组的平均值，共 K 组；R_i 是 i 组数值的极差 $(x_{max} - x_{min})$。将 $\bar{x}_i$ 和 R_i 画成两张点图，即称为 $\bar{x} - R$ 图（图5-41）。$\bar{x}$ 和 R 的波动反映了工件平均值的变化趋势和随机误差的分散程度。

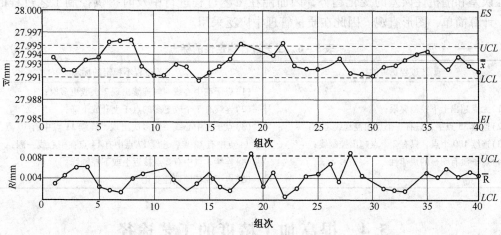

图 5-41　精镗活塞销孔 $\bar{x} - R$ 图

在 $\bar{x} - R$ 图上分别画有中心线和控制线，控制线就是用来判断工艺是否稳定的界限线。

$\bar{x}$ 图的中心线为：

$$\bar{\bar{x}} = \sum_{i=1}^{K} \frac{\bar{x}_i}{K}$$

R 图的中心线：

$$\bar{R} = \sum_{i=1}^{K} \frac{R_i}{K}$$

$\bar{x}$ 图的上控制界限为：

$$UCL = \bar{\bar{x}} + A\bar{R}$$

$\bar{x}$ 图的下控制界限为：

$$LCL = \bar{\bar{x}} - A\bar{R}$$

R 图的上控制界限为：

$$UCL = D\bar{R}$$

R 图的下控制界限为：

$$LCL = 0$$

一般每组个数 m 取 4 或 5；式中 A 和 D 的数值是根据数理统计的原理而定的，当 $m = 4$ 时，$A = 0.73$，$D = 2.28$；当 $m = 5$ 时，$A = 0.58$，$D = 2.11$。

例如，精镗活塞销孔的 $\bar{x} - R$ 图（图 5 – 41），图中共有 6 个点超出控制线，R 图中有 2 个点子超出控制线，说明工艺是不稳定的，虽然分散范围 6σ 小于公差带 $T(A)$，但加工过中包含有不稳定的因素，迟早可能会产生废品。

$\bar{x} - R$ 图上点子的变化反映了工艺过程是否稳定。当点子在上下控制线范围内随机波动，称为正常波动，说明工艺过程是稳定的。当点子超出了控制线，称为异常波动，说明工艺过程发生了异常变化，即工艺过程不稳定。工艺过程稳定性的判断见表 5 – 6。

与分布曲线法相比较，$\bar{x} - R$ 图的特点为：所采用的样本为顺序小样本；可以看出变值系统性误差和随机性误差的变化趋势，因而能在工艺过程进行中及时提供控制工艺过程的信息；计算简单，图形直观。因此在质量管理中广泛采用。

表 5 – 6 工艺过程稳定性的标志

工艺过程稳定的标志	工艺过程不稳定的标志
(1) 无点超出上下控制界限； (2) 连续 35 点中，只有一个点在控制线之外； (3) 连续 100 个点，只有 2 个点超出控制线； (4) 点子没有明显的规律性	(1) 点子在中心线一侧连续出现 7 次或更多次； (2) 连续有 7 个或更多的点子上升或下降； (3) 点子在中心线一侧多次出现，连续 11 点中有 10 点，连续 14 点中有 12 点，连续 17 点中有 14 点在中心线一侧； (4) 连续 3 点中有 2 点接近上或下控制线； (5) 点子保持周期性变化

5.4 提高加工精度的工艺途径

机械加工误差是由工艺系统中多种因素引起的，本节通过一些典型实例，用以说明如何运用理论知识来分析和解决综合性的加工精度问题。进一步阐述保证和提高加工精度的途径。

生产中一般采用两种途径来减少加工误差，提高加工精度：（1）减少误差源或改变误差源和加工误差之间的数量转换关系；（2）人为地制造出一种新的原始误差去抵消原有的原始误差，即用大小相等，方向相反的人为误差去抵消其原始误差，达到减少加工误差，提高加工精度的目的。前者称为误差预防技术，后者称为误差补偿技术。

5.4.1　误差预防技术

1. 合理采用先进工艺与设备

设计零件的加工工艺过程时，采用先进的工艺及设备来提高工序的加工能力，以达到减少原始误差的目的。

2. 直接消除和减少原始误差法

在查明影响加工精度的主要原始误差因素的基础上，采取有针对性的措施直接消除或减少原始误差。

例如，在加工细长轴时，由于工件刚度很低，既使在切削用量很小的情况下，也会发生弯曲变形和振动，得不到准确的几何形状精度。从细长轴车削时的受力情况来看，产生弯曲变形的主要原因是轴向力和径向力的影响。径向切削力可采用跟刀架来消除，这样，轴向力则成为工件弯曲变形的主要矛盾。在轴向切削力的作用下，工件受到一个偏置压力，产生弯曲变形[图 5-42(a)]；在高速回转下，由于离心惯性力作用，使上述弯曲变形加剧，并引起振动；工件在切削热的作用下必然产生热伸长，而卡盘和尾座顶尖间的距离又是固定的，工件在轴向没有伸缩的余地，因此产生附加轴向力，加剧了工件的弯曲变形。

可采用以下方法来消除和减小上述原始误差：

（1）反向进给切削，即由卡盘一端向尾座方向走刀，使轴向切削力 F_x 对工件的作用（卡盘到切削点之间）是拉伸而不是压缩[图 5-42(b)]，改善了轴向受力状态，减小其弯曲变形；

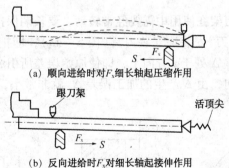

　　　　(a) 顺向进给时对F_x细长轴起压缩作用

　　　　(b) 反向进给时F_x对细长轴起接伸作用

图 5-42　顺向进给和反向进给车削细长轴

（2）使用伸缩性的活顶尖，使工件在热伸长时有伸缩的余地；

（3）加大进给量，从而可增大 F_x 力，工件在较大轴向拉伸力作用下，可消除径向颤振，使切削过程平稳；

（4）在靠近卡盘处的工件上车出一段缩径（图 5-43），缩径直径 $d \approx D/2$（D 为工件毛坯的直径）。这样可增大工件的柔性，消除毛坯本身弯曲的轴心线对切削过程的影响；

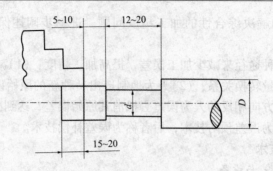

图 5 – 43　缩径法

（5）采用大主偏角车刀，一般 $\kappa_r \geqslant 90°$，可以减小径向力，以减小工件的弯曲变形；

（6）正确使用跟刀架。粗车时，车刀在右跟刀架在左[图 5 – 44(a)]；精车时，车刀在左跟刀架在右[图 5 – 44(b)]，以便保护工件已加工表面。

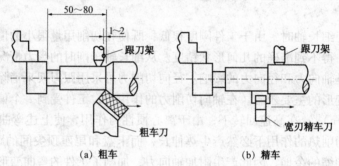

图 5 – 44　跟刀架安装法

3. 误差转移法

把原始误差转移到误差非敏感方向上，使原始误差对工件的加工精度影响变小或不影响。

例如，六角转塔车床刀架在使用中需要经常转动，要长期保持转塔六个位置的定位精度是很困难的。一般采用"立刀"安装法安装刀具（图 5 – 45），即把刀刃的切削基面放在垂直平面内，让转塔的转位误差 Δ 处于 z 方向上，即使原始误差所引起的刀刃与工件的相对位移产生在加工表面的切线方向，由 Δ 产生的加工误差 Δ_y 就非常小，可以忽略不计。

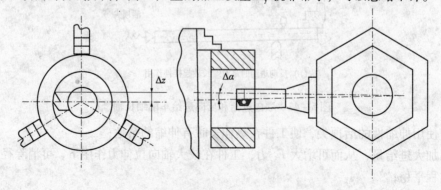

图 5 – 45　转塔车床的"立刀"安装法

4. 误差分组法

由于上工序的工艺的变化或毛坯制造方法的改变，使毛坯精度发生变化，通过误差复映规律和定位误差的影响，扩大了本工序的加工误差。

误差分组法就是把毛坯误差的大小分为 n 组，每组毛坯误差的范围就缩小为原来的 $1/n$。然后按各组的误差范围分别调整刀具相对于工件的位置，使各组工件的尺寸分散范围中心基本上一致，那么整批工件的尺寸分散就比分组调整以前小得多。由此可见，此法简单易行。

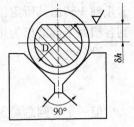

例如，在 V 形块上铣削轴类工件的平面(图 5 - 46)，要求保证尺寸 h 的公差 $T(h) = 0.02$ mm，由于毛坯改用精锻件，直接用精锻件的外圆作定位基准，其外圆的尺寸分散为 $\Delta D = 0.05$ mm，那么，由毛坯尺寸误差而产生的定位误差为

图 5 - 46　铣轴平面

$$\Delta h = \frac{\Delta D}{2\sin\frac{\alpha}{2}} = \frac{\Delta D}{2 \cdot \frac{1}{\sqrt{2}}} = 0,707\Delta D = 0.035 \text{ mm}$$

显然，已经超过了公差要求。现进行误差分组(见表 5 - 7)，其定位误差发生了较大的变化。分组数以 3 或 4 组较为合适，对每一组毛坯加工时，要重新分别调整刀具位置。

表 5 - 7　误差分组

分组数	各组误差 ΔD /mm	定位误差 Δh /mm	定位误差占工件公差的/%
2	0.025	0.017	85
3	0.017	0.012	60
4	0.0125	0.0088	44

5. "就地加工"法

在机械加工和装配中，有些精度问题牵涉到很多零部件间的相互位置关系，相当复杂。如果单纯地提高零部件的精度来满足设计要求，有时不仅困难，甚至不可能。此时若采用"就地加工法"就可解决这种难题。

"就地加工"法就是要保证部件间某位置关系，按此位置关系，在一个部件上装上刀具去加工另一个部件。

例如，在转塔车床制造中，转塔上六个安装刀架的孔轴心线必须保证和机床主轴旋转中心线重合，而六个平面又必须与主轴中心线垂直。如果单个地确定各自的制造精度，不仅使原始误差小到难以制造的程度，而且要在装配中达到上述两项要求也是很困难的。采用"就地加工法"，在装配之前不进行精加工上述表面，等转塔装配到机床上后，在主轴上装上镗刀杆，使镗刀旋转，转塔作纵向进给运动，依次精镗出转塔上的六个孔，精加工转塔的六个平面。这样，既保证了二者的同轴度，又保证了六个平面与主轴轴心线的垂直度。

同理，刨床、平面磨床、车床都可以采用"自刨自"、"自磨自"的办法来加工相应位置精度很高的工作台面。

6. 误差平均法

误差平均法是利用有密切联系的表面(配偶件的表面，成套件的表面，自身相关的表面)之间的相互比较和相互修正或互为基准来进行加工，由此可以达到很高的加工精度。

例如，精密分度盘分度槽面的磨削加工(图5-47)。磨削时，砂轮5除回转外还作垂直于纸面方向的往复运动。当磨好一个槽面后(如槽面①)，砂轮退出工件，将定位卡爪4绕卡爪轴3转出其所定位的槽(如槽⑧)，然后再以槽面①定位磨槽面②，如此循环下去，直到各槽面全部磨出为止。

设分度槽数为n，槽与槽之间都有不等分的角度误差$\Delta\theta_i$，则槽与槽之间的夹角为：

$$\frac{360°}{n} + \Delta\theta_i$$

但一个整圆总是360°，则

$$\sum_{i=1}^{n} \left(\frac{360°}{n} + \Delta\theta_i\right) = 360°$$

因此

$$\sum_{i=1}^{n} \Delta\theta_i = 0°$$

由此可知，任何圆分度在一整圈内的累积误差恒等于零，这就是"圆分度误差封闭性"原理。根据这个原理，当定位卡爪4与砂轮5磨削平面之间的夹角固定之后，开始磨削时，砂轮总是先磨到分度偏小的槽面，使其分度角增大，同时那些偏大的分度角必然会相应地减小。随着磨削过程的进行，结果使所有分度角的误差均接近于零。采用误差平均法可以最大限度地排除机床误差的影响。

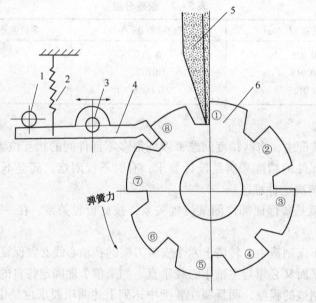

图5-47　精密分度盘分度槽面的磨削
1—销钉；2—弹簧；3—卡爪轴；4—定位卡爪；5—砂轮；6—分度盘工件

5.4.2　误差补偿技术

误差补偿即人为地引入一附加误差，用以抵消系统的原始误差，从而消除或减少系统原始误差对零件加工精度的影响。根据附加误差的性质，可分为静态补偿法和动态补偿法。

1. 静态补偿法

人为地制造出大小相等方向相反的附加误差，来抵消系统的原始误差。通常用于消除常值系统性误差。

例如，外圆磨床的床身加工(如图 5 - 48)，由于床身狭长，刚度比较差，尽管按加工要求加工好了床身导轨，但由于装上横向进给机构、操纵箱后的自重，引起床身变形，为此，可以在磨削导轨时采取"配重"代替部件自重，或者将有关部件装在床身上再磨削导轨的办法，使加工、装配和使用条件一致，可以减小导轨的变形误差。

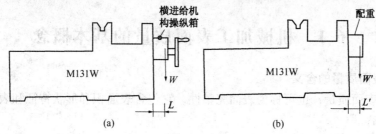

图 5 - 48 在床身上预加载荷磨削床身

2. 动态补偿法

采用自动测量和自动补偿的办法，对原始误差进行自动连续补偿或自动周期补偿。此法主要用于消除变值系统性误差。

例如，磨床上对砂轮磨损和砂轮修正的自动补偿；机床热变形则采用空车运转使机床达到热平衡后，再加工的方法来减少热变形的影响等，这些方法均可有效地减小变值系统性误差。

第 6 章　机械加工表面质量

6.1　机械加工表面质量的基本概念

6.1.1　表面质量的含义

机械加工表面质量，也可称为表面完整性，它包含表面积和形状特征和表面层材质的变化两方面的内容。

1. 表面几何形状特征

(1) 表面粗糙度　主要指已加工表面的微观几何形状误差；

(2) 表面波度　指介于加工精度(宏观)和表面粗糙度(微观)之间的一种带有周期性的几何形状误差，它主要是在加工过程中由工艺系统的振动所引起的。

2. 表面层材质的变化

(1) 表面层因塑性变形引起的冷作硬化；

(2) 表面层因切削热引起的金相组织的变化；

(3) 表面层中产生的残余应力。

机器零件的机械加工质量，除了加工精度之外，表面质量是极其重要的一个方面。产品的工作性能，尤其是它的可靠性、耐久性，在很大程度上取决于主要零件的表面质量。表面质量除与材料性质和热处理情况有关外，还决定于零件的加工工艺，特别是终加工工序的工艺。所以我们应该掌握表面质量对零件使用性能的影响和机械加工中各工艺因素对加工后表面质量的影响，从而来控制加工工艺因素，以保证得到所要求的零件表面质量。

6.1.2　表面质量对零件使用性能的影响

1. 对零件耐磨性的影响

零件的耐磨性主要与摩擦副的材料和润滑条件有关，但在这些条件已定的前提下，表面质量就起着决定性作用。当两个表面接触时，往往先在一些凸峰顶部接触，因此，实际接触面积大大小于理论接触面积。加工后的表面实际接触面积与名义接触面积之比，车、铣为11% ~ 20%；精磨为30% ~ 50%；研磨可达90% ~ 97%。在外力作用下，表面愈粗糙，实际接触面积愈小，凸峰处的压强愈大。当零件作相对运动时，接触处的凸峰就会产生弹性变形、塑性变形及剪切滑移等现象，从而引起严重磨损。

表面粗糙度对摩擦面的磨损当然影响很大，但也不是表面粗糙度愈细愈耐磨。从实验曲线图 6 - 1 可知，表面粗糙度与初期磨损之间存在一个最佳值，即最佳表面粗糙度的零件其耐磨性最好，零件的初期磨损量最小。摩擦载荷加重，摩擦曲线向上和向右移动，最佳表面粗糙度也随之右移。在一定条件下，如果表面粗糙度太细就会导致磨损加剧，因为表面太光滑

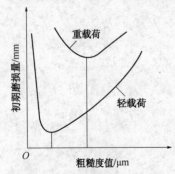

图 6 - 1　初期磨损量与表面
粗糙度的关系

时存储润滑油的能力差，一旦润滑条件恶化，紧密接触的两表面便会发生分子粘合现象而咬合起来，使磨损加剧。

表面层的冷作硬化可提高表面硬度，减少表面进一步塑性变形的可能性及摩擦表面金属的咬焊现象，因而耐磨性有所提高。但如果表面硬化过度，会使金属表面发生剥落，使磨损加剧。表面层产生金相组织变化，改变了基体材料的原来硬度，因而也直接影响其耐磨性。例如，磨削时，零件表面层由于受磨削热的影响会引起淬火钢马氏体组织的分解，从而引起表面层金相组织的变化，或出现回火组织，或出现二次淬火等，这些变化必然会影响零件的耐磨性。

2. 对零件疲劳强度的影响

在交变载荷作用下，零件表面粗糙度、划痕以及裂纹等缺陷容易引起应力集中，产生和加剧疲劳裂纹而造成疲劳损坏。实验表明，对于承受交变载荷的零件，减少表面粗糙度的 R_a 值可以使疲劳强度提高。

表面层的残余压应力能够部分地抵销工作载荷所引起的拉应力，延缓疲劳裂纹扩展，提高零件的疲劳强度。而残余拉应力容易使已加工表面产生裂纹，降低疲劳强度。

表面层冷作硬化不但能阻止已有的裂纹扩大，而且能防止疲劳裂纹的产生，提高零件的疲劳强度。

3. 对零件的其他影响

如果表面粗糙度值增大，零件的抗蚀能力削弱；动配合的初期磨损量加大，静配合的实际有效过盈量减少，改变了配合性质。因此，表面质量对零件的抗腐蚀性能、配合质量、密封性能及摩擦系数等都有很大的影响。

6.2　机械加工后的表面粗糙度

6.2.1　切削加工后的表面粗糙度

切削加工表面粗糙度的形成，大致可归纳为三个方面：一是刀刃与工件相对运动轨迹所形成的表面粗糙度——几何因素；二是和被加工材料性质及切削机理有关的因素——物理因素；三是工艺系统的振动所产生的表面振痕——工况因素。其中，低频振动一般在工件表面上产生波度，高频振动直接影响表面粗糙度。

1. 几何因素

在理想的切削条件下，刀具相对工件作进给运动时，在加工表面上遗留下来的切削层残留面积（图 6-2），其最大高度 R_{max} 可由刀具形状、进给量 f，按几何关系求得。

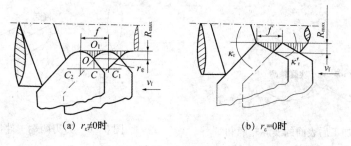

(a) $r_\varepsilon \neq 0$时　　　　　　　　(b) $r_\varepsilon = 0$时

图 6-2　切削层残留面积

当刀尖圆弧半径为 $r_\varepsilon = 0$ 时

$$R_{max} = \frac{f}{\cot\kappa_r + \cot\kappa'_r} \qquad (6-1)$$

当 $r_\varepsilon \neq 0$ 时

$$R_{max} \approx \frac{f}{8r_\varepsilon} \qquad (6-2)$$

2. 物理因素

由于切削过程中的不稳定因素如积屑瘤、鳞刺、切削变形和刀具的边界磨损等，使实际粗糙度大于理论粗糙度。

（1）在加工塑性材料时，积屑瘤和鳞刺，会使表面粗糙度严重恶化。图 6-3 所示积屑瘤对工件表面质量的影响，其形成原因详见第 1 章。

中、低速下切削塑性材料时，已加工表面上可能出现的鳞片状毛刺，即为鳞刺。它是在经过抹拭、导裂、层积、切顶四个阶段后形成的，见图 6-4。

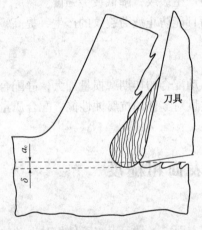

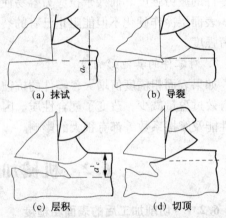

（a）抹试　　　　（b）导裂

（c）层积　　　　（d）切顶

图 6-3　积屑瘤的过切量　　　　　　图 6-4　鳞刺形成过程

（2）切削过程中刀具的刃口圆角及后刀面的挤压与摩擦使金属材料发生塑性变形而使理论残留面积挤歪或沟纹加深，因而增大了表面粗糙度，见图 6-5。

此外，由于在切削刃两端没有来自侧面的约束力，因此，在切削刃两端的已加工表面及待加工表面处，工件材料被挤压而产生隆起（见图 6-6），也会使表面粗糙度进一步增大。

图 6-5　加工后表面的实际轮廓和
　　　　理论轮廓

图 6-6　刀刃两端工件材料的隆起

6.2.2　磨削加工后的表面粗糙度

磨削加工表面是由砂轮上大量的磨粒刻划出的无数极细的沟槽形成的。每单位面积上刻痕愈多，即通过每单位面积的磨粒愈多，以及刻痕的等高性愈好，则粗糙度也就愈小。

磨粒大多具有很大的负前角，在磨削过程中产生了比切削加工大得多的塑性变形，金属材料沿着磨粒侧面流动，形成沟槽的隆起现象，因而增大了表面粗糙度(图6-7)；磨削热使表面金属软化，更易于塑性变形，也进一步增大了表面粗糙度。

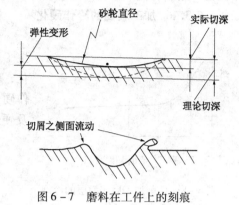

图6-7　磨料在工件上的刻痕

6.2.3　影响表面粗糙度的因素

影响切削加工表面粗糙度的主要因素是：

(1) 刀具几何参数的影响　为减小残留面积，刀具应采用较大的刀尖圆弧半径 r_ε、较小的主偏角 κ_r 和副偏角 κ'_r，尤其是使用 $\kappa'_r = 0°$ 的修光刃，对减小表面粗糙度甚为有效。

(2) 工件材料性能的影响　一般来说，材料的塑性越大，积屑瘤和鳞刺越易生成，故表面粗糙度也越大，而脆性材料的加工粗糙度值比较接近理论粗糙度。对于同样的材料，晶粒组织越是粗大，加工后的粗糙度值也愈大。因此，为了减小加工后的表面粗糙度值，常在切削加前进行调质或正常化处理，以得到均匀细密的晶粒组织和较高的硬度。

(3) 切削用量的影响　切削用量中切削速度 v 和进给量 f 对表面粗糙度影响较大。在低、中速切削时，易产生积屑瘤及鳞刺，提高切削速度可以使积屑瘤和鳞刺减小甚至消失，并可减小工件材料的塑性变形，因而可以减小表面粗糙度值。减小进给量 f，可以减小残留面积的高度，亦可减小表面粗糙度值。

此外，合理选择冷却润滑液，提高冷却润滑效果，亦能抑制积屑瘤、鳞刺的产生，减少切削热和切削变形，有利于减小表面粗糙度值。

影响磨削表面粗糙度的主要因素是：

(1) 砂轮的粒度　粒度愈细，则砂轮单位面积上的磨粒数愈多，在工件上的刻痕也愈密而细，所以粗糙度值愈低。

(2) 砂轮速度　提高砂轮速度可以使工件单位面积上的刻痕增加，可以使塑性变形的隆起量降低，因为高速度时，塑性变形的传播速度小于磨削速度，材料来不及变形，因而粗糙度可显著降低。

(3) 砂轮的修整　用金刚石修整砂轮相当于在砂轮工作表面上车出一道螺纹，修整导程和切深愈小，修出的砂轮就愈光滑，磨削刃的等高性也愈好，因而磨出的工件表面粗糙度值也就愈小。

(4) 磨削切深　通常在磨削过程中开始采用较大的磨削切深，以提高生产率，而在最后采用小切深或无进给磨削，以降低粗糙度值。

6.3　机械加工后的表面物理机械性能

工件在机械加工中受到切削力和切削热的作用，其表面层的物理机械性能将产生很大的变化，造成与基体材料性能的差异，主要是表面层的金相组织、显微硬度和表层残余应力。

6.3.1 加工表面的冷作硬化

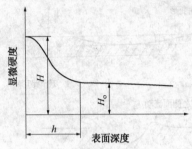

金属切削使工件表面层产生了塑性变形，使晶体间产生了剪切滑移，晶格扭曲，并产生晶粒拉长、破碎和纤维化，引起材料的强化（强度和硬度有所提高），即形成冷作硬化。可以用冷硬层的深度 h，表面层的显微硬度 H 以及硬化程度 N 来表示（图6-8）：

$$N = \frac{H - H_o}{H_o} \%$$

式中 H_o——原基体金属的显微硬度。

图6-8 切削加工后表面层的冷硬

表面层的硬化程度取决于产生塑性变形的力、变形速度及变形时的温度。力愈大，塑性变形愈大，则硬化程度严重；变形速度快，塑性变形愈不充分，硬化程度减小。

前角减小，刃口圆角及后面磨损量增加，冷硬层深度增高；进给量增大，切削力增大，塑性变形增大，硬化程度增大；进给量较小时，由于刃口圆角在加工表面单位长度上的挤压次数的增多也使硬度增大；工件材料硬度愈小，塑性愈大，则硬化程度也愈大。

6.3.2 加工表面的金相组织变化

由于加工所消耗的能量绝大部分转化为热能，因之在加工区和加工表面的温度将上升。温度升高到超过金相组织变化的临界点时，就会引起金相组织变化。

磨削表面层温度一般高达500～600℃，某些情况下甚至达到700℃以上，这样就在工件表面层产生了金相组织变化。磨削表面的金相组织变化程度与工件材料、磨削温度、受热时间等因素有关。以淬火钢而言，当磨削区温度超过马氏体转变温度（中碳钢约为250～300℃），工件表面原来的马氏体组织将转化为回火屈氏体、索氏体等与回火组织相近似的组织，使表层硬度低于磨削前的硬度，一般称为回火烧伤。

当淬火钢表面层温度超过相变临界温度（一般约为720℃）时，马氏体转变为奥氏体，加之冷却液的急剧冷却，发生二次淬火现象，使表面出现二次淬火马氏体组织，硬度比原来的回火马氏体高，一般称之为淬火烧伤。

磨削时，工件表面出现的烧伤色，是工件表面的瞬时高温下产生的氧化膜颜色，相当于钢的回火颜色。不同的烧伤色表明表面受到不同温度与不同深度的烧伤（见图6-9、图6-10），它表明工件的表面层已发生热损伤。但表面没有烧伤色并不等于表面层未受热损伤。如在磨削过程中采用了过大的磨削用量，造成了很深的变质层，以后的无进给磨削仅磨去了表面的烧伤色，但却未能去掉热变质层，热损伤的隐患仍然存在。

减轻磨削烧伤的基本途径是要让磨削热产得少，散得快。如精磨时，每次逐渐减小磨削深度，以便逐渐降低磨削温度，逐渐减小变质层厚度；提高工件转速，缩短工件与砂轮的接触受热时间；合理选择自锐能力（砂轮磨钝后自动破碎产生新的锋利的切削刃或自动从砂轮粘结剂处脱落的能力）强，且不易堵塞粘屑的砂轮，降低磨削温度；采用开槽砂轮，既可以改善散热条件，又能缩短工件的受热时间，采用内冷却砂轮（图6-11）或高压大流量冷却或用带空气挡板的冷却液喷嘴（图6-12），加快冷却速度，提高冷却效果等有效措施。

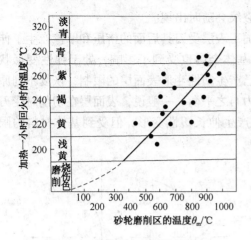

图 6-9　烧伤颜色与砂轮磨削区
最高温度的关系

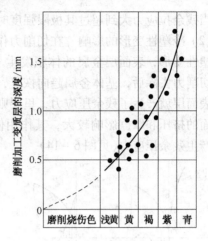

图 6-10　烧伤颜色与变质层
深度间的关系

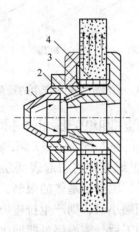

图 6-11　内冷却砂轮结构
1—锥形盖；2—冷却液通孔；
3—砂轮中心腔；4—有径向小孔的薄壁套

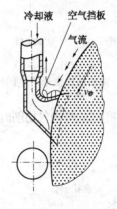

图 6-12　带空气挡板的冷却液喷嘴

6.3.3　加工表面层的残余应力

切削加工时表面层相对于基体材料发生了形状、体积或金相组织的变化，表面层与基体材料的交界处就产生了互相平衡的弹性应力，这种应力称为表面层的残余应力。

引起表面层残余应力的原因是：

(1) 热塑性变形的影响　工件被加工表面在切削热作用下产生热膨胀，表层的热伸长受到金属温度较低基体材料的阻止，而产生热压应力。当切削过程结束后，表层温度下降至与基体一致时，因为表面层已产生热塑性变形，受到基体的限制产生了残余拉应力，里层则产生相应的压应力(图 6-13)。磨削温度愈高，热塑性变形愈大，残余拉应力也愈大，甚至会产生磨削裂纹。

另外，表面层的残余拉应力与工件材料的性能有直接关系。如硬质合金的传热性能特别差，当残余拉应力大到超过其极限强度时，磨削裂纹会随时出现。

（2）冷塑性变形的影响　在切削力作用下，加工表层受刀具后面的挤压和摩擦产生了伸长的塑性变形，表面层金属的体积发生了变化，基体金属也受到了影响，处于弹性变形状态。切削力去除后，基体金属趋向恢复，但受到已产生塑性变形表面层的限制，恢复不到原状，表面层就产生了残余压应力，里层则为拉应力与之平衡。一般说，表面层在切削时受刀具后面的挤压和摩擦影响较大，其作用使表面层产生伸长塑性变形，但受到基体材料的限制，产生残余压应力（见图6-14）。

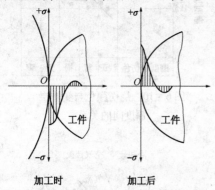
6-13　由热塑性变形产生的残余应力

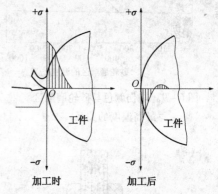
6-14　由冷塑性变形产生的残余应力

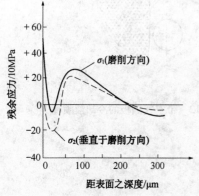
图6-15　磨削后的表面层
残余应力分布

（3）金相组织的影响　切削时产生的高温会引起表面层的金相组织变化。由于不同的金相组织有不同的相对密度值（$\rho_马 \approx 7.75$，$\rho_奥 \approx 7.96$，$\rho_珠 \approx 7.78$，$\rho_铁 \approx 7.88$），表面层金相组织变化将引起表面层体积的变化。当表面层体积膨胀时，因受到基体的限制，产生了压应力。反之，表面层体积缩小时，则产生拉应力。淬火钢的组织是马氏体，磨削加工后，表面层可能回火转化为接近珠光体的屈氏体或索氏体，因体积缩小，表面层产生残余拉应力，里层产生残余压应力。如果表面层出现超过750~800℃的高温，则除了稍深处有回火现象外，表面由于冷却速度快可能产生二次淬火马氏体，其体积比里层的回火组织大，因而表层产生压应力，里层产生拉应力，如图6-15所示。

由此可见，加工后的表面层残余应力是由三方面原因引起的。在一定条件下，其中某一种或某两种原因可能起主导作用。如切削加工的切削热不高时，表面层产生以冷塑性变形为主的残余压应力。磨削时的磨削温度较高，表面层产生以相变和热塑性变形占主导地位的残余拉应力。

当表面层的残余拉应力超过材料的强度极限时，零件表面就会产生裂纹，有的磨削裂纹也可能不在工件的外表面而是在表面层下面，成为肉眼难以发现的缺陷。裂纹的方向常与磨削方向垂直，或是呈网状，且裂纹与烧伤常同时出现。

6.4　控制加工表面质量的工艺途径

影响表面质量的因素是非常复杂的，如何在加工工艺方面经济可靠地获得保证零件使用性能的表面质量，是生产中一项重要的有意义的工作。控制加工表面质量首先是选择加工工艺方法，在工艺方法确定后，采取改善刀具(几何参数、刀具材料)和切削条件(切削用量、工艺系统刚性及机床精度、切削液)等方面的措施，亦可改善加工表面质量。本节主要论述提高加工表面质量的常用工艺方法。

6.4.1　表面精密加工方法

1. 精密磨削

精密磨削细分为镜面磨削($R_a \leq 0.01\,\mu m$)、超精密磨削($R_a 0.01 \sim 0.04\,\mu m$)及精密磨削($R_a 0.04 \sim 0.16\,\mu m$)。合理选择砂轮的磨料粒度、硬度，组织、切削用量和砂轮修整参数，可以获得低粗糙度表面。

砂带磨削也是一种获得高精度和低表面粗糙度的加工方法。砂带具有柔性好、加工范围广、生产效率高的特点，适用于高精度、低粗糙度的复杂型面的加工。

2. 珩磨

珩磨是利用珩磨头上的细粒度砂条对孔进行精加工的方法，其工作原理如图6-16所示，砂条在张开机构作用下沿径向涨开，对孔壁作用一定的压力，并相对工件做旋转和往复运动，在工件表面上形成交叉网纹。这种方法可使表面粗糙度达$R_a 0.02\,\mu m$，孔的圆度误差小于0.003 mm。珩磨的网纹交叉角θ(由圆周速度和往复速度确定)、珩磨条上砂条的压力和砂条等工艺参数选择，可参阅有关的手册。

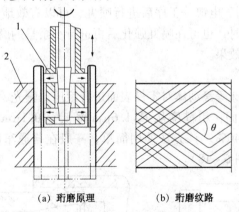

(a) 珩磨原理　　　(b) 珩磨纹路

图6-16　珩磨加工示意图

3. 研磨

研磨是用研具涂敷(干式)或浇注(湿式)研磨剂在一定压力下与加工表面作相对运动的一种光整加工方法(图6-17)。研具与工件之间的研磨剂在相对运动中，分别起切削、挤压和化学作用(有时还加有油酸和硬脂酸等活性添加剂)，从而使磨粒能从工件表面上切去极微薄一层材料，得到尺寸误差和表面粗糙度极低的表面。研磨后工件的尺寸误差在0.001 ~ 0.003 mm，表面粗糙度达$R_a 0.01 \sim 0.16\,\mu m$。

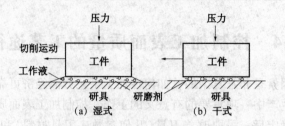

图 6-17　研磨加工示意图

4. 抛光

抛光是在布轮、布盘等软的研具上涂抛光膏用来抛光工件表面的方法。靠抛光膏的机械刮擦和化学作用去掉表面粗糙度的峰顶,使表面获得光泽镜面。抛光一般去不掉余量,也不能提高工件的精度,甚至还会损坏原有精度。经抛光的表面能减小残余拉应力。

6.4.2　表面机械强化工艺方法

对于承受高应力、交变载荷的零件可以采用喷丸、滚压、辗光等表面强化工艺使表面层产生残余压应力、冷作硬化及降低表面粗糙度,同时还可消除磨削等工序的残余拉应力,可以大大提高疲劳强度及抗应力腐蚀性能。但应注意不要产生过度硬化,因为它会使表面层完全失去塑性甚至引起显微裂纹和材料剥落等不良后果。

1. 喷丸

喷丸是利用压缩空气或离心力将直径细小(0.4~2mm)的大量丸粒(钢丸、玻璃丸)高速向零件表面喷射的方法,在表面层产生很大的塑性变形,造成表面的冷作硬化及残余压应力,硬化深度可达 0.7mm;并可将表面粗糙度从 R_a 3.2μm 降低至 0.4μm;零件的使用寿命可提高数倍至数十倍。它可以适用于任何复杂形状的零件。例如齿轮可提高 4 倍,螺旋弹簧可提高 55 倍以上。在磨削、电镀等工序后进行喷丸,可以有效地消除该工序的有害残余拉应力,当粗糙度要求较小时,也可在喷丸强化后再进行小余量的磨削,但要注意控制磨削时的温度,以免影响强化的效果。

2. 滚压

滚压是利用滚轮或钢珠等滚动体对零件表面进行滚压、辗光,使表面层材料产生塑性流动,从而形成新的强化表面,粗糙度从 R_a 1.6μm 降低至 0.1μm,表面硬化深度达 0.2~1.5mm,硬化程度 10%~40%。该方法使用简单,一般在普通车床上装上滚压工具即可进行外圆及孔的滚压加工(图 6-18)。

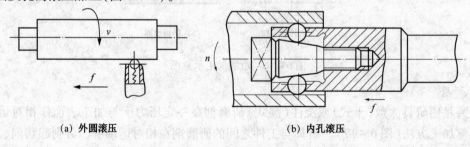

(a) 外圆滚压　　　　　　　　　　　　(b) 内孔滚压

图 6-18　滚压加工示意图

6.5　机械加工中的振动

切削加工中的工艺系统振动，干扰和破坏了工艺系统的各种成形运动，严重地恶化加工表面质量，缩短刀具和机床的工作寿命，降低生产效率，振动的刺耳噪音，影响工人的健康。随着科学技术和生产的不断发展，对加工后零件的表面质量要求愈来愈高，因此，对加工中产生振动的机理、提高工艺系统的抗振性和探讨消除振动的措施等问题的研究，已日益受到重视并取得一定的成果。

金属切削加工中的振动主要是强迫振动和自激振动。

6.5.1　机械加工中的强迫振动

强迫振动是工艺系统在外界周期性干扰力（激振力）作用下所引起的振动。除了力之外，凡随时间变化的位移、速度及加速度，都可以激起系统的振动。

1. 强迫振动产生的原因

强迫振动产生的原因分工艺系统内部和工艺系统外部两方面。工艺系统内部的因素有：

（1）离心惯性力引起的振动　工艺系统中高速回转零件的不平衡所产生的离心惯性力（激振力）都会引起强迫振动。如电动机的转子、联轴节、皮带轮、砂轮、装刀具的刀杆、主轴部件及被加工的毛坯等，当存在不平衡时，都会引起强迫振动。

（2）传动机构的缺陷　如皮带传动中平皮带的接头、V带厚度不均匀、轴承滚动体尺寸的不均匀、往复运动换向时的冲击及液压传动油路中油压的脉动等，都会引起强迫振动。

（3）切削过程的间歇特性　如某些加工方法导致切削力的周期性变化，其中常见的铣削、拉削及周边磨损不均的砂轮等。此外，加工断续表面，如键槽表面常会发生冲击。

工艺系统外部的因素有：

（1）由邻近设备（具有不平衡质量的机器，如空气压缩机；带有冲击载荷的机器，如锻锤、压力机和冲床等；具有往复运动的机床，如刨床、磨床等）和通道运输设备所引起的振动。

（2）楼板、土壤和建筑物承载的简谐振动特性，通过地基传给机床。当机床以刚性安装在楔铁或垫上时，床身的振动近似于地基的振动。

2. 振动系统的数学模型

为简化问题，将实际的工艺系统简化成若干"无质量"的弹簧和"无弹性"的质量所组成的模型，把这个系统称作质量弹簧系统。例如，一台固定在混凝土基础上的机床[图6－19(a)]，可以把机床基础的整体看作质量块 m，把参与振动的土壤当作无质量的弹簧 k，该系统即可以简化成弹簧质量系统。若考虑系统受阻尼力（阻尼系数为 c）和激振力 F_d（$F_d = F_0 \sin\omega t$，F_0 为激振力幅，ω 为激振力角频率）的作用，并且只对质量块 m 的垂直方向振动感兴趣，这样就可将实际的结构系统简化为单自由度强迫振动系统[图6－19(b)]。由理论力学知，对于单自由度有阻尼线性受迫振动系统，当坐标的选取如图6－19(b)所示时，其运动方程为

$$\ddot{x} + 2a\dot{x} + \omega_0^2 x = q\sin\omega t \qquad (6-3)$$

式中　　　　a——衰减系数，$2a = \dfrac{c}{m}$；

ω_0——系统的固有角频率，$\omega_0^2 = \dfrac{k}{m}$，rad/s

q——激振力幅值 F_0 与质量 m 之比；

x——振动位移，mm；

$\dot{x}$——振动速度，m/s；

$\ddot{x}$——振动加速度，m/s²。

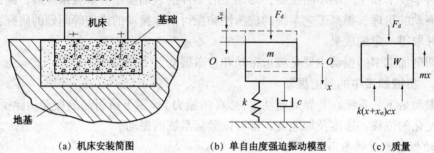

(a) 机床安装简图　　　(b) 单自由度强迫振动模型　　　(c) 质量

图6-19　振动系统的简化模型

只考虑式(6-3)的特解，那么振动位移为

$$x = A\sin(\omega t - \varphi) \tag{6-4}$$

式中　　A——强迫振动的振幅，mm；

　　　　ω——强迫振动的角频率，rad/s；

　　　　φ——振动振幅与激振力的相位角，rad。

振幅为

$$A = \frac{A_0}{\sqrt{(1-\lambda^2)^2 + (2D\lambda)^2}} = \eta A_0 \tag{6-5}$$

式中　　A_0——静位移(F_0引起的静变形)，mm；

　　　　λ——频率比($\lambda = \dfrac{\omega}{\omega_0}$)；

　　　　D——阻尼比($D = \dfrac{a}{\omega_0}$)；

　　　　η——动态放大系数，$\eta = \dfrac{A}{A_0} = \dfrac{1}{\sqrt{(1-\lambda^2)^2 + (2D\lambda)^2}}$。

3. 强迫振动振幅特性分析

以放大系数 η 为纵坐标，频率比 λ 为横坐标，阻尼比 D 为参变量作曲线于图6-20，该图称为幅-频特性曲线，它反映了系统位移对频率的响应特性。

(1) 当 $\lambda \to 0$ 时，$\eta \to 1$，激振力频率极低而近似于静载荷，系统接近于 F_0 力所起的静变形 A_0。一般 $\lambda < 0.7$ 以下的区域称为准静态区。

(2) 当 $\lambda \gg 2$ 时，$\eta \to 0$，振幅非常小，说明系统受激振力影响较小，甚至不受影响。一般在 $\lambda > 1.4$ 以上的区域称为惯性区。

(3) 当 $\lambda \to 1$ 时，振幅将急剧增加，即为共振。因此把 $0.7 < \lambda < 1.4$ 的这个区域称作共振区。在共振区附近，振幅主要由系统的阻尼大小决定。共振时($\lambda = 1$)的振幅 A_n 可由式

(6-5)求出得：

$$A_n = \frac{A_0}{2D} \tag{6-6}$$

由上式可以看出，当 $D\rightarrow0$ 时，共振振幅 $\rightarrow\infty$。工程上往往把系统的固有频率作为共振频率。为避免系统共振，常将固有频率前后 $20\%\sim30\%$ 的区域作为"禁区"，使激振力的频率尽量设法避免在这个区域出现。

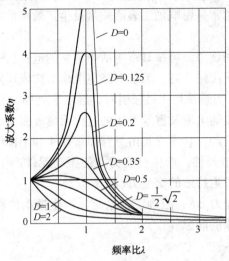

图6-20　幅频特性曲线

4. 减小强迫振动的途径

强迫振动是由周期性外激振力引起的，因此，消除或减小振动，首先要找出引起振动的振源。由于振动的频率总是和激振频率相同或成倍数。故可将实测的振动数据同各个可能激振的振源进行比较，然后确定。

(1) 减小激振力　从式(6-5)看出，减小激振力可有效地减小振幅，使振动减弱或消失。激振力主要是由回转元件不平衡所引起的离心惯性力及冲击力。对转速在 600r/min 以上的回转零件，如砂轮、卡盘、电动机转子及刀盘等，必须给予平衡。为提高皮带、键、齿轮及其他传动装置的稳定性，可采用较完善的皮带接头，使其连接后的刚度和厚度变化最小；采用纤维织成的传动带；以斜齿轮或人字轮替代直齿轮；在主轴上安装飞轮等。对于高精度小功率机床，尽量使动力源与机床脱离，用皮带传动，并适当调整皮带拉力。

(2) 调节振源频率　在选择转速时，尽可能使旋转件的频率远离机床有关元件的固有频率，也就是避开共振区，使工艺系统各部件在准静态区或惯性区运行，以免共振。

(3) 提高工艺系统刚性并增加其阻尼　提高系统刚性，是在任何情况下都能增强系统抗振性从而防止振动的有效措施；增加系统的阻尼，将增强系统对激振能量的消耗作用，尤其在共振区能够有效地防止和消除振动。

(4) 消振和隔振　将某些动力源如电机、油泵等与机床分开，并用软管连接，或用隔振材料(橡皮、弹簧、软木、矿渣棉及木屑等)与机床隔开，也可常在机床周围挖防振沟，以便消除系统外的振源。

可以用阻尼器或减振器来消除或减小因工件本身不平衡、加工余量以及工件材料的材质不均匀、加工表面不连续及刀齿的断续切削等引起的周期性切削冲击振动。

6.5.2　机械加工中的自激振动

自激振动是切削加工中经常出现的另一种振动。由振动过程本身引起切削力的周期性变化，周期变化的切削力反过来又加强和维持振动，使振动系统补充了由阻尼作用消耗的能量，这种类型的振动称为自激振动。切削过程中产生的自激振动是一种频率较高的强烈振动，通常又称为颤振。它常常是影响加工表面质量及生产效率的主要因素。

1. 自激振动的概念

切削过程中的自激振动现象，可举日常生活中常见的电铃（图 6 - 21）为例来说明。电铃是以电池 1 为动力源。按下按钮 7 时，系统电路与电池 1 构成通路，电磁铁 2 产生磁力吸引衔铁 6 带动小锤敲击铃 3。当弹簧片 4 被吸引时，触点 5 处断电，电磁铁失去磁性，小锤靠弹簧片 4 弹回原处，再次接通电流又重复上述的过程而形成振动。这种振动过程不存在外界周期干扰，所以不是强迫振动。它本身是由悬臂弹簧片 4 和小锤组成振动元件，以及由衔铁 6、电磁铁 2、电路组成调节元件，产生交变力并使振动元件产生振动，振动元件又对调节元件产生反馈作用，从而产生持续的交变力（图 6 - 22）。

金属切削过程产生交变力 ΔF，激励工艺系统，产生振动位移 Δy，再反馈给切削过程。维持振动的能量来源于机床的能源。

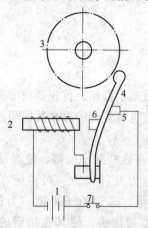

图 6 - 21　电铃的工作原理

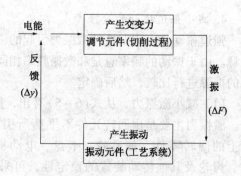

图 6 - 22　自振系统框图

自激振动的特点可简要地归结如下：

（1）自激振动是一种不衰减的振动。维持振动的交变力是由振动本身所产生和控制的，当振动一停止，则交变力也随之消失。

（2）自激振动的频率等于接近系统的固有频率，也就是说它是由振动系统本身的参数决定的，这与强迫振动相比有显著的差别。

（3）自激振动的产生以及振幅的大小，决定于每一振动周期内系统所获得的能量与所消耗的能量。如图 6 - 23 所示，只有当获得的能量 E^+ 和消耗的能量 E^- 的值相等时，振幅才能达到 A_0 值，系统处于稳定状态。当振幅 $A_0 < A_1$ 时，由于 $E^+ > E^-$，多余的能量使振幅加大；当振幅 $A_0 > A_2$ 时，由于 $E^- > E^+$，则振幅将衰减而回到 A_0。

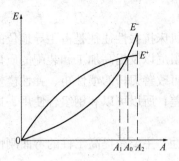

图 6-23　自激振动的能量关系

2. 控制自激振动的途径

1）合理选择切削用量

切削速度 v、进给量 f、背吃刀量 a_p 与振幅 A 的关系曲线如图 6-24 示。由图 6-24(a)知，切削速度应该避免选在容易发生振动的范围($v = 30 \sim 70$ m/min)，即采用高的 v 或低的 v。图 6-24(b)、(c)表示振幅随 f 的增大而减小，随 a_p 的增大而增大，故在加工中应避免切除宽而薄的切屑。

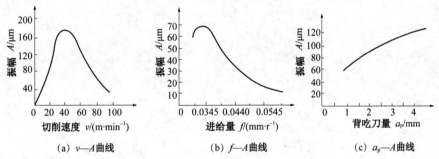

(a) v—A 曲线　　　　(b) f—A 曲线　　　　(c) a_p—A 曲线

图 6-24　自激振动的振幅与切削用量的关系

2）合理的选择刀具几何参数

刀具的主偏角 κ_r 和副偏角 κ_r' 应尽可能选得大些，因为它们对径向切削分力影响较大(图 6-25)。前角愈大切削过程愈平稳，故应采取正前角(图 6-26)。后角 α_o 应尽可能取小些，但不能太小，以免刀具后刀面与加工表面之间发生摩擦，反而容易引起振动。通常在刀具的主后刀面上磨出一段零后角的棱带，能起到很好的消振作用，此种刀具也称消振车刀。

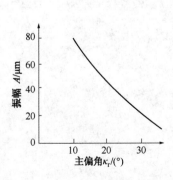

图 6-25　主偏角对振幅的影响

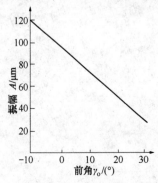

图 6-26　前角对振幅的影响

3）提高工艺系统的抗振性

（1）提高机床的抗振性　机床抗振性往往是占主导地位的，应从改善机床刚性、合理安排各部件的固有频率、增大其阻尼以及提高加工和装配的质量来提高其抗振性。

（2）提高刀具的抗振性　可改善刀杆的惯性矩、弹性模量和阻尼系数。例如硬质合金虽有高弹性模数，但阻尼性能较差，所以可以和钢组合使用，这种组合刀杆就能发挥钢和硬质合金两者的优点。

（3）提高工件安装时的刚性　主要是提高工件的弯曲刚性。如车细长轴，可以使用中心架、跟刀架等。

4）使用减振装置

当使用上述各种措施仍不能达到消振的目的时，可考虑使用减振装置。减振装置具有结构轻巧、效果显著等优点，对于消除强迫振动和自激振动同样有效，已受到广泛的重视和应用。现有的减振装置有阻尼器和吸振器两种形式，它们的结构原理，应用场合可查阅有关资料。

第7章 装配质量的控制

任何机器都是由若干零件或部件组成。根据规定的技术要求，将有关零件或部件组合成机器的过程，称为装配。机器的质量最终是通过装配保证的，装配质量在很大程度上决定机器的最终质量。研究装配工艺过程和装配精度，制订合理的装配工艺规程，采用有效的装配方法控制装配质量，对保证产品的质量有着十分重要的意义。

7.1 装配工艺规程的制订

7.1.1 机器的装配过程

组成机器的最小单元是零件。为了设计、加工和装配的方便，将机器分成部件、组件、套件等组成部分，它们都可以形成独立的设计单元、加工单元和装配单元。

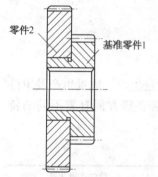

零件2
基准零件1

在一个基准零件上，装上一个或若干个零件就构成了一个套件，它是最小的装配单元。每个套件只有一个基准零件，它的作用是联接相关零件和确定各零件的相对位置。为形成套件而进行的装配工作称为套装。图7-1所示的双联齿轮就是一个由小齿轮1和大齿轮2所组成的套件，小齿轮1是基准零件。这种套件主要是考虑加工工艺或材料问题，分成几件制造，再套装在一起，在以后的装配中，就可作为一个零件，一般不再分开。

图7-1 套件

在一个基准零件上，装上一个或若干个套件和零件就构成一个组件。每个组件只有一个基准零件，它联接相关零件和套件，并确定它们的相对位置。为形成组件而进行的装配工作称为组装。有时组件中没有套件，由一个基准零件和若干个零件所组成，它与套件的区别在于组件在以后的装配中可拆，而套件在以后的装配中一般不再拆开，可作为一个零件。

在一个基准零件上，装上若干个组件、套件和零件就构成部件。同样，一个部件只能有一个基准零件，由它来连接各个组件、套件和零件，决定它们之间的相对位置。为形成部件而进行的装配工作称为部装。

在一个基准零件上，装上若干个部件、组件、套件和零件就成为机器。同样，一台机器只能有一个基准零件，其作用与上述相同。为形成机器而进行的装配工作称为总装。例如一台车床就是由主轴箱、进给箱、溜板箱等部件和若干组件、套件、零件所组成，而床身就是基准零件。

为了清晰地表示装配顺序，常用装配单元系统示意图来表示，如图7-2所示。它表示出了从分散的零件如何依次装配成产品。它是装配工艺规程中的主要文件之一，也是划分装配工序的依据。

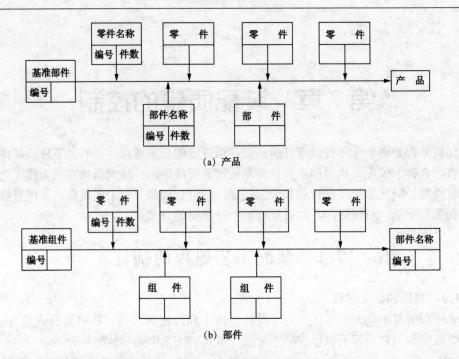

(a) 产品

(b) 部件

图 7-2　装配单元系统示意图

7.1.2　机器装配精度的概念

1. 机器装配生产类型及其特点

机械装配的生产类型按装配工作的生产批量大致可分为大批大量生产、成批生产及单件小批生产三种。不同的生产类型，在组织形式、装配方法、工艺装备等方面有着不同的特点，见表 7-1。

表 7-1　各种生产类型装配工作的特点

生产类型 装配工作特点	大批大量生产	成批生产	单件小批生产
基本特征	产品固定，生产活动长期重复，生产周期一般较短	产品在系列化范围内变动，分批交替投产或多种品种同时投产，生产活动在一定时期内重复	产品经常变换，不定期重复生产，生产周期一般较长
组织形式	多采用流水装配线，有连续移动、间隔移动及可变节奏等移动方式，还可采用自动装配机或自动装配线	批量不大的笨重产品多采用固定流水装配，批量较大时采用流水装配，多品种平行投产时采用可变节奏流水装配	多采用固定装配或固定式流水装配，同时对批量较大的部件亦可采用流水装配
装配工艺方法	按互换法装配，允许有少量简单的调整，精密零件成对供应或分组供应装配，无任何修配工作	主要采用互换法，但也可灵活运用其他如调整法、修配法及合并法等的装配工艺方法，以便节约加工费用	以修配法及调整法为主，互换件比例较少
工艺过程	工艺过程划分很细，力求达到高度的均衡性	工艺过程划分须适合于批量的大小，尽量使生产均衡	一般不订详细工艺文件，工序可适当调整，工艺也可灵活掌握

续表

生产类型	大批大量生产	成批生产	单件小批生产
工艺装备	专业化程度高，宜采用专用高效工艺装备，易于实现机械化和自动化	多数采用通用设备，也采用一定数量的专用工、夹、量具，以保证装配质量和提高工效	一般为通用设备及通用工、夹、量具
手工操作要求	手工操作比重小，熟练程度容易提高，便于培养新工人	手工操作比重较大，技术水平要求较高	手工操作比重大，要求工人有高的技术水平和多方面的工艺知识
应用实例	汽车、拖拉机、内燃机、滚动轴承、手表、缝纫机、电气开关	机床、机车车辆、中小型锅炉、矿山采掘机械	重型机床、重型机器、汽轮机、大型内燃机、大型锅炉

2. 机器的装配精度

机器的装配精度是根据机器的使用性能要求提出的。正确地规定机器的装配精度是机械产品设计所要解决的最为重要的问题之一，它不仅关系到产品质量，也关系到制造的难易和产品成本的高低。

机器由零、部件组装而成，机器的装配精度与零、部件制造精度有直接关系。零件经装配后在尺寸、相对位置及运动等方面所获得的精度，即为机器的装配精度。一台机器的装配精度项目较多，但从其内容上看，可概括为装配的尺寸精度、相互位置精度及相对运动精度。

（1）装配的尺寸精度 装配的尺寸精度反映装配中各有关零件的尺寸和装配精度的关系。图 7-3 所示卧式车床装配的尺寸精度是 $A_\Sigma = 0.06\text{mm}$，即后顶尖的中心应比主轴顶尖的中心高 0.06mm。A_1 是主轴中心距床面的高度尺寸，A_2 是尾座底板距床面的高度尺寸，A_3 是尾座中心距尾座底板的高度尺寸。由此可见，影响装配尺寸精度的有关尺寸是 A_1、A_2、A_3。亦即装配尺寸精度 A_Σ 反映各有关尺寸与装配尺寸的关系。

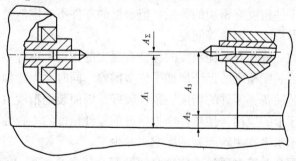

图 7-3 卧式车床装配的尺寸精度

（2）装配的相互位置精度 装配的相互位置精度反映装配中各有关零件的相互位置精度和装配相互位置精度的关系。图 7-4 所示为单缸发动机装配的相互位置精度。图中装配的相互位置精度是活塞的外圆中心线与缸体孔的中心线平行。α_1 是活塞外圆中心线与其销孔中心线的垂直度，α_2 是连杆小头孔中心线与大头孔中心线的平行度，α_3 是曲轴连杆轴颈中心线与其主轴轴颈中心线的平行度，α_Σ 是缸体孔中心线与其曲轴孔中心线的垂直度。由此可见，影响装配相互位置精度的是 α_1、α_2、α_3、α_Σ。亦即只要保证各有关零件的相互位置精度就能保证产品的相互位置精度。

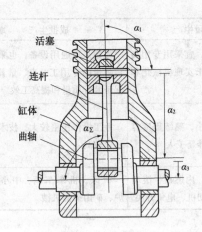

图 7 - 4　单缸发动机装配的相互位置精度

（3）相对运动精度　相对运动精度是产品有相对运动的零部件间在运动方向和相对速度上的精度。

例如机床主轴的回转运动精度，可分解为纯轴向窜动，纯径向移动和纯角度摆动。它们主要与主轴轴颈处的精度、轴承的精度、箱体轴孔的精度、传动元件自身的精度和它们之间的配合精度有关。

装配精度除上述指标外，还包括接触精度，如齿轮啮合、锥体配合以及导轨之间均有接触精度要求。接触精度常以接触面积的大小及接触点的分布来衡量。

3. 影响装配精度的主要因素

（1）零件的加工精度　零件的加工精度会直接影响装配精度。一般来说，零件的精度愈高，装配的精度越容易保证，但并不是零件精度愈高愈好，这样会增加产品的成本，造成一定的浪费。应根据装配精度来分析、控制有关零件的精度。

装配精度虽然和零件精度有密切的关系，但合格的零件不一定能装出合格的产品，这里还有装配技术问题，即修配、调整等问题。

另外，零件精度的一致性对装配精度的保证有很大的作用。单件小批生产时，零件加工精度的一致性不好，给装配精度的保证增加了许多困难，同时大大增加了装配工作量。大批量生产由于有专用工艺装备，零件的精度一致性较好，因而装配精度也容易保证。数字控制技术的发展及其在机床上的应用，使单件小批生产的零件精度的一致性有了保证，并且零件的加工精度受工人技术水平和主观因素的影响也减少了。

（2）零件之间的配合及接触质量　零件之间的配合质量是指配合面间的间隙或过盈量，它决定了配合性质。零件之间的接触质量是指配合面或连接表面之间一定的接触面积及接触位置的要求，它主要影响接触刚度，即接触变形，同时也影响配合性质。

（3）力、热、内应力等所引起的零件变形　零件在机械加工和装配过程中，由于力、热和内应力而产生了变形，对装配精度造成很大影响。

有时零件由于自重产生变形，也影响装配精度。例如在 X62W 万能铣床总装时，先将升降台装配在床身上，当装上床鞍、回转盘及工作台时，由于这三个零件的总质量约有 600kg，使得整个升降台前低 0.016mm。为了解决因自重变形的影响，在加工升降台零件时,应将水平导轨和垂直导轨有意加工成不垂直,即 >90°,以抵消零件的自重变形。

(4)回转零件的不平衡　在高速回转的机器中回转零件的平衡问题已经受到了愈来愈明显的重视,例如在动力机械上,发动机的曲轴和离合器一起进行动平衡后才能进行装配,否则发动机将不能正常工作。大的发动机工厂已有专门的动平衡自动线。对于空气轴承、陀螺等,动平衡的问题是十分关键的。不仅如此,对于一些中低速回转的零件,动平衡的重要性也逐渐被人们所认识和重视。因为动平衡差会影响机器工作的平稳性,会产生振动。例如将普通车床的皮带轮和离合器轴(一般这是高速轴)进行动平衡,就可以降低车削表面粗糙度值,可避免低速宽刀精加工时的振动。

7.1.3　装配工艺规程的制订步骤

装配工艺规程就是用文件的形式将装配的内容、顺序、检验等规定下来,作为指导装配工作和处理装配工作中所发生问题的依据。它对保证装配质量、生产率和成本的分析、装配工作中的经验总结等都有积极的作用。装配工艺规程的内容及制订步骤如下所述。

(1)产品图纸分析　从产品的总装图、部装图和零件图了解产品结构和技术要求,审查结构的装配工艺性,研究装配方法,并划分装配单元。

(2)确定生产组织形式　根据生产纲领和产品结构确定生产组织形式。装配生产组织形式可分为移动式和固定式两类,移动式又可分为强迫节奏和自由节奏两种,如图7-5所示。

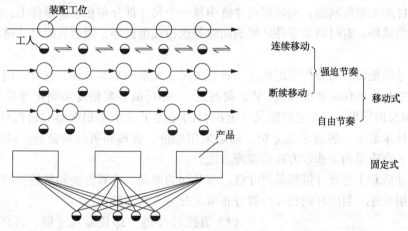

图7-5　装配生产组织形式

移动式装配流水线工作时产品在装配线上移动,强迫节奏指其节奏是固定的,其又可分为连续移动和断续移动两种方式。各工位的装配工作必须在规定的节奏时间内完成,进行节拍性的流水生产,装配中如出现装配不上或不能在节奏时间内完成装配工作等问题,则立即将装配对象调至线外处理,以保证流水线的流畅,避免产生堵塞。连续移动装配时,装配线做连续缓慢的移动,工人在装配时随装配线走动,一个工位的装配工作完毕后工人立即返回原地。断续移动装配时,装配线在工人进行装配时不动,到规定时间,装配线带着被装配的对象移动到下一工位,工人在原地不走动。移动式装配流水线多用于大批、大量生产,产品可大可小,较多的用于仪器、仪表、汽车、拖拉机等的产品装配。

固定式装配即产品固定在一个工作地上进行装配,它也可能组织流水生产作业,由若干工人按装配顺序分工装配。这种方式多用于机床、汽轮机等成批生产中。

(3)装配顺序的决定　在划分装配单元的基础上决定装配顺序是制订装配工艺规程中最

重要的工作，它是根据产品结构及装配方法划分出套件、组件和部件。划分的原则是，先难后易，先内后外，先下后上。最后画出装配系统图。

（4）合理装配方法的选择　装配方法的选择主要是根据生产纲领、产品结构及其精度等确定。大批、大量生产多采用机械化、自动化的装配手段；单件、小批生产多采用手工装配。大批、大量生产多采用互换法、分组法和调整法等来达到装配精度的要求；而单件、小批生产多用修配法来达到要求的装配精度。某些要求很高的装配精度在目前的生产技术条件下，仍要靠高级技工手工操作及经验来得到。

（5）编制装配工艺文件　装配工艺文件主要有装配工艺过程卡片、主要装配工序卡片、检验卡片和试车卡片等。装配工艺过程卡片包括装配工序、装配工艺装备和工时定额等。简单的装配工艺过程有时可用装配(工艺)系统图代替。

7.2　装配尺寸链

7.2.1　装配尺寸链的基本概念

在机器的装配关系中，由相关零件的尺寸或相互位置关系所组成的尺寸链，称为装配尺寸链。装配尺寸链与工艺尺寸链有所不同。工艺尺寸链中所有尺寸都分布在同一个零件上，主要解决零件加工精度问题；而装配尺寸链中每一个尺寸都分布在不同零件上，每个零件的尺寸是一个组成环，有时两个零件之间的间隙等也构成组成环，因而装配尺寸链主要解决装配精度问题。

装配尺寸链是研究与分析装配精度与各有关尺寸关系的基本方法。它可以用来验算原设计与加工尺寸是否能保证装配精度(解正面问题)；亦可由装配精度来确定与控制各有关尺寸的精度(解反面问题)。研究装配尺寸链的目的是为了减小累积误差对装配精度的影响，满足机器的技术要求，通过定量分析，确定采用经济、合理和可行的公差，以便寻找低成本、高工效、高质量而又非常方便的装配方法。

装配尺寸链和工艺尺寸链都是尺寸链，有共同的形式、计算方法和解题类型。装配尺寸链按照各个组成还、封闭环的相互位置分布情况分为下列几种：

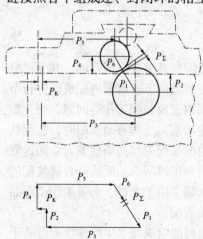

（1）直线尺寸链　即长度尺寸链，各环互相平行，在第四章介绍的工艺尺寸链，就是最基本的直线尺寸链，而装配直线尺寸链的封闭环往往是机器(或部件)的装配精度指标，是经装配后形成的不同零件或部件的表面或轴心线之间的相对位置尺寸，不是一个零件或一个部件上的尺寸。直线尺寸链是最普遍、最典型的尺寸链，它的求解也最方便，许多其他尺寸链都可转化为直线尺寸链来求解。

（2）平面尺寸链　这种尺寸链的各环也是直线尺寸，彼此不一定完全平行，但都在同一平面，即形成了平面尺寸链。图 7-6 所示为普通车床的溜板箱和溜板装配示意图，其中有一对齿轮的装配构成了一个平面尺寸链。

（3）空间尺寸链　尺寸链的各环既不分布在同一平

图 7-6　平面尺寸链

面上，也不处于互相平行的平面内，如图7-7所示，封闭环 K_Σ 就是一个空间尺寸，它可以分解为三个分量，因此是一个三坐标的尺寸链。求解时，可以将这种尺寸链分解为三个直线尺寸链求解，再进行合成。机器的装配，同时涉及有关零件的尺寸精度和形位精度，此时的装配尺寸链往往就是一种空间尺寸链。

（4）角度尺寸链 角度尺寸链是由角度(含平行度和垂直度)尺寸所组成的尺寸链，其封闭环和组成环是角度关系，几何特征多为平行度或垂直度。

角度尺寸链中最简单的是各环都有一个共同的中心，如图7-8所示，该图为一分度机构，槽板的槽形与定位销之间的角度相差值即为封闭环 α_Σ，因为它是由组成环槽板的槽形角度 α_1 和定位销角度 α_2 来决定的。

图7-7 空间尺寸链

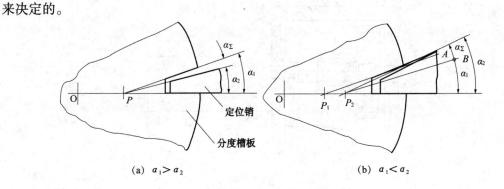

(a) $a_1 > a_2$ (b) $a_1 < a_2$

图7-8 有共同中心的角度尺寸链

角度尺寸链大多涉及相互位置精度问题，这种尺寸链的一个重要特征是组成环的基本尺寸都是0°或90°，见图7-9。

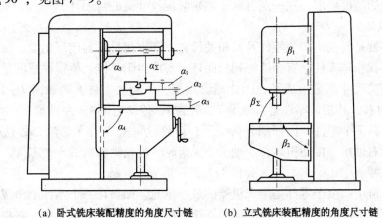

(a) 卧式铣床装配精度的角度尺寸链 (b) 立式铣床装配精度的角度尺寸链

图7-9 角度尺寸链示例

7.2.2 装配尺寸链的建立

装配尺寸链的建立就是在装配图上，根据装配精度的要求，找出与该项精度有关的零件及其有关的尺寸，最后画出相应的尺寸链图。通常称与该项精度有关的零件为相关零件，零件上有关的尺寸称为相关尺寸。装配尺寸链的建立是解决装配精度问题的第一步。只有建立的尺寸链正确，求解尺寸链才有意义。

装配尺寸链的建立可以分三个步骤，即确定封闭环、确定组成环和画出尺寸链图。这里以图 7 - 10 所示的传动箱中传动轴的轴向装配尺寸链为例进行说明。

1. 确定封闭环

在装配尺寸链中，封闭环定义为装配过程最后形成的那个尺寸环，也就是说它的尺寸是由其他环的尺寸来决定的。而装配精度是装配后所得到的尺寸环，所以装配精度就是封闭环。图 7 - 10 所示的传动轴在两个滑动轴承中转动，为避免轴端与滑动轴承端面的摩擦，在轴向要有间隙，为此，在齿轮轴上套入一个垫圈。从图中可以看出间隙 A_Σ 的大小与大齿轮、齿轮轴、垫圈等零件有关，它是由这些相关零件的相关尺寸来决定的，所以间隙 A_Σ 为封闭环。

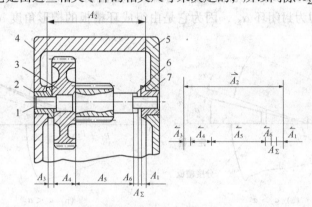

图 7 - 10　传动箱的装配尺寸链

1—齿轮轴；2—左轴承；3—大齿轮；4—传动箱体；5—箱盖；6—垫圈；7—右轴承

由于在装配精度中，有些精度是两个零件之间的尺寸精度或形位精度，所以封闭环也是对两个零件之间的精度要求，这一点有助于判别装配尺寸链的封闭环。

2. 确定组成环

确定组成环就是要找出相关零件及其相关尺寸。其方法是从封闭环出发，按逆时针或顺时针方向依次寻找相邻零件，直至返回到封闭环，形成封闭环链。值得注意的是，并不是所有相邻零件的相关尺寸都是组成环，因此需要判别一下相关零件。例如图 7 - 10 所示的结构，从间隙 A_Σ 向右，其相邻零件是右轴承 7、箱盖 5、传动箱体 4、左轴承 2、大齿轮 3、齿轮轴 1 和垫圈 6 共 7 个零件，但仔细分析一下，箱盖对间隙 A_Σ 并无影响，故这个装配尺寸链的相关零件为右轴承、传动箱体、左轴承、大齿轮、齿轮轴和垫圈 6 个零件。再进一步找出对应的相关尺寸 A_1、A_2、A_3、A_4、A_5 和 A_6，即可形成尺寸链。

在装配尺寸链中，由于零件是组成机器的最小单元，如果在一个零件上出现两个尺寸为组成环，则该零件上就有工艺尺寸链的问题，这时就应先解此工艺尺寸链，并将所得到的工艺尺寸链的封闭环尺寸再按组成环进入装配尺寸链，例如图 7 - 10 中的组成环 A_5 就是由齿轮轴中间两段轴向尺寸解算而得。当然，某一零件的某一尺寸也可能是该零件工艺尺寸链的封闭环，例如图 7 - 10 中轴承座的尺寸 A_1、A_3 等。

3. 画出尺寸链图

找出封闭环和组成环后，便可画出尺寸链图。判别和表示装配尺寸链组成环的增、减环，其方法与工艺尺寸链相同。画尺寸链图时，应以封闭环为基准，从其尺寸的一端出发，一一把组成环的尺寸连接起来，直到封闭环尺寸的另一端为止，其方法与工艺尺寸链相同。

7.2.3　装配尺寸链的计算方法

装配尺寸链的计算方法有极值法(极大极小法)和概率法两类。

1. 极值计算法

用最大极限尺寸和最小极限尺寸进行尺寸链计算的方法，即为极值法。此法计算简单，并能保证零件在装配时的完全互换，所以亦称为完全互换法，其计算方法已在第四章中介绍。由于它是根据极端情况推导出封闭环与组成环的关系式，在反向计算(即已知封闭环计算组成环)时，计算所得到的组成环公差过于严格，当组成环环数较多时，会使加工成本提高，甚至难以用机械加工来保证。所以，它多用于批量很小，精度不高的短环尺寸链。

2. 概率计算法

概率计算法是根据概率论的原理进行运算的方法。因为加工一批零件，处于最大极限尺寸和最小极限尺寸的零件是极少数，大部分尺寸处于公差带范围的中间部分，并且尺寸链的各环又是相互独立的随机变量，所以可按概率论原理来计算。这样，组成环可以得到较大的公差，在正态分布时理论上会有 0.27% 的零件装不上或装配精度不合格的现象，称之为不完全互换法。它主要用于有一定批量且装配精度不是很高而环数较多的装配尺寸链。

尺寸链中每一组成环都是彼此独立的随机变量，因此，它们组成的封闭环也是随机变量。根据概率原理，用实测方法取得这些随机变量的大量数据中有两个特征数：

算术平均值 $\bar{A}$ ——表示一批零件尺寸分布的集中位置，即尺寸分布中心。

均方根偏差 σ ——表示一批零件实际的尺寸相对于算术平均值的离散程度。

利用这两个特征数即可求解尺寸链各环公差和各环平均尺寸。

(1) 各环公差值的计算　由概率论知，各独立随机变量之和的均方根偏差 $\sigma(A_\Sigma)$ 与这些随机变量相应的 $\sigma(A_i)$ 值有如下关系：

$$\sigma(A_\Sigma) = \sqrt{\sum_{i=1}^{n-1} \sigma(A_i)^2} \tag{7-1}$$

式中　　n——尺寸链的总环数。

当尺寸链中各组成环的尺寸误差分布都遵循正态分布规律时，则其封闭环也将遵循正态分布规律。此时各尺寸的随机误差，即尺寸的分散范围为其均方根误差的 6 倍。

令尺寸的公差 $T(A_i) = 6\sigma(A_i)$ ，则封闭环公差 $T(A_\Sigma)$ 与各组成环公差关系为：

$$T(A_\Sigma) = \sqrt{\sum_{i=1}^{n-1} T(A_i)^2} \tag{7-2}$$

即当各组成环公差都为正态分布时，封闭环的公差等于各组成环公差平方和的平方根。如零件尺寸不属于正态分布时，上式需引入一个相对分布系数 k ，则

$$T(A_\Sigma) = \sqrt{\sum_{i=1}^{n-1} k_i^2 T(A_i)^2} \tag{7-3}$$

不同分布曲线的相对分布系数 k 值见表 7-2。

表7-2 一些尺寸分布曲线的 k 和 e 值

分布特征	正态分布	三角分布	均匀分布	瑞利分布	偏态分布	
					外尺寸	内尺寸
分布曲线				$e\dfrac{T(A)}{2}$	$e\dfrac{T(A)}{2}$	$e\dfrac{T(A)}{2}$
e	0	0	0	-0.23	0.26	-0.26
k	1	1.22	1.73	1.14	-1.17	1.17

若各组成环的公差都相等，即 $T(A_i) = T(A_M)$，则由式(7-2)可得组成环平均公差 $T(A_M)$ 为

$$T(A_M) = \frac{T(A_\Sigma)}{\sqrt{n-1}} = \frac{\sqrt{n-1}}{n-1}T(A_\Sigma)$$

将上式与极值法的 $T(A_M) = \dfrac{1}{n-1}T(A_\Sigma)$ 相比，可明显看出，概率法可将组成环的平均公差扩大 $\sqrt{n-1}$ 倍。n 值愈大，$T(A_M)$ 愈大。

(2) 各环算术平均值 $\bar{A}$ 的计算 当各环的公差确定以后，如果能确定各环的平均尺寸 A_M，则各环的极限尺寸通过公差相对平均尺寸的对称分布即可方便求出。

根据概率论原理，各环的基本尺寸是以尺寸分布的集中位置——算术平均值 $\bar{A}$ 来表示的，封闭环的算术平均值 $\bar{A}_\Sigma$ 等于各组成环算术平均值 $\bar{A}_i$ 的代数和，即

$$\bar{A}_\Sigma = \sum_{i=1}^{m} \vec{A}_i - \sum_{i=m+1}^{n-1} \overleftarrow{A}_i \tag{7-4}$$

式中 m——尺寸链中的增环数。

当各组成环的尺寸分布曲线呈正态分布，而且分布中心与公差带中心重合时(见图7-11)，平均尺寸 A_M (公差带的中心尺寸)即等于算术平均值 $\bar{A}$，此时亦有

$$A_{M\Sigma} = \sum_{i=1}^{m} \vec{A}_{Mi} - \sum_{i=m+1}^{n-1} \overleftarrow{A}_{Mi} \tag{7-5}$$

将上式各环减去其基本尺寸，即可得各环平均偏差 $B_M A_i$ 的关系式

$$B_M A_\Sigma = \sum_{i=1}^{m} B_M \vec{A}_i - \sum_{i=m+1}^{n-1} B_M \overleftarrow{A}_i \tag{7-6}$$

当组成环的尺寸分布属于非对称分布时，由图7-12可以看出，算术平均值 $\bar{A}$ 相对平均尺寸 A_M 有一偏移量 Δ，$\Delta = \bar{A} - A_M = e\dfrac{T(A)}{2}$。$e$ 表示偏移的程度，称作相对不对称系数，其值由表7-2可查得。不对称分布时 $\bar{A}$ 与 A_M 的关系式为

$$\bar{A} = A_M + \frac{1}{2}eT(A) = A + B_M A + \frac{1}{2}eT(A) \tag{7-7}$$

将式(7-7)代入式(7-4)，并考虑到封闭环为正态分布时 $e_\Sigma = 0$，即得到各环平均尺

寸的关系式如下：

$$A_{\mathrm{M}\Sigma} = \sum_{i=1}^{m} \left[\overrightarrow{A}_{\mathrm{M}i} + \frac{1}{2}\overrightarrow{e_i}\overrightarrow{T}(A_i) \right] - \sum_{i=m+1}^{n-1} \left[\overleftarrow{A}_{\mathrm{M}i} + \frac{1}{2}\overleftarrow{e_i}\overleftarrow{T}(A_i) \right] \tag{7-8}$$

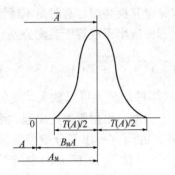

图 7-11　对称分布时尺寸的计算

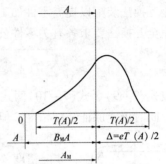

图 7-12　不对称分布时尺寸的计算

采用概率法解算装配尺寸链时，需要知道各组成环的分布规律，即相对分布系数 k 及相对不对称系数 e，当缺乏这些资料时，可假定 $e = 0, k = 1.5$ 进行估算。

7.3　保证装配精度的工艺方法

在根据机器装配精度要求来设计机器零、部件尺寸及其精度时，必须考虑装配方法的影响，装配方法不同，解算装配尺寸链的方法也不同，所得结果差异甚大。具体的装配方法有：互换法、选配法、修配法和调节法。

对于某一给定的机器结构，设计者可以根据装配精度要求和所采用的装配方法，通过解算装配尺寸链来确定零、部件有关尺寸的精度等级和极限偏差。

7.3.1　互换法

零件加工完毕经检验合格后，在装配时不需作任何挑选、修配和调整就能达到规定的装配精度要求，这种装配方法即为互换法。它的实质是靠控制零件的加工误差来实现零件的互换性并保证其产品的装配精度。根据零件的互换程度，互换法装配可分为完全互换法装配和不完全互换（统计互换）法装配。

1. 完全互换法

完全互换法要求各有关零件的公差之和应小于或等于装配公差即：

$$T(A_{\Sigma}) \geqslant \sum_{i=1}^{n-1} T(A_i) = T(A_1) + T(A_2) + \cdots + T(A_{n-1}) \tag{7-9}$$

式中　　$T(A_{\Sigma})$ ——装配公差，mm；

$T(A_i)$ ——各有关零件的制造公差，mm。

显然，这种装配方法的零件是完全可以互换的，称为"完全互换法"。只要零件各个尺寸分别按尺寸要求制造，就能做到完全互换装配，达到"拿起零件就装，装起来保证都合格"的要求。其各环的尺寸与公差，可用极值计算方法求解。

完全互换装配的优点是：装配质量稳定可靠；装配过程简单，装配效率高；易于实现自动装配；产品维修方便。不足之处是：当装配精度要求较高，尤其是在组成环数较多时，组成环的制造公差规定得严，零件制造困难，加工成本高。所以这种装配方法多用于精度不太高的短环装配尺寸链。

2. 不完全互换法

完全互换法装配以提高零件加工精度为代价来换取完全互换装配，有时是不经济的。

不完全互换法要求各有关零件公差值的平方和的平方根应小于或等于装配公差，即：

$$T(A_\Sigma) \geqslant \sqrt{\sum_{i=1}^{n-1} T(A_i)^2} = \sqrt{T(A_1)^2 + T(A_2)^2 + \cdots + T(A_{n-1})^2} \qquad (7-10)$$

比较式(7-9)、式(7-10)两式，显然，式(7-10)零件的公差可以放大，使加工容易而经济，同时仍能保证装配精度，但只适用于大批量生产类型。根据概率论原理，绝大多数

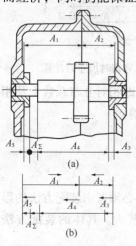

图7-13 齿轮箱部件
装配简图

都能达到"完全互换法"的效果，可能有一小部分被装制品不符合装配精度要求，故称为"不完全互换法"。式(7-9)制定的零件公差较小，适合于组成环较少的尺寸链，它适用于任何生产类型。

【例】如图7-13所示对开齿轮箱，装配精度(封闭环)为装配后要保证轴向间隙 $A_\Sigma = 1 \sim 1.75$mm，组成环基本尺寸 $A_1 = 101$ mm，$A_2 = 50$mm，$A_3 = A_5 = 5$mm，$A_4 = 140$mm，试用概率法确定各组成环的公差与偏差。

解：

1) 绘尺寸链图并确定增、减环

$\overrightarrow{A_1}$、$\overrightarrow{A_2}$ 为增环，$\overleftarrow{A_3}$、$\overleftarrow{A_4}$、$\overleftarrow{A_5}$ 为减环，其尺寸链图如图7-13(b)所示。

2) 封闭环的基本尺寸及公差

封闭环的基本尺寸为：

$$A_\Sigma = (\overrightarrow{A_1} + \overrightarrow{A_2}) - (\overleftarrow{A_3} + \overleftarrow{A_4} + \overleftarrow{A_5}) = (101 + 50) - (5 + 140 + 5) = 1 \text{ mm}$$

则　　$T(A_\Sigma) = 1.75 - 1 = 0.75$mm。

3) 各组成环的公差及上、下偏差

各组成环的公差可以用等公差法及等精度法来确定。

(1) 等公差法　设各组成环的尺寸分布为正态分布，那么组成环的平均公差 $T(A_M)$ 与封闭环公差 $T(A_\Sigma)$ 应满足

$$T(A_\Sigma) = \sqrt{\sum_{i=1}^{n-1} T(A_i)^2} = \sqrt{n-1}\, T(A_M)$$

则有　　$T(A_M) = \dfrac{T(A_\Sigma)}{\sqrt{n-1}}$（$n$ 为尺寸链的总环数）

因而　　$T(A_M) = \dfrac{0.75}{\sqrt{5}} = 0.34$ mm

以平均公差0.34mm为基础，按各组成环的加工难易确定各组成环的公差如下：

$$T(A_1) = 0.46\text{mm}, T(A_2) = 0.34\text{mm}, T(A_3) = T(A_5) = 0.16 \text{ mm}$$

由式(7-10)得

$$0.75^2 = \sqrt{0.46^2 + 0.34^2 + 0.16^2 + T(A_4)^2 + 0.16^2}$$

$$T(A_4) = \sqrt{0.75^2 - (0.46^2 + 0.34^2 + 0.16^2 + 0.16^2)} = 0.43 \text{ mm}$$

按"入体原则"，标注 $\vec{A}_1$、$\vec{A}_2$、$\overleftarrow{A}_3$ 及 $\overleftarrow{A}_5$ 的偏差，即

$$\vec{A}_1 = 101_0^{+0.46} \text{mm} \qquad \vec{A}_2 = 50_0^{+0.34} \text{mm}$$

$$\overleftarrow{A}_3 = \overleftarrow{A}_5 = 5_{-0.16}^{0} \text{mm}$$

由式(7-5)得

$$1.375 = (101.23 + 50.17) - (4.92 + A_{M4} + 4.92)$$

$$A_{M4} = 151.40 - 9.84 - 1.375 = 140.185 \text{ mm}$$

则　　　$\overleftarrow{A}_4 = 140.185 \pm 0.215 = 140.4_{-0.43}^{0} \text{ mm}$

（2）等精度法　按各组成环的加工精度相等来决定各组成环的公差，首先求出各组成环的平均公差等级系数 α_M，然后再按各组成环的尺寸，分别求出各组成环的公差。α_M 可根据式(7-2)和国家公差标准算出。国家标准公差值 $T(A)$ 为：

$$T(A) = \alpha i$$

式中　α ——公差等级系数；

　　　i ——公差单位，μm。

由式(7-2)得

$$T(A_\Sigma) = \sqrt{\sum_{i=1}^{n-1} T(A_i)^2} = \sqrt{\sum_{i=1}^{n-1} (\alpha_i i_i)^2} = \alpha_M \sqrt{\sum_{i=1}^{n-1} i_i{}^2}$$

因而　　　$\alpha_M = \dfrac{T(A_\Sigma)}{\sqrt{\sum\limits_{i=1}^{n-1} i_i{}^2}}$

公差系数 α 和公差单位 i 可由表7-3和表7-4查出，则

$$\alpha_M = \frac{T(A_\Sigma)}{\sqrt{\sum\limits_{i=1}^{n-1} i_i{}^2}} = \frac{750}{\sqrt{2.17^2 + 1.56^2 + 0.73^2 + 2.52^2 + 0.73^2}} \approx 197$$

查表7-3，$\alpha_M = 197$，接近 IT12 级，那么 $\vec{A}_1$、$\vec{A}_2$、$\overleftarrow{A}_3$ 和 $\overleftarrow{A}_5$ 的标准公差均取 IT12 级为：

$$T(A_1) = 0.35 \text{mm}, T(A_2) = 0.25 \text{mm}, T(A_3) = T(A_5) = 0.12 \text{ mm}$$

则　　　$T(A_4) = \sqrt{0.75^2 - (0.35^2 + 0.25^2 + 0.12^2 + 0.12^2)} \approx 0.61$ mm

按"入体原则"标注 $\vec{A}_1$、$\vec{A}_2$ 及 $\overleftarrow{A}_3$、$\overleftarrow{A}_5$ 的偏差，即

$$\vec{A}_1 = 101_0^{+0.35} \text{mm} \qquad \vec{A}_2 = 50_0^{+0.25} \text{mm} \qquad \overleftarrow{A}_3 = \overleftarrow{A}_5 = 5_{-0.12}^{0} \text{mm}$$

由式(7-5)得

$$1.375 = (101.175 + 50.125) - (4.94 + A_{M4} + 4.94)$$

$$A_{M4} = 151.30 - 9.88 - 1.375 = 140.045 \text{ mm}$$

则　　　$\overleftarrow{A}_4 = 140.045 \pm 0.305 = 140.35_{-0.61}^{0} \text{mm}$

各组成环的尺寸为

$$A_1 = 101_0^{+0.35} \text{mm} \qquad A_2 = 50_0^{+0.25} \text{mm}$$
$$A_3 = A_5 = 5_{-0.12}^0 \text{mm} \qquad A_4 = 140.35_{-0.61}^0 \text{mm}$$

表 7 – 3　尺寸 ≤ 500mm 的各精度级标准公差等级系数

精度等级	IT5	IT6	IT7	IT8	IT9	IT10
公差等级系数 α	7	10	16	25	40	64
精度等级	IT11	IT12	IT13	IT14	IT15	IT16
公差等级系数 α	100	160	250	400	640	1000

表 7 – 4　尺寸 ≤ 500mm 的各基本尺寸公差单位

尺寸分段/mm	≤3	>3 ~ 6	>6 ~ 10	>10 ~ 18	>18 ~ 20	>30 ~ 50	>50 ~ 80
$i/\mu\text{m}$	0.54	0.73	0.90	1.08	1.31	1.56	1.36
尺寸分段/mm	>80 ~ 120	>120 ~ 180	>180 ~ 250	>250 ~ 315	>315 ~ 400	>400 ~ 500	
$i/\mu\text{m}$	2.17	2.52	2.90	3.23	3.54	3.89	

7.3.2　选配法

在成批或大量生产条件下,对于组成环不多而装配精度要求却很高的装配尺寸链,若采用完全互换法,则零件的公差将过严,甚至超过了加工工艺的现实可能性。在这种情况下我们可以将组成环的公差放大到经济可行的程度,然后选择合适的零件进行装配,以保证规定的装配精度要求,此法即为选配法。

选配法有直接选配法、分组装配法和复合选配法。

1. 直接选配法

是由装配工人从许多待装配的零件中,凭经验挑选合适的零件通过试凑进行装配的方法。这种方法的优点是简单,零件不必事先分组,但装配中挑选零件的时间长,装配质量取决于工人的技术水平,不宜用于节拍要求较严的大批量生产。

2. 分组装配法

采用分组装配法装配时,组成环仍按加工经济精度制造,不同的是要对组成环的实际尺寸逐一进行测量并按尺寸大小分组,装配时被装零件按对应组号配对装配,达到规定的装配精度要求。

分组装配法的优点是,零件加工公差要求不高,而又能获得很高的装配精度,同组内的零件仍可以互换,故又称"分组互换法"。它的缺点是增加了零件的存贮量,增加了零件的测量、分组工作,适用于装配精度要求很高,组成件很少的情况下。

例如图 7 – 14 所示,连杆小头孔的直径为 $\phi 25_0^{+0.0025} \text{mm}$,活塞销的直径为 $\phi 25_{-0.0050}^{-0.0025} \text{mm}$,其配合精度很高,配合间隙要求为 0.0025 ~ 0.0075mm。因此,生产上采用分组装配法,将活塞销的直径公差放大 4 倍,为 $\phi 25_{-0.0125}^{-0.0025} \text{mm}$,连杆小头孔的直径公差亦放大 4 倍,为 $\phi 25_{-0.0075}^{+0.0025} \text{mm}$,再分为四组相应进行装配,就可保证配合精度和性质,见表 7 – 5 所示。

表 7 - 5　活塞销和连杆小头孔的分组互换装配(mm)

组别	标志颜色	活塞销直径	连杆小头孔直径	配合性质	
				最大间隙	最小间隙
1	白	$\phi 25^{-0.0025}_{-0.0050}$	$\phi 25^{+0.0025}_{0}$		
2	绿	$\phi 25^{-0.0050}_{-0.0075}$	$\phi 25^{0}_{-0.0025}$	0.0075	0.0025
3	黄	$\phi 25^{-0.0075}_{-0.0100}$	$\phi 25^{-0.0025}_{-0.0050}$		
4	红	$\phi 25^{-0.0100}_{-0.0125}$	$\phi 25^{-0.0050}_{-0.0075}$		

分组装配的分组数不宜太多，否则会造成装配工作的复杂性，分组数只要使零件能达到经济加工精度即可。

此外，零件的尺寸分布曲线都应是正态的，才能使装配时得以配套(即各组零件有相同的件数)。否则如图 7 - 15 所示零件尺寸分布为不对称时将会造成零件的积压。

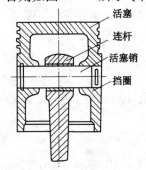

图 7 - 14　活塞、活塞销和连杆组装图 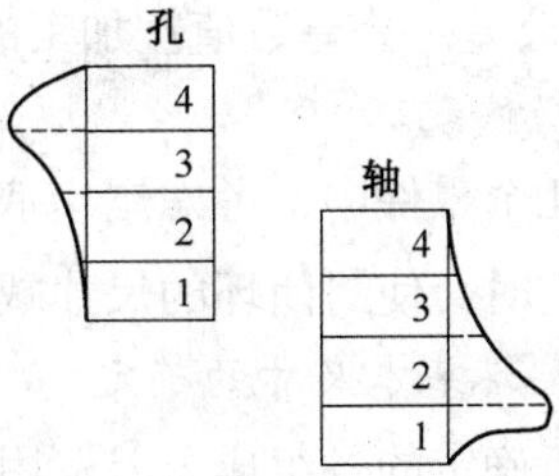　　　　图 7 - 15　零件尺寸分布不对称情况

3. 复合选配法

综合上述两种方法，我们可以将零件预先测量分组，装配时在对应组中凭工人经验直接选配，此法即为复合选配法。此法的特点是配合件公差可以不等，装配质量高，且速度较快，能满足一定的节拍要求。在发动机装配中，气缸与活塞的装配多采用这种方法。

7.3.3　修配法

在单件小批生产中，对那些装配精度要求较高的多环装配尺寸链，各组成环先按经济精度加工，装配时通过修配某一组成环的尺寸，使封闭环达到规定的精度，这样的装配方法称为修配法。

例如图 7 - 3 中车床前、后顶尖的装配精度 A_Σ 要求较高，假如采用完全互换法，则有关零件的有关尺寸精度势必很高，影响生产效率及加工成本；若采用不完全互换法，则由于公差值放大不多，也无济于事。在单件小批生产条件下，不完全互换法和选配法都不适用，所以，一般采用修配尾座底板的尺寸 A_2，使装配精度得到保证。

修配法的优点是能够获得很高的装配精度，而零件制造精度可以放宽。其缺点是没有互换性，装配工作量增大，并且装配质量依赖于工人的技术水平。

采用修配法时，主要的问题有修配环的选择、修配量的计算及修配环基本尺寸的计算等。

以图 7 - 3 所示的普通车床为例，前后顶尖与导轨的等高度是一个多环尺寸链。在生产中都将它简化为一个四环尺寸链，如图 7 - 16 所示。图中：

图 7 - 16　四环尺寸链

$$A_\Sigma = 0^{+0.06}_{+0.03}\text{mm}, A_1 = 160\text{mm}, A_2 = 30\text{mm}, A_3 = 130\text{mm}$$

此项精度若用完全互换法求解,按等公差法算,则

$$T_1 = T_2 = T_3 = \frac{0.03}{m} = 0.01 \text{ mm}$$

m 为组成环数。要达到这样的加工精度是比较困难的;若使用不完全互换法求解,也按等公差法进行计算,则

$$T_1 = T_2 = T_3 = \frac{0.03}{\sqrt{m}} = 0.017 \text{ mm}$$

零件加工仍然困难,因此用修配法来装配。

1. 确定各组成环公差

各组成环按经济公差制造,确定

$$A_1' = 160 \pm 0.1 \text{ mm} , A_2' = 30_0^{+0.2} \text{mm} , A_3' = 130 \pm 0.1 \text{ mm}$$

这是考虑到主轴箱前顶尖至底面以及尾座后顶尖至底面的尺寸精度不易控制,故用双向公差,而尾座底板的厚度容易控制,故用单向公差。由于这项精度要求后顶尖高于前顶尖,故 A_2 取正公差。公差数值按加工的实际可能取就可以了。

2. 选择修配环

在这几个零件中,考虑尾座底板加工最为方便,故取 A_2 为修配环。A_2 环是一个增环,因此修刮它时会使封闭环的尺寸减小。

3. 修配环基本尺寸的确定

按照所确定的各组成公差,用极值法计算封闭环的公差,得到 $A'_\Sigma = 0_{-0.2}^{+0.4}\text{mm}$,与原来的封闭环要求值 $A_\Sigma = 0_{+0.03}^{+0.06}\text{mm}$ 进行比较,可知:

新封闭环的上偏差 ES'_Σ 大于原封闭环的上偏差 ES_Σ ,即 $ES'_\Sigma > ES_\Sigma$ 。由于是选 A_2 为修配环,它是一个增环,减小它的尺寸会使封闭环的尺寸减小,所以只要修配 A_2 的尺寸就可以满足封闭环的要求。

新封闭环的下偏差 EI'_Σ 小于原封闭环的下偏差 EI_Σ ,即 $EI'_\Sigma < EI_\Sigma$ 。当新封闭环出现下偏差时,尺寸已比原封闭环小,这时由于修配环是增环,减小它的尺寸已无济于事,反而使新封闭环尺寸更小,但又不能使修配环尺寸增大,因为修配法只能将修配环尺寸在装配时现场进行加工来减小。因此,这时只能先增大修配环的基本尺寸来满足 $EI'_\Sigma > EI_\Sigma$,就可以修配 A_2 ,使其满足 A_Σ 。

修配环基本尺寸的增加值 ΔA_2 为

$$\Delta A_2 = |EI'_\Sigma - EI_\Sigma| = |-0.2 - 0.03| = 0.23 \text{ mm}$$

$$A''_2 = (30 + 0.23)^{+0.2} = 30.23^{+0.2} \text{mm}$$

也就是在零件加工时,尾座底板的基本尺寸应增大至 30.23 mm。

所以,在选增环为修配环时,当按各组成环所定经济公差用极值法算出新封闭环 A'_Σ ,若 $EI'_\Sigma > EI_\Sigma$,则修配环的基本尺寸不必改变(或减小一个数值 $|EI'_\Sigma - EI_\Sigma|$),否则要增加一个数值 $|EI'_\Sigma - EI_\Sigma|$ 。

4. 修配量的计算

修配量 δ_c 可以直接由 A'_Σ 和 A_Σ 算出,即

$$\delta_c = T'_\Sigma - T_\Sigma = 0.6 - 0.03 = 0.57 \text{ mm}$$

修配量也可以根据修配环增大尺寸后的数值 A''_2 来计算封闭环 A'_Σ。再比较后得出

$$A''_2 = 30.23^{+0.2} = 30.23^{+0.43}_{+0.23}\text{mm}$$

由极值法得出 $A''_\Sigma = 0^{+0.63}_{+0.03}\text{mm}$，与 $A_\Sigma = 0^{+0.06}_{+0.03}\text{mm}$ 进行比较，可知：

最大修配量 $\delta_{cmax} = 0.63 - 0.06 = 0.57\text{mm}$

最小修配量 $\delta_{cmin} = 0$

在机床装配中，尾座底板与床身导轨接触面需要刮研以保证接触点，故必须留有一定的刮研量，取刮研量为 0.15mm。这时修配环的基本尺寸还应增加一个刮研量，故

$$A'''_2 = (A''_2 + 0.15)^{+0.2} = (30 + 0.23 + 0.15)^{+0.2} = 30^{+0.58}_{+0.38}\text{mm}$$

用极值法可以算出 $A'''_\Sigma = 0^{+0.78}_{+0.18}\text{mm}$，可得：

最大修配量 $\delta'_{cmax} = 0.78 - 0.06 = 0.72\text{ mm}$

最小修配量 $\delta'_{cmin} = 0.18 - 0.03 = 0.15\text{ mm}$

也可直接由上面所得的最大、最小修配量 δ_{cmax} 和 δ_{cmin} 加上 0.15mm，便可得到 δ'_{cmax} 和 δ'_{cmin}。

7.3.4 调整法

调整法和修配法相似，各组成环可以按经济精度加工，由此所引起封闭环累积误差的扩大，也是通过改变某一组成环的尺寸来补偿。但是，两者补偿的具体方法不同。修配法是装配时，通过对某一组成环(修配环)的补充加工来补偿；调节法是装配时通过调节某一零件的位置或对某一组成环(调节环)的更换来补偿。调整法分为可动调整法、固定调整法和误差抵消调整法三种。

1. 可动调整法

利用可移动的调整件，如楔、调整螺钉等来保证装配精度，称为可动调整法。图7-17(a)是通过调节套筒的轴向位置来保证齿轮轴向间隙；图7-17(b)是用调节螺钉调节镶条的位置来保证导轨副的配合间隙；图7-17(c)是用调节螺钉使楔块上下移动来调节丝杠和螺母间的轴向间隙。

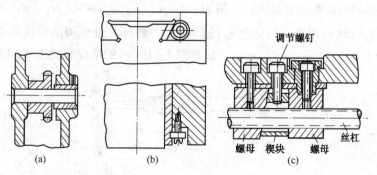

图 7-17 可动调节法应用示例

可动调节法能获得比较理想的装配精度。产品在使用过程中，由于某些零件的磨损使装配精度下降时，用此法调节能使产品恢复原来的精度，其不足之处是需增加一套调整机构，增加了结构复杂程度。可动调整装配法在生产中应用甚广。

2. 固定调整法

在预先制造的一套固定调整件(如垫圈、垫片或轴套等)中选定一个尺寸等级合适的调

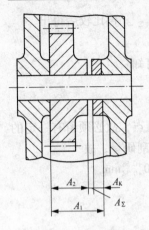

节件进行装配，以保证装配精度，称为固定调整法，如图 7 – 18 所示。图中 A_K（垫片）为调节环。

调整法的优点是：

（1）能获得很高的装配精度，而且可以随时调整由于磨损、热变形或弹性变形等原因引起的误差。

（2）零件可按经济精度要求确定其加工公差。

调整法的缺点是：

（1）需要增加调整件，增加了零件的数量，增加了制造费用。

（2）由于采用了调整件，往往要增大机构的体积。

（3）装配精度在一定程度上依赖于工人的技术水平，不便于组织节拍流水作业。

图 7 – 18　固定调整法示例

3. 误差抵消调整法

这种装配方法又称为定向或角度调节法，它是在装配时，根据尺寸链中某些组成环误差的方向作定向装配，使各组成环误差方向合理配置，以达到互相抵消的目的。下面以车床主轴装配为例加以说明。

车床检验标准中规定了主轴锥孔中心线在距主轴端 300mm 处的径向跳动量，如图 7 – 19(a) 所示。这项误差实际上包括了两个方面的误差，即主轴回转误差和主轴锥孔中心线对主轴回转轴线的同轴度误差。而后者又包括三项误差，即主轴锥孔中心线与主轴轴颈几何轴心线的同轴度误差 e_1，前后轴承内圈内孔对内圈外滚道的同轴度误差 e_2 和 e_3。

若只考虑前轴承的误差 e_2，如图 7 – 19(b) 所示，则反映到主轴前端部点 B 处的误差 $e'_2 = e_2(l_1 + l_2)/l_1$，误差传递比为 $(l_1 + l_2)/l_1$；若只考虑后轴承的偏移 e_3，如图 7 – 19(c) 所示，则反映到点 B 处的误差为 $e'_3 = e_3 l_2/l_1$，误差传递比为 l_2/l_1。显然这个传递比小于前者，即前轴承的精度对装配精度影响比后轴承要高。

若误差 e_2、e_3 的方向刚好相反，如图 7 – 19(d) 所示，再加上锥孔偏移量 e_1 的影响 e'_1，将使点 B 处测得的径向跳动量最大，其值为 $e = e_2(l_1 + l_2)/l_1 + e_3 l_2/l_1 + e'_1$。若 e_2、e_3 的方向相同，如图 7 – 19(e) 所示，再加上 e_1 的影响 e'_1，则点 B 处测得的径向跳动量大为减少，其值为 $e = e_2(l_1 + l_2)/l_1 - e_3 l_2/l_1 - e'_1$。显然图 7 – 19(e) 的情况要比图 7 – 19(d) 好得多。

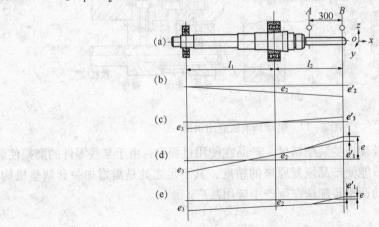

图 7 – 19　误差抵消调整装配法

上面的分析是假定三个误差向量均处于同一平面内，实际上它们不一定处于同一个平面，此时点 B 处的误差合成如图 7 - 20(a) 所示。若将各误差向量方向调整到适当的位置，其合成误差值可能趋近于零，如图 7 - 20(b) 所示。各误差向量的方向可用下面的方法确定：分别以点 O 和点 P 为圆心，以 e'_2 和 e'_3 为半径作圆交于点 Q。测量轴承偏心方向，并按图 7 - 20(b) 所示方向进行定向装配，可使交点的跳动量减小到最小的程度。

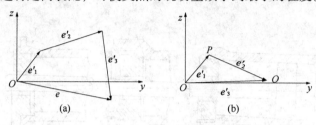

图 7 - 20　误差向量合成

7.4　零部件的装配工艺性

机器的装配能否达到预期的精度和生产率要求，与零部件结构的装配工艺性密切相关，结构的装配工艺性不好，装配工作将比较困难，甚至不能顺利进行，同时这样装配出来的机器，其使用和维修也会受到影响，因此装配工艺对零部件的结构提出了以下几个方面的基本要求。

7.4.1　独立的装配单元

机器能否分解成若干独立的装配单元，是评定机器结构工艺性的重要指标之一。机器如能分解成若干独立的装配单元，就可以组织平行装配生产，缩短装配周期。因此，"装配单元"的设计，在大批大量生产中尤为重要。

例如早期的立式铣床，其主轴高速部分不是做成单独的部件，而是将轴和变速齿轮直接装在床身上，即变速箱和床身合为一体，如图 7 - 21(a) 所示。这样的结构看起来是省去了一个变速箱体，而实际上给装配工作带来诸多不便。如果变速箱做成一个单独部件，如图 7 - 21(b) 所示，则可以单独装配、调整和试验，总装时变速箱就是一个装配单元，装配工作将方便得多。

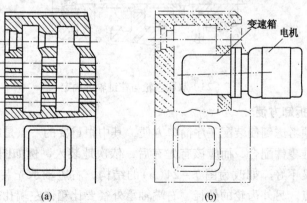

图 7 - 21　铣床变速箱的装配单元

7.4.2　正确的装配基面

　　零部件在装配时必须先调整到正确的位置，才能再紧固。所以，零部件之间要有固定的装配基面，否则装配时调整工作就很麻烦。图 7 - 22(a)所示为活塞安装在汽缸内的情况。图中气缸盖是用螺纹连接在汽缸体上的，由于螺纹之间有间隙，汽缸盖上的孔就不能保证与汽缸体孔同轴。若在设计时添加装配基面 1，如图 7 - 22(b)所示，则装配时就很容易获得所需的同轴度。

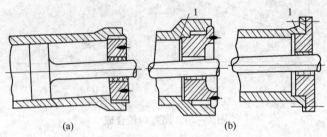

(a)　　　　　　　　　　　(b)

图 7 - 22　用基面来保证零件装配的同轴度

7.4.3　减少装配时的加工量

　　在图 7 - 23(a)中，双联齿轮与花键轴的固定，需在其中间部位钻孔、攻丝、然后用埋头钉紧固，为了防止螺钉松动，螺钉头槽中还须加上防松钢丝，装配十分不便。若将结构改成图 7 - 23(b)所示，装配时只需套上对开环就能将花键轴与双联齿轮固连，大大减少了装配工作量。

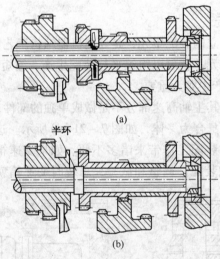

(a)

(b)

图 7 - 23　双联齿轮与花键轴的固定

7.4.4　装配和拆卸方便

　　零部件结构必须考虑到使装配工序简单方便，其中很重要的一点是组件或零件的几个表面不应该同时与基准零件配合，而应该有先有后，依次地装入，例如图 7 - 24(a)装配时既不便观察，导向性又不好。如改为图 7 - 24(b)的结构，右边轴承先装入，再装左边轴承，消除了原结构的缺点。另外齿轮的外径，右端轴承外径要比箱体左端孔径小一些，才能顺利地从一端整个依次装入。

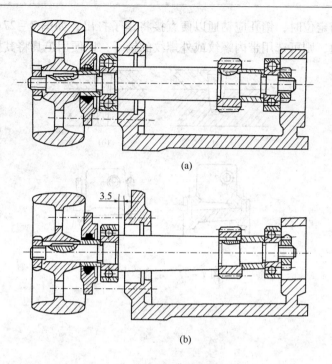

(a)

(b)

图 7-24　轴承依次装入的结构

　　又如，设计结构时，要使安装所用的工具等能顺利地工作。图 7-25(a)和图 7-25(d)为不正确结构，前者无放扳手地方，而后者螺栓不易放入和取出。图 7-25(b)和图 7-25(c)是正确结构。

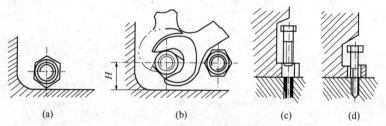

(a)　　　　(b)　　　　(c)　　　　(d)

图 7-25　螺钉位置的设置

　　所设计的结构要考虑易损件拆卸的方便，图 7-26(a)中轴承外环无法卸出，应改为图7-26(b)的结构。

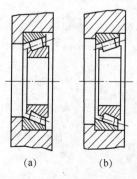

(a)　　　(b)

图 7-26　轴承外环装卸

在采用定位销定位时，销孔应钻通以便直接将销子打出，如图 7 - 27(b)所示。如果结构不允许将孔钻通，则可选用带内螺纹或外螺纹的销子，以便用工具将其拔出。

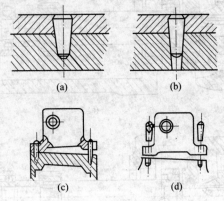

图 7 - 27　定位销定位

第3部分 应用篇

第8章 提高生产率的工艺措施及工艺成本分析

8.1 提高生产率的工艺措施

劳动生产率是以工人在单位时间内制造合格产品的数量来评定的。采取各种措施来缩短单件核算时间中的每个组成部分，特别是在单件核算时间中占比重较大的部分，是提高劳动生产率的有力措施。

成批生产的单件核算时间 t_{pc} = 基本时间 t_m + 辅助时间 t_f + 布置工作地时间 t_b + 休息和生理需要时间 t_{rn} + 单件准备—终结时间 t_{rf}/N（t_{rf}——一批零件的准备—终结时间；N——一批中的零件数量），大量生产的单件核算时间为 $t_{pc} = t_m + t_f + t_b + t_{rn}$，即没有准备—终结时间，因为每个工作地点只完成一个固定的工序。由此可见压缩组成各个单件核算的时间，就是提高劳动生产率的工艺措施。

8.1.1 缩短基本时间的工艺措施

以车削为例，它的基本时间 t_m 为：

$$t_m = \frac{\pi DL}{1000vf} \times \frac{z}{a_p}$$

由此可见，提高切削速度 v、增加进给量 f、增加背吃刀量 a_p、减少加工余量 z 和缩短刀具工作行程 L 等，都可以减少基本时间。因此，高速和强力切削是提高机械加工劳动生产率的重要途径。

目前，硬质合金刀具的切削速度一般可达 200m/min，陶瓷刀具的切削速度可 500m/min。聚晶立方氮化硼刀具，在切削普通钢材时，切削速度可达 900m/min，而在切削硬度为 HRC60 以上的淬火钢、高镍合金材料时，切削速度达 90m/min 以上，并能在 980℃ 时仍保持其红硬性。

高速滚齿机的切削速度一般可达 65~75m/min，有的甚至达到 300m/min。磨削的发展趋势则是采用高速和强力磨削，可以提高金属切除率。磨削速度一般可达 60m/s 以上，80~125m/s 的高速磨床已在市场上出现。采用强力磨削，可通过缓速进给和较大背吃刀量的一次磨削成形，即磨削背吃刀量可达 6~12mm，可以部分地取代铣、刨等粗加工工序。

一种以 10 倍于常规切削速度和进给速度的超高速加工技术，近几十年来发展非常迅速，它可以大幅地节省切削工时，是国际上公认的四大先进制造技术之一。

采用多刀多刃和多轴机床进行加工，可以同时加工一个零件上的几个表面，或同时加工几个零件的几个表面，使多表面加工的基本时间重合，从而缩短了每个零件加工的基本时间。在大型拉床上多刀成型拉削汽车缸体零件的六个表面（图 8 – 1）就是非常典型的例子。

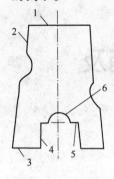

图 8 – 1 汽缸体成型

1—顶面；2—窗口面；
3—底面；4—对口面；
5—销口面；6—半圆面

8.1.2　缩短辅助时间的工艺措施

辅助时间在单件时间中占的比重较大，一般为 55% 以上，有时甚至超过基本时间的好几倍，这时，采取措施缩短辅助时间就成为提高生产率的重要途径。缩短辅助时间的措施可以直接减少辅助时间；也可以使辅助时间与基本时间部分地或全部地重叠；还可以同时缩短基本时间和辅助时间。

1. 直接减少辅助时间

（1）在大批大量生产中采用高效的气动、液压夹具；在中小批生产中采用通用元件的组合夹具。

（2）采用自动化程度较高的且有可集中控制的手柄、定位挡块机构、快速行程机构和速度预选机构的机床。

2. 使 t_m 和 t_f 部分或全部重叠

（1）采用多工位夹具或多工位工作台，图 8 – 2 所示，当一个工位上的工件在加工的同时，在另一工位上装卸工件，当一个工位上的工件加工完毕后，即可对另一工位上的工件进行加工。图 8 – 3 所示为多工位工作台机床上有两个主轴顺次进行粗铣和精铣，工件装在回转工作台上，在机床不停机的情况下装卸工件，辅助时间完全和基本时间重合。

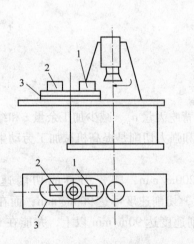

图 8 – 2　铣床上的两位工夹具

1—加工工位；2—装卸工位；3—转位台

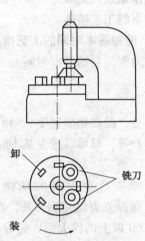

图 8 – 3　多工位的回转
工作台铣削示意图

（2）采用主动测量或数字显示自动测量装置不停机自动测量工件的实际尺寸，并根据测量结果自动控制机床；用光栅、磁栅、感应同步器为检测元件的数显装置，可以连续显示正在加工的工序尺寸，不仅能快速准确地控制机床，提高生产效率，而且还提高了加工精度。

3. 同时缩短 t_m 和 t_f 时间

（1）多件加工在机床上一次安装下同时加工几个工件，缩短每个工件的 t_m 和 t_f 时间；

（2）多刀多刃加工采用多刀多刃的高效机床，如采用多轴钻床，多刀车床、龙门铣床等进行多刀切削；

（3）成形切削采用成形刀具、液压仿形刀架和液压仿形机床直接加工成形面，有效缩短 t_m 和 t_f 时间。

8.1.3　缩短布置工作地时间的工艺措施

布置工作地的时间，大部分是消耗在更换刀具及微调刀具的工作上。因此，采取的主要工艺措施是：①采用耐用度较高的刀具或砂轮；②采用各种快换刀夹、刀具微调装置、专用对刀样板、样件以及自动换刀装置。

目前在车床和铣床上已广泛采用可转位不重磨硬质合金刀片，当刀片上的一个切削刃用钝后，可以松开紧固件，迅速地转换另一个刀刃，待整个刀片用钝后再更换另一个新的刀片，所以大大减少了换刀、对刀和刃磨刀具的时间。

8.1.4　缩短准备－终结时间的工艺措施

增大制造零件的批量是减少分摊到每个零件上的准备终结时间的根本措施，其办法是：

（1）产品设计的系列化、部件设计的通用化和零件设计的标准化；

（2）采用成组工艺有效地增大零件加工的批量；

（3）采用先进设备及工装，如液压仿形刀架、插销板式程序控制机床和数控机床等。

8.2　工艺成本分析

对同一个零件一般可以拟订出几种机械加工的工艺方案，这些方案都可以达到零件图上规定的各项技术要求，但其经济效果却不相同。对工艺过程方案进行技术经济分析，就是比较不同方案的生产成本，以便选择在给定生产条件下的最经济方案。

生产成本包括两大类费用：第一类是与工艺过程直接有关的费用，称为工艺成本。工艺成本约占工件（或产品）生产成本的 70% ~ 75%；第二类是与工艺过程不直接相关的费用，如行政人员工资、厂房折旧及维护、水电、取暖和通风等费用。对零件工艺方案进行经济分析时，只需分析比较与工艺过程直接有关的工艺成本即可。因为，在同一生产条件下与工艺过程无关的费用基本上是相等的。

在进行工艺方案的经济分析时，还必须全面考虑改善劳动条件，提高劳动生产率，促进生产技术发展等问题。

8.2.1　工艺成本的组成

工艺成本 E 由可变费用 V 与不变费用 S 两部分组成。即

$$E = V \cdot N + S \quad 元 \tag{8-1}$$

式中　N——年产量，件；

　　　V——可变费用，元/件；

　　　S——不变费用，元。

1. 可变费用

可变费用是与产量成比例的单件费用，由七部分组成：

$$V = C_c + C_q + C_d + C_{wz} + C_{wx} + C_{da} + C_{wj} \qquad (8-2)$$

式中　C_c——材料费，元；

　　　C_q——机床工人的工资，元；

　　　C_d——机床电费，元；

　　　C_{wz}——普通机床折旧费，元；

　　　C_{wx}——普通机床修理费，元；

　　　C_{da}——刀具费，元；

　　　C_{wj}——万能夹具费，元。

2. 不变费用

不变费用是与年产量的变化无直接关系的费用。当年产量在一定范围内变化时，全年的费用基本上保持不变，由四部分组成：

$$S = C_{tq} + C_{zz} + C_{zx} + C_{zj} \quad \text{元} \qquad (8-3)$$

式中　C_{tq}——调整工人的工资，元；

　　　C_{zz}——专用机床折旧费，元；

　　　C_{zx}——专用机床修理费，元；

　　　C_{zj}——专用夹具费，元。

全年工艺成本 E 的图解为一直线，如图 8-4(a) 所示。说明全年工艺成本的变化 ΔE 与产量的变化 ΔN 成正比。单件工艺成本 E_d 与年产量 N 是双曲线关系，如图 8-4(b) 所示。当 N 增大时，E_d 减小，且逐渐接近于 V。

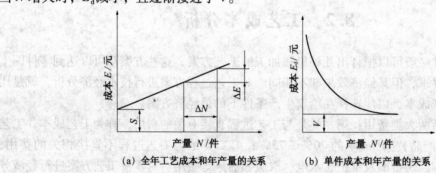

(a) 全年工艺成本和年产量的关系　　　　(b) 单件成本和年产量的关系

图 8-4　工艺成本的图解曲线

8.2.2　工艺成本各项费用的计算

1. 材料费 C_c

$$C_c = C_{cj} G_m - C_{fj} C_{fz} \quad \text{元} \qquad (8-4)$$

式中　C_{cj}——材料单位重量价格，元/kg；

　　　C_m——零件毛坯重量，kg；

　　　C_{fj}——料头及切屑的单位重量价格，元/kg；

　　　C_{fz}——每个零件的料头及切屑重量，kg。

几种方案的毛坯材料不同时，才须进行此项比较计算，否则不必计算。

2. 机床工人工资 C_q

$$C_q = \sum_{i=1}^{k} \frac{T_h K_q}{60} + \left(1 + \frac{b}{100}\right) \quad 元 \tag{8-5}$$

式中　　T_h——单件核算时间，min；

　　　　K_q——机床工人每小时工资，元/h；

　　　　b——与工资有关的其他费用，如带薪假期的工资等，约为工资的 13%，元。

辅助工人（如电工，搬运工等）的工资几乎和工艺方案无关，所以一般不列入工艺成本。

3. 机床电费 C_d

$$C_d = \sum_{i=1}^{k} \frac{P_E S_d T_m \eta_1}{60} \quad 元 \tag{8-6}$$

式中　P_E——机床电机额定功率，kW；

　　　S_d——每度电费，元；

　　　T_m——单件基本时间，min；

　　　η_1——机床电机的平均负荷率，一般 $\eta_1 = 0.5 \sim 0.6$。

4. 普通机床折旧费 C_{wz}

$$C_{wz} = \sum_{i=1}^{k} \frac{C_j L_j T_d}{F \times 60 \eta_2} \quad 元 \tag{8-7}$$

式中　C_j——机床价格，应考虑运费和安装费，两项共约为机床价格的 15%，元；

　　　L_j——机床折旧率，一般预定为 10 年，每年为 10%；

　　　T_d——单件时间，min；

　　　F——每年机床的工作时间，h；

　　　η_2——机床使用率，一般为 $0.8 \sim 0.95$。

5. 刀具费用 C_{da}

$$C_{da} = \sum_{i=1}^{k} \frac{C_{do} + n C_b}{T(1+n)} T_m \quad 元 \tag{8-8}$$

式中　C_{do}——刀具价格，元；

　　　n——刀具可磨次数；

　　　T——刀具耐用度，min；

　　　T_m——单件基本时间，min；

　　　C_b——每次磨刀费用（可按刀具价格的 30% 计），元。

在进行工艺过程经济分析时，刀具费用也可按下式进行近似计算

$$C_{da} = \sum_{i=1}^{k} C_p T_d \quad 元 \tag{8-9}$$

式中　C_p——机床工作时每分钟使用刀具的平均费用，元/min。

6. 万能夹具费 C_{wj}

$$C_{wj} = \sum_{i=1}^{k} \frac{C_{ja} \times L_{jz} \times T_d}{100 \times F \times 60 \times \eta_j} \quad 元 \tag{8-10}$$

式中　C_{ja}——夹具价格，元；

　　　L_{jz}——夹具折旧率，按每年 50% ~ 60% 计（其中夹具本身折旧率每年 33%，夹具维

护费率为 25% ~ 27%);

　　　F——每年工作时间，h；

　　　η_j——夹具利用率。

7. 调整工的工资 C_{tq}

$$C_{tq} = \sum_{i=1}^{k} \frac{T_t K_{tq}}{60 \times n_t}(1 + \frac{b}{100}) \quad 元 \qquad (8-11)$$

式中　T_t——每次调整的工时，min；

　　　K_{tq}——调整工人每小时工资，元/h；

　　　n_t——每次调整后加工零件的数量；

　　　b——与工资有关的其他费用，如带薪假期的工资等，约为工资的 13%，元。

　　在批量生产时，设有专门的调整工，而在成批、小批生产时，调整工作由机床工人完成调整工作的工资应包含在机床上工作的工人工资。

8. 专用机床折旧费 C_{zz}

$$C_{zz} = \sum_{i=1}^{k} C_{zj} \times L_{zj} \quad 元 \qquad (8-12)$$

式中　C_{zj}——专用机床价格，包括机床的运费和安装费，两项共约为机床价格的 15%，元；

　　　L_{zj}——机床折旧率，一般为每年 10%。

9. 专用夹具费 C_{zj}

$$C_{zj} = C_{zjo}(g + h) \quad 元 \qquad (8-13)$$

式中　C_{zjo}——夹具价格，元；

　　　g——夹具折旧率，每年约为夹具价格的 30% ~ 50%；

　　　h——夹具维修率，每年约为夹具价格的 10% ~ 20%。

10. 机床修理费 C_{wx}、C_{zx}

　　机床的维修费用分大、中、小修三种费用。每年所需大修费用近似等于机床的折旧费。中、小修费用经济分析时可不考虑。

　　上述诸计算公式中，符号 $\sum_{i=1}^{k}$ 代表该方案工艺过程各工序中有关相同计算结果的总和。

8.2.3　工艺方案经济性评定

　　制订生产规模较大的工艺规程时，和一般零件的工艺方案的经济性评定是不一样的，前者应该通过计算工艺成本来评定其经济性；后者可以利用各种技术经济指标，结合生产经验，进行工艺方案的经济论证，从而决定不同方案的取舍。下面以两种不同的情况为例，说明分析比较其经济性的方法。

1. 基本投资或使用设备相同的情况

　　若工艺方案的基本投资相近，或者以现有设备为条件，工艺成本即可作为衡量各个方案经图 8-5 两种工艺方案的技术经济对比济性的依据。

　　设现有两种不同工艺方案的全年工艺成本分别为：

$$E_1 = NV_1 + S_1$$
$$E_2 = NV_2 + S_2$$

当产量一定时，先分别计算两种方案的全年工艺成本，比较后选其小者；当年产量变化时，可根据上述公式用图解法进行比较，如图 8-5(a)所示。当计划年产量 $N <$ 临界产量 N_k 时，宜采用第二方案；当 $N > N_k$ 时，则第一方案较经济。横坐标 N_k 是两工艺方案的两条直线的交点值。所以，

$$N_k V_1 + S_1 = N_k V_2 + S_2$$

可得

$$N_k = \frac{S_2 - S_1}{V_1 - V_2} \qquad (8-14)$$

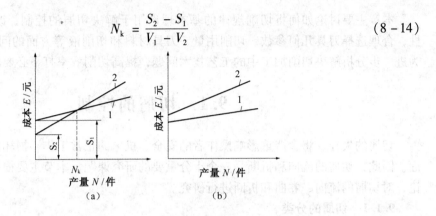

图 8-5　两种工艺方案的技术经济对比

若两条工艺方案的两条直线不相交[图 8-5(b)]，则无论年产量如何变化，第一方案总是比较经济的。

2. 基本投资差额较大的情况

假如，第一方案采用生产率较低但价格较便宜的机床和工艺装备，说明它的基本投资 K_1 小，但工艺成本 E_1 较高；第二方案采用高生产率且价格较贵的机床及工艺装备，基本投资 K_2 大，但工艺成本 E_2 较小，也就是说工艺成本的降低是由于增加基本投资而得到的。由此可见，单纯比较工艺成本是难以评定其经济性的，故必须考虑基本投资的经济效益，亦即不同方案的基本投资的回收期。回收期 τ 可用下式表示：

$$\tau = \frac{K_2 - K_1}{E_1 - E_2} = \frac{\Delta K}{\Delta E} \quad \text{年} \qquad (8-15)$$

式中　ΔK——基本投资差额，元；

　　　ΔE——全年生产费用节约额，元/年。

回收期愈短，则经济效果愈好。一般回收期应满足以下要求：

(1) 回收期应小于所采用设备的使用年限；

(2) 回收期应小于市场对该产品的需要年限；

(3) 回收期小于国家规定的标准回收期。例如新夹具的标准回收期为 2~3 年，新机床为 4~6 年。

必要时也可用某些相对指标来进行工艺方案的技术经济分析，技术经济指标包括：每件产品所需的劳动量、每位工人的年产量、每台设备的年产量、每平方米生产面积的产量、材料利用系数、设备负荷率、工艺装备系数、设备构成比(专用设备与通用设备之比)、钳工修配劳动量系数(钳工修配劳动量与机床加工工时之比)、单件产品的原材料与电力消耗等。当工艺方案的工艺成本分析比较结果相差不大时，可选用上述相对技术经济指标作补充论证。

第9章 提高金属切削效率的途径

本章主要讨论如何将切削规律的基本理论用于解决切屑的控制，改善材料的切削加工性，合理选择刀具几何参数、切削用量、刀具材料和切削液等方面的问题。掌握这些知识，为进一步分析解决切削加工中的工艺技术问题，提高切削效率打下必要的基础。

9.1 切屑的控制

切屑的失控、将会严重影响操作者的安全、机床的正常工作、损坏刀具和划伤已加工表面。因此，切屑的流向和折断是一个十分重要的研究课题。本节主要根据切削变形的基本理论，对切屑的流向、卷曲和折断进行研究。

9.1.1 切屑的分类

切屑的形状多种多样，为了找出切屑形状的变化规律，正确评判切屑形状的好坏，以便控制促使形成较理想的屑形，首先需对各种形状的切屑进行分类。

根据 ISO 标准规定、并由我国生产工程学会切削专业委员会推荐的切屑分类方法如图 9-1 所示。较理想的屑形为短的管状、螺旋状、发条状、弧形"C"状切屑等。

	1-1 长的	1-2 短的	1-3 缠绕形
1. 带状切屑			
	2-1 长的	2-2 短的	2-3 缠绕形
2. 管状切屑			
	3-1 平板形	3-2 锥形	
3. 发条状切屑			
	4-1 长的	4-2 短的	4-3 缠绕形
4. 垫圈形螺旋切屑			
	5-1 长的	5-2 短的	5-3 缠绕形
5. 圆锥形螺旋切屑			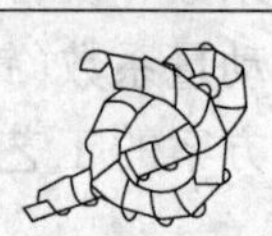

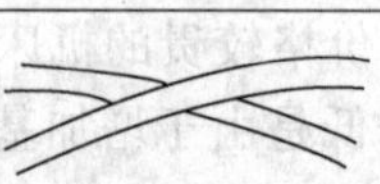

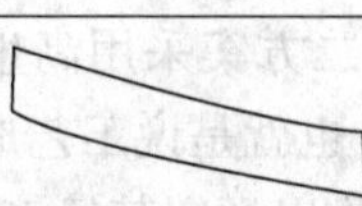

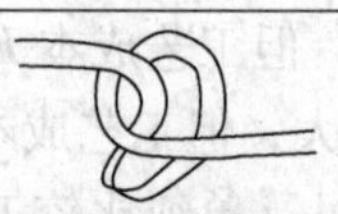

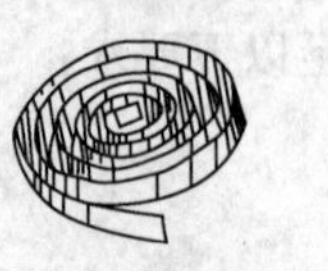

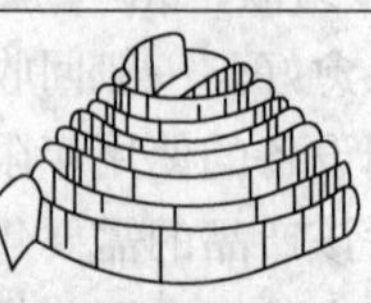

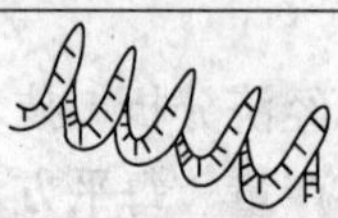

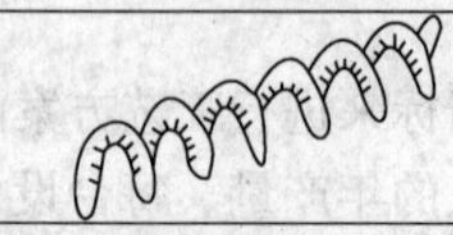

续图

	6-1 相连的	6-2 碎断的	
6. 弧状切屑			
7. 粒状切屑			
8. 针状切屑			

图 9-1　切屑型态的分类

9.1.2　切屑的流向和卷曲

1. 切屑的流向

切屑的形状与它的流向和卷曲有关，在纯粹直角自由切削条件下，切屑总是沿着垂直于刀刃的方向流出。而在直角非自由切削或斜角切削时，则切屑流向就要偏离刀刃的垂直方向。直角非自由切削时，主切削刃、过渡刃、近刀尖副切削刃处的切屑均有垂直各相应的切削刃流出的趋势。由此产生相互干扰和挤压，使整体切屑改变了垂直主切削刃流出的方向。通常切屑向速度较低的一侧流出。切屑流出方向与主切削刃法向的夹角称为流屑角 η_c（图 9-2）。斜角切削时，在刃倾角 $-\lambda_s$ 的作用下，由于切削速度 v 分速度是指向工件中心的，故使切屑流向已加工表面；而 $+\lambda_s$ 的作用改变了分速度的方向，使切屑流向待加工表面。流屑角的大小取决于刃倾角 λ_s、主偏角 κ'_r、刀尖圆弧半径 r_ε 和进给量 f 及背吃刀量 a_p 等因素。

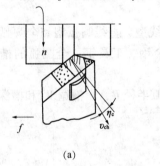
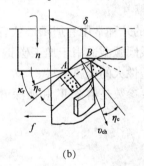

(a)　　　　　　　　　　　(b)

图 9-2　切屑的流向

2. 切屑的卷曲

切屑流出时产生了卷曲，通常卷曲方向如图 9-3 所示的侧向卷曲和向上卷曲。有关切屑卷曲原因有多种解释，有的认为，侧向卷曲是由于切屑宽度上各点流屑速度变化造成的；向上卷曲是由于切屑厚度方向上贴近前刀面处，剪切变形大，远离前刀面处，剪切变形小，两者变形速度差造成切屑向上卷曲。切屑卷曲后使切屑内部塑性变形加剧，塑性降低，硬度增加，性能变脆，从而为断屑创造了内在的条件。

9.1.3　切屑的折断

1. 断屑原理

如图 9-4 所示，以切屑流向向上卷曲碰到刀具后刀面后产生断屑为例。流出切屑的厚度为a_{ch}切屑卷曲的半径由R_o逐渐增大至R_1时，切屑端处碰到后刀面。切屑上产生最大弯矩处P的外表面受到合力F_{cr}的作用，产生拉应变，当最大拉应变ε_{max}达到材料极限应变值ε_b时，切屑在P处折断。

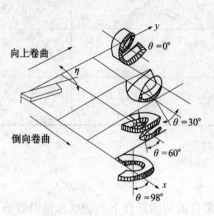

图9-3 切屑卷曲($\eta_e > 0°$)

图9-4 切屑折断时的受力及弯曲

根据力学弯曲变形梁产生的拉应变，可得切屑的折断条件为：

$$0.5a_{ch}\left(\frac{1}{R_o} - \frac{1}{R_1}\right) \geqslant \varepsilon_b \qquad (9-1)$$

上式表明，当切屑的厚度a_{ch}增加、切屑卷曲半R_1减小和材料的极限应变值ε_b较小时切屑容易折断。因此，凡影响a_{ch}、R_1及ε_b的因素，都可能影响断屑。

2. 断屑措施

1）磨制卷屑槽

图9-5所示的几种常用卷屑槽形状有：折线型、直线圆弧型和全圆弧形。

折线形和直线圆弧型适用于加工碳钢、合金钢、工具钢；全圆弧的槽底前角大且R_n也大，适用于加工塑性大的金属材料。

卷屑槽的主要参数是槽宽W_n和槽深H_n（圆弧半径R_n）。槽宽W_n和槽深H_n的尺寸主要决定于进给量。

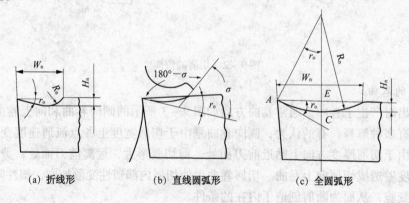

(a) 折线形   (b) 直线圆弧形   (c) 全圆弧形

图9-5 卷屑槽的形状

2）改变切削用量

在切削用量中，对断屑影响最大的是进给量f，其次背吃刀量a_p，最小为切削速度v。

进给量增大，使切屑厚度 a_{ch} 增大，故切屑易折断。背吃刀量增大对断屑影响不明显，只有当同时增加进给量时，才能有效地促进断屑。

3）改变刀具角度

主偏角 κ_r 是影响断屑的主要因素。主偏角 κ_r 增大，切削厚度 a_c 增大，易断屑。所以生产中的车刀，均选取较大的主偏角 $\kappa_r = 60° \sim 90°$。

刃倾角 λ_s 对控制流屑方向有显著的作用。刃倾角 $\lambda_s < 0°$ 时，切屑流向加工表面形成"C"、"6"字形屑；刃倾角 $\lambda_s > 0°$ 时，切屑碰在后刀面上，形成"C"字形屑，或形成螺旋屑、带状屑。

4）其它断屑方法

（1）附加断屑装置　为了保证可靠断屑，可在刀具前刀面上固定附加断屑挡块，使切屑流出碰撞挡块而折断，如图 9-6 所示。附加挡块利用螺钉固定在前刀面上，挡块的工作面可焊接硬质合金等类的耐磨材料，工作面可调节成外斜式、内斜式或平行式。

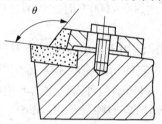

图 9-6　附加断屑装置

（2）间断进给断屑　在加工塑性高的材料或在自动生产线上加工时，采用振动切削装置，实现间断切削，使进给量 f 发生变化，获得不等截面的切屑，造成狭小截面处应力集中、强度减小，达到断屑的目的。振动装置虽然断屑可靠，但结构复杂。

9.2　刀具材料的选用

刀具材料是决定刀具切削性能的根本因素，它对于加工效率、加工质量、加工成本以及刀具耐用度影响很大。目前，刀具材料的种类与牌号很多，掌握各种常用刀具材料的性能，并根据切削规律，正确地选择刀具材料是本节重点介绍的内容。

9.2.1　刀具材料应具备的性能

在切削过程中，刀具切削部分在高温下承受很大的切削力和冲击力，并经受剧烈的摩擦作用，因此，作为刀具切削部分的材料，应具备以下的基本要求：

（1）高的硬度　刀具材料的硬度必须高于被切削材料的硬度才能切下金属，所以硬度是刀具材料应具备的基本特性。现有的刀具材料，其硬度一般都在 HRC60 以上。

（2）高的耐磨性　耐磨性是刀具材料抗磨损的能力。一般刀具材料的硬度越高，其耐磨性就越好。其次，耐磨性还取决于材料的化学成份、金相组织等。

（3）足够的强度与冲击韧性　强度是抵抗切削力的作用而不致于崩刃与折断所应具备的性能，一般用抗弯强度来表示。

（4）高的耐热性（热稳定性）　耐热性是衡量刀具材料性能的主要指标。它综合反映刀具材料在高温下能保持的硬度、耐磨性、强度、抗氧化、抗粘结和抗扩散的能力。耐热性一般用温度来表示。例如，高速钢的耐热性(红硬性)为 500 ~ 600℃。

(5) 良好的工艺性和经济性 为了便于制造刀具与刃磨，要求刀具材料应具有良好的工艺性，如锻造、热处理、磨削加工及焊接性能等。当然在制造与选用刀具材料时，还应考虑经济性。

常用刀具材料有碳素工具钢、合金工具钢、高速钢、硬质合金、陶瓷、金刚石、立方氮化硼等。目前用得最多是高速钢和硬质合金。

9.2.2 高速钢

高速钢是一种加入了适当的钨、铬、钒、钼等合金元素的高合金工具钢。

1. 高速钢的性能

(1) 硬度 一般为 HRC63 ~ 70。

(2) 强度 一般抗弯强度为 3 ~ 3.4 GPa。

(3) 耐热性 在切削温度高达 500 ~ 600℃时，切削性能变化不大，尚能进行切削。

2. 高速钢的种类

(1) 通用型高速钢 这类钢广泛用于制造各种复杂刀具，一般用于切削硬度在 HB250 ~ 280 以下的大部分结构钢和铸铁。它的切削速度不太高，切削普通钢料时一般为 40 ~ 60 m/min。通用型高速钢可分为钨钢、钨钼钢两种。钨钢的典型牌号是 W18Cr4V(简称 W18)，它含 18% W、4% Cr、1% V；钨钼钢的典型牌号是 W6Mo5Cr4V2(简称 M2)。它们的力学性能见附表 9 − 1。

(2) 高性能高速钢 高性能高速钢是在通用型高速钢成分中再增加一些含碳、钒、钴及铝等合金元素冶炼而成的。具有更好的切削性能，耐用度为通用型高速钢刀具的 1.5 ~ 3 倍，适用于加工奥氏体不锈钢、高温合金、钛合金、超高强度钢等难加工材料，但不同牌号的高性能高速钢，只有在各自的规定切削条件下使用才能有效地发挥良好的切削性能。此外，含钴高速钢的成本较高，在使用上受到一定的限制。

高性能高速钢分为钴高速钢和铝高速钢两种。钴高速钢 W2Mo9Cr4VCo8(简称 M42)是一种应用最广的牌号，铝高速钢 W10Mo4Cr4V2Al 是我国独创的无钴高速钢。

高速钢的力学性能详见表 9 − 1。

表 9 − 1 高速钢力学性能

钢 号	常温硬度/HRC	抗弯强度/GPa	冲击韧度/(MJ/m²)	高温硬度/HRC	
				500℃	600℃
W18Cr4V	63 ~ 66	3 ~ 3.4	0.18 ~ 0.32	56	48.5
W6Mo5Cr4V2	63 ~ 66	3.5 ~ 4	0.3 ~ 0.4	55 ~ 56	47 ~ 48
9W18Cr4V	66 ~ 68	3 ~ 3.4	0.17 ~ 0.22	57	51
W6Mo5Cr4V3	65 ~ 67	3.2	0.25	—	51.7
W6Mo5Cr4V2Co8	66 ~ 68	3.0	0.3	—	54
W2Mo9Cr4VCo8	67 ~ 69	2.7 ~ 2.8	0.23 ~ 0.3	~ 60	~ 55
W6Mn5Cr4V2Al	67 ~ 69	2.9 ~ 3.9	0.23 ~ 0.3	60	55
W10Mo4CrV3Al	67 ~ 69	3.1 ~ 3.5	0.2 ~ 0.28	59.5	54

（3）粉末冶金高速钢 粉末冶金高速钢是用高压氩气或纯氮气雾化熔融的高速钢钢水，直接得到细小的高速钢粉末，然后在高温高压下压制而成。用粉末冶金方法制成的高速钢，克服了一般熔炼高速钢晶粒粗大、碳化物共晶偏析等缺陷，因而得到良好的力学性能。其强度与韧性分别提高 30% ~40% 和 80% ~90%，耐磨性可提高 20% ~30%，耐用度可提高 2~3倍。粉末冶金高速钢适于制造难加工材料的刀具及大尺寸刀具（如滚刀、插齿刀），也适于制造精密刀具、复杂刀具、成形刀具和断续切削刀具。

9.2.3 硬质合金

硬质合金是由难熔的金属碳化物（如 WC、TiC、TaC、NbC 等）和金属粘结剂（如 Co、Ni 等）经粉末冶金方法制成。

1. 硬质合金的性能

（1）常用硬质合金的硬度 HRA 89 ~93，比高速钢的硬度（HRA 83 ~86.6）高。

（2）常用硬质合金的抗弯强度为 0.9 ~1.5GPa，比高速钢的抗弯强度低得多。

（3）硬质合金的耐性磨性、耐热性都比高速钢高。在 800 ~1000℃ 时尚能进行切削，其刀具耐用度要比高速钢高得多，在相同耐用度的条件下，切削速度可提高 4~10 倍。

硬质合金中碳化物的含量较高时，则硬度就能提高，但抗弯强度降低；粘结剂含量较高时，则抗弯强度可提高，但硬度却降低。由于硬质合金的切削性能优良，因此，已被广泛用作刀具材料，它还可用来加工高速钢刀具不能切削的淬硬钢等高硬度的材料。

2. 硬质合金的分类

ISO 将切削用硬质合金分为三类：

P 类，用于加工长切屑的黑色金属、相当于我国的 YT 类。

K 类，用于加工短切屑的黑色金属、有色金属和非金属材料，相当于我国的 YG 类。

M 类，用于加工长或短切屑的黑色金属和有色金属，相当于我国的 YW 类。

3. 常用硬质合金的种类

（1）钨钴类（YG 类） 这类硬质合金是由 WC 和 Co 组成。我国生产常用牌号有 YG3X、YG6X、YG6 和 YG8 等，含钴量分别为 3%、6% 和 8%。其硬度为 HRA 89 ~91.5，抗弯强度为 1.1 ~1.5GPa。主要用于加工铸铁和有色金属。

这类硬质合金有粗、中、细和超细晶粒之分。如 YG6、YG8 为中晶粒，YG3X、YG6X 为细晶粒，YG10H 为超细晶粒。超细晶粒硬质合金的 WC 晶粒在 0.2 ~1μm 之间，大部分在 0.5μm 以下。

为了提高这类硬质合金的常温、高温硬度及耐磨性，可在其成分中加入1% ~3% 的 TaC（NbC），组成 WC – TaC（NbC）– Co 合金。其牌号有 YG6A、YG8A，可用以加工硬铸铁和不锈钢等。

（2）钨钛钴类（YT 类） 这类硬质合金由 WC + TiC + Co 组成。常用的牌号有 YT5、YT14、YT15、YT30，TiC 的含量分别为 5%、14%、15% 和 30%。其硬度为 HRA89.5 ~92.5，抗弯强度为 0.9 ~1.4GPa。随着合金成分中 TiC 含量的提高和钴含量的降低，合金的硬度和耐磨性提高，抗弯强度则降低。

这类硬质合金突出的优点是耐热性好，它比 YG 类的硬度提高了，但抗弯强度却有较大降低。

这类硬质合金主要用于加工钢料。当要求刀具有较高的耐热性及耐磨性时，应选用 TiC

含量较高的牌号，当刀具在切削过程中受冲击和振动而易引起崩刃时，则选用 TiC 含量低的牌号。一般在粗加工时选用 YT5，半精加工时选用 YT14、YT15，精加工时选用 YT30。

在 YT 类硬质合金中加入 TaC(NbC)可提高其抗弯强度、疲劳强度和冲击韧性、高温硬度和高温强度、抗氧化能力的耐磨性。这类合金常用牌号有 YW1 和 YW2。这类合金既可用于加工铸铁及有色金属，也可用于加工钢料。目前，它们主要用于加工难加工材料。

以上三类硬质合金的主要成分都是 WC，故称之为 WC 基硬质合金，常用牌号及用途见表 9-2。

表 9-2   常用硬质合金牌号及用途

牌号	使用性能	使用范围
YG3X	属细晶粒合金，是 YG 类合金中耐磨性最好的一种，但冲击韧度较差	适于铸铁、有色金属及其合金的精镗、精车等。亦可用于合金钢、淬火钢及钨、钼材料的精加工
YG6X	属细晶粒合金，其耐磨性较 YG6 高，而使用强度接近于 YG6	适于冷硬铸铁、合金铸铁、耐热钢及合金钢的加工，亦适于普通铸铁的精加工，并可用于制造仪器仪表工业用的小型刀具和小模数滚刀
YG6	耐磨性较高，但低于 YG6X、YG3X，韧性高于 YG6X、YG3X，可使用较 YG8 为高的切削速度	适于铸铁、有色金属与非金属材料连续切削时的粗车，间断切削时的半精车、精车，小端面精车，粗车螺纹，旋风车丝，连续断面的半精铣与精铣，孔的粗扩和精扩
YG8	使用强度较高，抗冲击和抗振性能较 YG6 好，耐磨性和允许的切削速度较低	适于铸铁、有色金属及其合金与非金属材料加工中，不平整断面和间断切削时的粗车、粗刨、粗铣，一般孔和深孔的钻孔、扩孔
YG10H	属超细晶粒合金，耐磨性较好，抗冲击和抗振动性能高	适于低速粗车，铣削耐热合金及钛合金，做切断刀及丝锥等
YT5	在 YT 类合金中，强度最高，抗冲击和抗振动性能最好，不易崩刃，但耐磨性较差	适于碳钢及合金钢，包括钢锻件、冲压件及铸件的表皮加工，以及不平整断面和间断切削时的粗车、粗刨、半精刨、粗铣、钻孔等
YT14	使用强度高，抗冲击性能和抗振动性能好，但较 YT5 较差，耐磨性及允许的切削速度较 YT5 高	适于碳钢及合金钢连续切削时的粗车，不平整断面和间断切削时的半精车和精车，连续面的粗铣，铸孔的扩钻等
YT15	耐磨性优于 YT14，但抗冲击韧度较 YT14 差	适于碳钢及合金钢加工中，连续切削时的小断面精车，旋风车丝，连续面的半精铣及精铣，孔的精扩
YT30	耐磨性及允许的切削速度较 YT15 高，但使用强度及冲击韧度较差，焊接及刃磨时极易产生裂纹	适于碳钢及合金钢的精加工，如小断面精车、精镗和精扩等
YG6A	属细晶粒合金，耐磨性和使用强度与 YG6 相似	适于硬铸钢、球墨铸铁、有色金属及其合金的半精加工；亦可用于高锰钢、淬火钢及合金钢的半精加工和精加工
YG8A	属于中颗粒合金，其抗弯强度与 YG8 相同，而硬度和 YG6 相同，高温切削时热硬性较好	适于硬铸钢、球墨铸铁、白口铁及有色金属的粗加工；亦适于不锈钢的精加工和半精加工
YW1	热硬性较好，能承受一定的冲击负荷，通用性较好	适于耐热钢、高锰钢、不锈钢等难加工钢材的精加工，也适于一般钢材和普通铸铁及有色金属的精加工
YW2	耐磨性稍次于 YW1 合金，但使用强度较高，能承受较大的冲击负荷	适于耐热钢、高锰钢、不锈钢及高级合金等难加工钢材的半精加工，也适于一般钢材和普通铸铁及有色金属的半精加工
YN05	耐热性接近陶瓷，热硬性极好，高温抗氧化性优良，抗冲击和抗振动性能差	适于钢、铸钢和合金铸铁的高速精加工，及机床—工件—刀具系统刚性特别好的细长件的精加工
YN10	耐磨性及热硬性较高，抗冲击和抗振动性能差，焊接及刃磨性能较 YT30 为好	适于碳钢、合金钢、工具钢及淬硬钢的连续面精加工。对于较长件和表面粗糙度要求小的工件，加工效果尤佳

(3) 碳化钛基类(YN 类)　这类硬质合金由 TiC + Ni + Mo 组成。其中以 TiC 为主要成分，有的还加入其他碳化物和氮化物，Ni、Mo 则为粘结剂。由于 TiC 在所有碳化物中硬度最高，故合金硬度也很高(HRA90 ~ 94)，达到了陶瓷硬度水平。这类合金有很高的耐磨性、较高的耐热性和抗氧化能力，化学稳定性好，抗粘结能力较强，因此刀具耐用度可比 WC 基的硬质合金提高几倍。但目前它们的抗弯强度和韧性还赶不上 WC 硬质合金，因此主要用于钢和铸铁的半精加工与精加工。其常用牌号有 YN05、YN10。

9.2.4　其他刀具材料

1. 陶瓷

用作刀具材料的陶瓷有：纯 Al_2O_3 陶瓷、Al_2O_3 - TiC 混合陶瓷和氮化硅基(Si_3N_4)陶瓷。陶瓷刀具材料具有下列特点：

(1) 很高的硬度和耐磨性　陶瓷的硬度高于硬质合金，其硬度可达 HRA91 ~ 95。

(2) 很高的耐热性和热稳定性　陶瓷在 1200℃ 时还能进行切削，在切削过程中，它与金属的亲合力小，抗粘结和抗扩散能力较强，因此，其耐用度较高，切削速度比硬质合金提高 2 ~ 5 倍。

(3) 抗弯强度较低、冲击韧性差　纯 Al_2O_3 陶瓷的抗弯强度仅有 0.5GPa 左右，细晶粒 Al_2O_3 - TiC 混合陶瓷的抗击强度为 0.8 ~ 0.9GPa，比硬质合金低得多。

陶瓷刀具材料可用于加工钢、铸铁、硬铸铁及淬硬钢等的精加工和半精加工。

2. 金刚石

金刚石可分为天然和人造的两类。人造金刚石又可分为人造聚晶金刚石与金刚石复合刀片。人造金刚石是通过合金触媒的作用，在高温、高压下把石墨转化而成。金刚石复合刀片是在硬质合金基体上烧结一层约 0.5mm 厚的金刚石。

天然金刚石由于价格昂贵等原因用得较少。人造金刚石主要用于磨具及磨料，用作刀具时多用于有色金属及非金属材料的精细车削及镗孔。可得到 IT5 级以上的高精度，表面粗糙度值可达 R_a 0.04 ~ 0.012 μm。

金刚石有极高的硬度和耐磨性，其显微硬度达到 HV10000，是目前已知的最硬物质。金刚石的热稳定性较低，切削温度超过 700 ~ 800℃ 时，它就会完全失去其硬度。

金刚石不适于加工钢铁材料，因为金刚石的碳和铁有很强的化学亲合力，在高温下铁原子容易与碳原子作用而使其转化为石墨结构，刀具极易损坏。

3. 立方氮化硼

立方氮化硼是由六方氮化硼在高温高压下加入催化剂转变而成的。它分整体聚晶立方氮化硼和立方氮化硼复合刀片(在硬质合金基体上烧结一层厚度约为 0.5mm 的立方氮化硼)。

立方氮化硼有很高的硬度和耐磨性，其硬度可达 HV 8000 ~ 9000，仅次于金刚石。

立方氮化硼有很高的热稳定性(可达 1400℃)，比金刚石要高得多。

立方氮化硼有很大的化学惰性，它与铁族金属直至 1200 ~ 1300℃ 时也不易引起化学作用。

立方氮化硼的抗弯强度目前还处较低的水平，有的刀片可达 1GPa。

立方氮化硼刀具可用一般切削速度对淬火钢、冷硬铸铁、高温合金等难加工材料进行加工。其加工效果可达磨削加工的水平。目前，它是切削高硬度的热喷涂材料中切削效率最高的刀具材料。

9.3　改善工件材料切削加工性的途径

工件材料的切削加工性是指工件材料被切削的难易程度。目前工业建设和科学技术的迅速发展，对工程材料使用性能的要求愈来愈高，因此，对高性能材料的切削加工也就更为困难，它们的加工性很差。研究材料切削加工性的目的，是为了加深对被加工材料的切削性能的了解，以便找出改善被加工材料切削加工性的途径。

9.3.1　切削加工性的概念和衡量指标

工件材料切削加工性是指在一定切削条件下，对工件材料进行切削加工的难易程度。衡量切削加工性的指标不是唯一的，一般把它归纳为以下几个方面：

1. 刀具耐用度指标

用刀具耐用度高低来衡量被加工材料的切削加工性的好坏。在切削普通金属材料时，用刀具耐用度为 60 min 所允许的切削速度 v_{60} 值的大小，来评定材料切削加工性的好坏；在切削难加工材料时，则用 v_{20} 值。在相同加工条件下，v_{60} 或 v_{20} 的值愈高，材料的切削加工性就愈好；反之，加工性差。

此外，经常使用相对加工性指标，即以 45 钢（HB 170 ~ 229，$\sigma_b = 0.637$ GPa）的 v_{60} 为基准，记作 v_{j60}，其它材料的 v_{60} 与 v_{j60} 之比值 k_v 称为相对加工性，即：

$$k_v = \frac{v_{60}}{v_{j60}} \tag{9-2}$$

当 $k_v > 1$ 时该材料比 45 钢容易切削，例如，有色金属的 $k_v > 3$；当 $k_v < 1$ 时该材料比 45 钢难切削，例如，$k_v \leqslant 0.5$ 为高锰钢、不锈钢、钛合金等，这些材料亦称为难加工材料。

2. 加工表面粗糙度指标

切削时容易达到加工表面粗糙度要求，属于切削加工性好；反之，切削加工性差。

3. 切削力指标

切削时切削力大，消耗功率多时，属于切削加工性差；反之，切削加工性好。

4. 切屑的控制难易程度指标

能有效控制切屑的流向和可靠的断屑，属于切削加工性好；反之，切削加工性差。

不同的加工条件，采用的加工性指标也不同，例如，粗加工时采用刀具耐用度指标或切削力指标，精加工时采用表面粗糙度指标；在自动生产线上也有用切屑的控制指标。

目前常用的工件材料，按相对加工性可分为 8 级（表 9 - 3），显然，k_v 越大，切削加工性越好，k_v 越小，切削加工性越差。

表 9 - 3　材料切削加工性等级

加工性等级	名 称 及 种 类		相对加工性 k_v	代 表 性 材 料
1	很容易切削材料	一般有色金属	>3.0	铜铅合金、铜铝合金、铝镁合金
2	容易切削材料	易切钢	2.5 ~ 3.0	退火 15Cr, $\sigma_b = 0.372 \sim 0.441$ GPa Y15, $\sigma_b = 0.392 \sim 0.490$ GPa
3		较易削钢	1.6 ~ 2.5	正火 30 钢, $\sigma_b = 0.441 \sim 0.549$ GPa
4	普通材料	一般钢及铸铁	1.0 ~ 1.6	45 钢、灰铸铁、结构钢
5		稍难切削材料	0.65 ~ 1.0	2Cr13 调质, $\sigma_b = 0.8288$ GPa 85 钢轧制, $\sigma_b = 0.8829$ GPa
6	难切削材料	较难切削材料	0.5 ~ 0.65	45Cr 调质, $\sigma_b = 1.03$ GPa 60Mn 调质, $\sigma_b = 0.9319 \sim 0.981$ GPa
7		难切削材料	0.15 ~ 0.5	50CrV 调质、1Cr18Ni9Ti、α 相钛合金
8		很难切削材料	<0.15	β 相钛合金、镍基高温合金

9.3.2　影响材料切削加工性的因素

工件材料切削加工性的好坏，主要决定于工件材料的物理机械性能、化学成分、热处理状态和表层质量等。

1. 硬度和强度

金属材料的硬度和强度越高，则切削力越大，切削温度越高，刀具耐用度就越低，故切削加工性差。有些材料的硬度和强度在常温时并不高，但随着切削温度增加，硬度和强度就不断提高，切削加工性变差。例如 20CrMo 钢在高温时的切削加工性比 45 钢要差。此外，有些材料的加工硬化严重，会降低刀具耐用度，故切削加工性差。

2. 塑性和韧性

金属材料的塑性愈高，切削变形就愈大；韧性愈高，切削消耗的能量也愈多，使切削温度升高。塑性和韧性提高后，切屑不易折断，刀、屑面摩擦严重，容易粘屑，加工表面粗糙度增大，因此，切削加工性变差。

3. 导热性

金属材料的导热性愈差，切削热在切削区域内愈不易传散，刀刃上的温度高，刀具磨损严重，使刀具耐用度降低，故切削加工性差。

4. 金属材料的化学成分

金属材料中所含的各种合金元素会影响材料的性能和切削加工性。

例如，材料的碳、锰、硅、铬、钼含量增多，会使材料的硬度提高，切削加工性变差。含镍量增多，韧性会提高，导热性会降低，故切削加工性差。金属材料中含铅、磷、硫，会使材料的塑性降低，切屑易于折断，有利于改善切削加工性。在金属材料中含氧和氮易形成氧化物、氮化物的硬质点，加速刀具磨损，使切削加工性变差。

9.3.3　难加工材料的切削加工性及其改善途径

1. 高强度合金结构钢

高强度合金结构钢有很多种类，它们经热处理后可达到很高的硬度、强度和延伸率。

例如：

铬镍钢（20Cr2Ni4）：HB269、$\sigma_b = 1.177$ GPa、$\delta = 45\%$、$\alpha_k = 784\text{kJ/m}^2$

铬钼钢（35Cr2MoV）：HB241、$\sigma_b = 1.079$ GPa、$\delta = 50\%$、$\alpha_k = 882\text{kJ/m}^2$

它们的硬度为 45 钢的 1～1.2 倍、强度为 1.6～3 倍、延伸率为 3～3.4 倍，冲击值为 1～1.6倍，因此，高强度合金钢的综合加工性指标差，切削时切削力大、消耗切削功率多、切削温度高、刀具磨损快、断屑困难等。

为了改善材料的切削加工性，可选用强度高、耐磨性高的刀具材料。例如，粗车用 YT5，精车和半精车用 YW3 和涂层硬质合金刀片。刀具几何参数的特点是，选用较大前角（$\gamma_o \approx 10°$）、负刃倾角（$\lambda_s = -5°～-10°$）或负前角（$\gamma_o = -5°～-10°$）、较大刀尖圆弧半径（$r_\varepsilon = 0.5～1\text{mm}$）、磨制断屑槽。选用较低切削速度（$v < 100$ m/min）。

2. 不锈钢

不锈钢的种类较多，使用广泛，常用的有马氏体不锈钢（2Cr13、3Cr13）、奥氏体不锈钢（1Cr18Ni9Ti）。不锈钢的常温硬度和强度接近 45 钢，但切削温度一旦升高，硬化就加剧，材料硬度、强度随着提高，切削力也增大。不锈钢的伸长率是 45 钢的 3 倍，冲击韧度是 45 钢的 4 倍，导热系数仅为 45 钢的 $\frac{1}{3}$～$\frac{1}{4}$。因此，切削时消耗功率大、断屑困难、粘屑严重、传热差，刀具容易磨损。

切削不锈钢时应选用导热性好、强度高又耐磨的刀具材料，粗加工用 YG8，精加工用 YW4 等；选用大的前角（$\gamma_o = 15°～25°$）、后角（$\alpha_o = 10°$）和主偏角，以便减小切削变形和切削力；选用负刃倾角和带倒棱来提高刀具强度；磨制断屑槽；切削速度不宜过高（$v = 50～100\text{m/min}$）；增大进给量和背吃刀量，以防止刀具在硬化层深度内工作。

3. 高温合金

高温合金按其化学成分分为铁基、镍基和钴基三种。铁基高温合金（牌号如 4Cr12Ni8Mn8MoVNb）的组织是奥氏体，但比奥氏体不锈钢更难切削。镍基高温合金（牌号如 Cr20Ni77AlTi2.5）较铁基高温合金的切削加工性差。由于高温合金中含有较多的高熔点合金元素，有些元素又与非金属元素碳、氮、氧等结合成熔点高的高硬度化合物，如 TiC、TiN、Al_2O_3 等，这些对刀具的磨损是很不利的。

镍基高温合金在切削时，加工硬化严重，切削力可高达 45 钢的 2～3 倍，切削温度可高达 $750～1000°C$。

切削高温合金，宜选用 YG 和 YW 类硬质合金。YT 类硬质合金不宜用于加工含钛元素的高温合金，以免钛元素的亲和作用而加剧刀具的磨损。刀具前角宜偏小（$\gamma_o = 0～5°$），后角稍大（$\alpha_o = 10°～12°$），切削速度应偏低（一般 $v = 20～30\text{m/min}$）。对于镍基高温合金，随含镍量的增加，切削速度应相应降低。背吃刀量和进给量不宜过小，以避免切削刃在硬化层中切削。

4. 钛合金

钛合金是在航空、船舶、石化工业中应用较多的特种金属材料，钛合金按其金相组织可分为 α 相、（$\alpha + \beta$）相、β 相钛合金，它们的硬度和强度按这个次序增加，而切削加工性按这个次序下降。

钛合金的切削加工性低，主要在于其导热系数极小，只为 45 钢的 $\frac{1}{5}$～$\frac{1}{7}$；塑性较低，弹性模量小，弹性变形大，在高温时与周围气体会发生化学变化，使硬度增高，产生硬而脆的外皮。

切削钛合金时，刀具材料应选用与钛化学元素亲和作用小、且导热性良好及强度高的细晶粒的钨钴类硬质合金，如 YG8A、YG10H 等。为了改善刀具的散热条件和增强刀刃的强度，应采用较小的前角，硬质合金刀具的前角一般为 0～5°。为了克服因回弹而造成的摩擦，后角应适当加大，一般为 10°～15°。硬质合金刀具的切削速度 $v = 30 \sim 50 \mathrm{m/min}$，背吃刀量与进给量应大于硬脆层的深度。

5. 冷硬铸铁

冷硬铸铁的表层硬度很高，可达 HRC60，且表层不均匀的硬质点多。其中镍铬冷硬铸铁的高温强度高，导热系数小。

冷硬铸铁的加工特点是，刀尖处受力大，温度高，刀刃易崩刃，刀具耐用度低，属于难加工材料。

切削冷硬铸铁可选用 YG6、YG6X、YW3 刀具材料，若采用氧化铝陶瓷刀具材料，刀具的耐用度高。刀具几何参数的特点是，取较小的前角（$\gamma_o = 0 \sim -10°$）和主偏角（$\kappa_r = 15° \sim 20°$），负刃倾角，增大刀尖圆弧半径 r_ε，以提高刀具强度、增加散热面积。切削冷硬铸铁的切削速度，用硬质合金刀具取 $v < 20 \mathrm{m/min}$，用氧化铝陶瓷刀具取 $v = 60 \mathrm{m/min}$。

9.4　刀具几何参数的合理选择

刀具的几何参数包括刀具的几何角度（如 γ_o、α_o、κ_r、κ'_r、λ_s 等），刀具的形式（如平前刀面、带倒棱的前刀面、带卷屑槽的前刀面）及切削刃的形状（直线形、折线形、圆弧形）等，它们对于生产效率、加工质量和加工成本都有显著的影响。所谓刀具的合理几何参数，就是在保证加工质量的前提下，能够获得最高刀具耐用度的几何参数。为了充分发挥刀具的切削性能，除应正确地选择刀具材料外，还应合理地选择刀具的几何参数。

9.4.1　前角、前刀面的功用和选择

1. 前角的功用

（1）影响切削变形　前角增大，切削变形减小，从而使切削力减小，切削温度降低，切削功率消耗减小。

（2）影响刀具耐用度　前角太大，刀头体积减小，刀头强度低，散热差，切削温度升高快，刀具磨损加剧，刀具耐用度降低。

（3）影响加工表面质量　前角增大可抑制积屑瘤和鳞刺的产生，减小冷作硬化和残余应力，切削刃锋利，故加工表面质量好。

2. 前角的选择

确定前角大小的原则是，在保证刀具耐用度条件下尽量选取较大的前角。具体应考虑以下几个因素：

（1）根据被加工材料选　加工塑性金属材料前角较大，加工脆性金属材料前角较小；材料的强度和硬度越高，前角越小；材料的塑性越大，前角越大。

（2）根据刀具切削部分材料选　高速钢刀具材料的抗弯强度、抗冲击韧性高，可选取较大前角；硬质合金材料的抗弯强度较高速钢低，故前角较小；陶瓷刀具材料的抗弯强度是高

速钢的 $\frac{1}{2}$ ~ $\frac{1}{3}$，故选择前角应更小些。

（3）根据加工要求选　粗加工时选择较小前角；精加工时的前角应选大些；加工成形表面用的刀具，前角应取小，这是由于前角减小，能减少刀具的刃形误差，提高工件的加工精度。表 9 - 4 为不同刀具材料加工钢材时前角值，详细可查切削手册。

表 9 - 4　加工钢料的刀具前角选择

刀具材料 碳钢 σ_b/GPa	高 速 钢	硬 质 合 金	陶 瓷
≤0.784	25°	12 ~ 15°	10°
>0.784	20°	10°	5°

3. 倒棱及其参数的选择

倒棱是在前刀面上沿主刀刃磨出一很小的棱面，如图 9 - 7(a) 所示。倒棱弥补了由于使用正前角而引起刀刃强度减弱的缺陷，同时由于刀尖楔角增大，也改善了散热条件。实践证明，倒棱对于减少崩刃和提高刀具耐用度的效果是很显著的。

倒棱的宽度值通常与切削厚度（进给量）有关，一般取 b_{r1} = 0.2 ~ 1 mm 或 b_{r1} = (0.3 ~ 0.8)f(f 为进给量)，粗加工时取大值，半精加工时取小值。

倒棱的前角，高速钢刀具 γ_{o1} = 0 ~ 5°，硬质合金刀具 γ_{o1} = -5° ~ -10°。

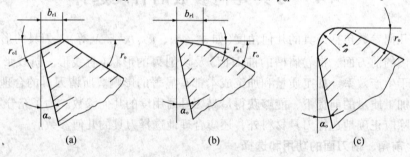

(a)　　　　　　　　　(b)　　　　　　　　　(c)

图 9 - 7　前刀面上的倒棱

采用刀刃钝圆，如图 9 - 7(c) 所示，也是增强切削刃的有效方法，目前经钝圆处理的硬质合金可转位刀片，已经获得广泛的应用。钝圆刃还有一定的切挤熨压及消振的作用，可减小工件已加工表面的粗糙度。

一般情况下钝圆半径 r_β < f/3(f 为进给量)，轻型钝圆 r_β = 0.02 ~ 0.03 mm，中型钝圆 r_β = 0.05 ~ 0.1 mm，重型钝圆 r_β = 0.15 mm(用于重载切削)。

前刀面的几种形式见图 9 - 5。

9.4.2　后角的选择

1. 后角的功用

后角的主要功用是减小刀具后刀面与加工表面之间的摩擦，后角对刀具耐用度和加工表面质量有很大的影响。适当增大后角可以提高刀具耐用度，这是因为增大后角可减小弹性恢复层与后刀面的接触长度，同时容易切入工件，因而减小后刀面的摩擦与磨损。另外，当后刀面磨损标准 VB 值相同时，后角较大的刀具，用到磨钝标准时，所磨去的金属体积较大

［图 9 - 8(a)］，从而延长了刀具的使用时间。但是，当后角太大时，楔角会显著减小，削弱了切削刃的强度，减小散热体积，使散热条件恶化，刀具耐用度降低。所以后角也存在一个刀具耐用度为最大的合理数值。

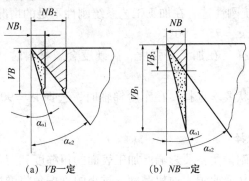

$$(a)\ VB 一定 \qquad (b)\ NB 一定$$

图 9 - 8　后角与磨损量的关系

2. 后角的选择

（1）合理后角的大小主要取决于切削厚度（或进给量）的大小　当切削厚度很小时，磨损主要发生在后刀面上，为了减小后刀面的磨损和增加切削刃的锋利程度，宜取大的后角。当切削厚度很大时，前刀面上的磨损量加大，这时后角取小值可以增强切削刃强度，并能改善散热条件，从而提高刀具的耐用度。

（2）按工件材料的强度或硬度选择后角　当工件材料的强度或硬度较高时，为了加强切削刃，宜取较小的后角。工件材料较软，塑性较大，已加工表面易产生加工硬化，后刀面摩擦对刀具磨损和加工表面质量影响较大时，应取较大的后角。

（3）对于尺寸精度较高的刀具，宜取小的后角　因为当径向磨损量 NB 选为定值时，如图 9 - 8(b)所示，后角较小，所能允许磨掉的刀具金属体积较多，刀具可连续使用时间较长，故刀具耐用度较高。

这里应该指出，后角的选择与切削刃的运动轨迹有很大关系。例如，切断刀工作时的进给量较小，刀具愈接近中心，工作后角愈小，因此，切断刀的后角要比外圆车刀选得大一些，一般 $\alpha_o = 10° \sim 12°$。又如在车削大螺距右螺纹时，由于进给运动的关系，左侧刀刃的后角要比右侧刀刃的后角磨得大些。

一般取车刀的副后角等于主后角。生产中，车削一般钢和铸铁时，取 $\alpha_o = 6° \sim 8°$，详细可查切削手册。

9.4.3　主偏角、副偏角及刀尖形状的选择

1. 主偏角的功用和选择

1）主偏角的功用

（1）影响刀具强度及刀具耐用度　主偏角减小，刀头体积增大，刀具强度提高，散热条件改善，因此，提高了刀具的强度和耐用度。

（2）影响加工表面粗糙度　减小主偏角使表面残留面积减少，残留面积高度 R_{max} 减小，故表面粗糙度减小。

（3）影响切削分力的分配比例　减小主偏角使径向 F_y 增大，轴向力 F_x 减小。所以，小的主偏角是引起切削振动的主要原因。

（4）影响断屑效果　增大主偏角，使切削厚度 a_c 增厚，切屑厚度 a_{ch} 相应增加，故增大了切屑拉应变而产生断屑。

2）主偏角的选择

（1）根据加工工艺系统刚性选　在加工工艺系统刚性不足的情况下，为减小径向力 F_y 应选取较大主偏角，一般为 $\kappa_r = 75° \sim 90°$。

（2）根据加工材料选择　在加工高强度、高硬度金属材料时，为提高刀尖强度和耐用度，应取较小主偏角。

（3）根据加工表面形状要求选择　在车阶梯轴时，选择 $\kappa_r = 90°$，车外圆、车端面和倒角时，则应选择 $\kappa_r = 45°$。

2. 副偏角的功用及选择

（1）副偏角的功用　副偏角主要影响已加工表面的粗糙度和刀具耐用度。小的副偏角可使残留面积的高度减小，从而改善表面粗糙度；过小的副偏角将增加刀刃参与切削工作的长度，增大副后刀面与已加工表面之间的摩擦与磨损，同时还会引起振动。过大的副偏角，将削弱刀尖强度并恶化刀头散热条件，使刀具耐用度降低。

（2）副偏角的选择　在工艺系统刚性较好、不产生振动的条件下，副偏角应取小值。精车时，一般 $\kappa'_r = 5° \sim 10°$，粗车时 $\kappa'_r = 10° \sim 15°$。

加工高强度、高硬度的材料或断续切削时，应取较小的副偏角（$\kappa'_r = 4° \sim 6°$），以提高刀具强度。

3. 刀尖形状及尺寸的选择

刀尖处的强度较差，切削力大，切削温度高，散热条件不好，刀尖容易磨损。当主偏角

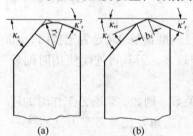

图 9 - 9　刀尖处的过渡刃

与副偏角都很大时，这一情况尤为严重。所以强化刀尖可显著提高刀具的抗崩刃性和耐磨性，从而提高刀具耐用度。此外，刀尖的形状对残留面积的高度和已加工表面的粗糙度也有很大的影响。

强化刀尖的办法可采用不同的过渡刃形式，如图9 - 9所示。

（1）圆弧形过渡刃　圆弧形过渡刃不仅可提高刀具耐用度，还可大大减小已加工表面的粗糙度。精加工车刀常采用圆弧形过渡刃。

圆弧形过渡刃的半径称为刀尖半径 r_ε，对硬质合金和陶瓷车刀一般 $r_\varepsilon = 0.5 \sim 1.5$ mm，对高速钢车刀 $r_\varepsilon = 1 \sim 3$ mm。

（2）直线形过渡刃　粗加工时，背吃刀量比较大，为了减小径向分力 F_y 和振动，通常采用较大的主偏角，但又削弱了刀尖强度，恶化了散热条件。为了改善这种情况，提高刀具的耐用度，常常磨出直线过渡刃。

过渡刃偏角 $\kappa_{r\varepsilon}$ 一般取 $\frac{1}{2}k_r$；过渡刃长度 $b_\varepsilon = 0.5 \sim 2$ mm 或 $b_\varepsilon = \left(\frac{1}{4} \sim \frac{1}{5}\right)a_p$。

9.4.4　刃倾角的功用和选择

1. 刃倾角的功用

（1）影响加工表面质量　改变刃倾角，可以改变流屑方向，可以使切屑不划伤已加工表

面。增大刃倾角，可减小法剖面内刃口圆弧半径值，使刃口锋利，并使实际工作前角增大，因而，改善了加工表面质量。

（2）影响刀具强度　选用负刃倾角，可增大刀刃散热体积，提高刀具强度，可改善刀片的受力状况（受压而不受拉）。所以，许多高性能车刀都是采取增大刀具前角的同时选取负刃倾角，切削时，既能减小切削变形，又能有效地保证刀具足够的强度，从而解决了刀具在使用时出现的"锋利与强固"难以并存的矛盾。

（3）影响切削分力的大小　当负刃倾角的绝对值增大时，径向分力 F_y 显著增大，它将导致工件变形并引起振动。

2. 刃倾角的选择

（1）根据加工要求选　精加工时，为防止切屑划伤已加工表面，选择 $\lambda_s = 0 \sim +5°$；粗车时，为提高刀具强度，选择 $\lambda_s = 0 \sim -5°$。

（2）根据加工条件选　加工断续表面、加工余量不均匀表面，或在其它产生冲击振动的切削条件下，通常取负的刃倾角。

车削淬硬钢等高硬度、高强度金属材料，也常取较大负值的刃倾角，详细可查有关手册。

9.4.5　刀具合理几何参数选择举例

应当指出，刀具各几何参数是互相联系与互相影响的，应在综合分析实际情况的基础上，灵活选取。

例如，在卧式车床上车削钢料细长轴，由于轴的长径比大，刚性差，加工过程中工件很容易被顶弯且容易产生振动，加上工作行程长、刀具磨损大，加工后工件的几何尺寸精度和表面粗糙度均不易达到要求。针对这一问题，在选择刀具合理几何参数时，应抓住尽量降低径向分力 F_y 这一主要矛盾。

图 9 - 10 是具有合理几何参数的车细长轴的车刀。通过对它的分析，可进一步加深对合理几何参数选择的理解。

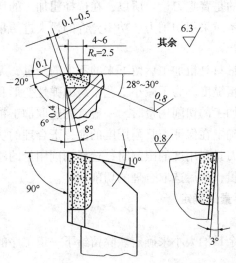

图 9 - 10　细长轴车刀

（1）为了减小 F_y 力，主偏角 κ_r 选用 90°。

（2）为了减小 F_y 力，选用很大的正前角 28°～30°，为了保证刀头的强度和改善散热的条件，采用了大负前角的倒棱 $\gamma_{o1} = -20°$。

（3）选择较小的后角 $\alpha_o = 6°$，以提高刀具耐用度，减小车削振动。

（4）为了改善刀头的强度与散热条件，副偏角 κ'_r 不能选得太大，但太小又对减小 F_y 力不利，所以选用 10°。

（5）为了减小 F_y 力，刃倾角取正值 $\lambda_s = 3°$，并在前刀面上磨有断屑台。

9.5　切削用量的合理选择

切削用量对于保证加工质量、降低加工成本和提高劳动生产率，均有重要的意义。在一定的加工条件下，选用不同的切削用量，会产生不同的加工效果。如切削用量选低了，则生产效率下降，生产成本增加；反之若选高了，则会加速刀具的磨损，增加磨刀、换刀时间和磨刀费用，生产效率会下降，生产成本也会增加。因此，切削用量有一个优化与组合的问题。

所谓"合理的"切削用量是指在保证加工质量的前提下，获得高的生产率和低的加工成本的切削用量。

9.5.1　切削用量的选择原则

刀具耐用度是限制切削用量最基本的因素，因为它在很大程度上影响到生产率和加工成本。所以选择切削用量的原则是以刀具耐用度作为基础的。

对于粗加工，要以尽可能保证较高金属切除率为原则。

例如，车削加工，从式（1-14）可以看出，提高切削速度、增大进给量和背吃刀量，都能提高金属切除率。但是它们对刀具耐用度的影响则不同，影响刀具耐用度最大的是切削速度，其次是进给量，最小的是背吃刀量。所以，在选择粗加工的切削用量时，应优先考虑采用最大的背吃刀量；其次考虑采用切削力、功率允许的最大进给量，最后根据刀具耐用度选定合理的切削速度。

半精加工时，背吃刀量只是粗加工后留下来的不大的余量，无多少选择余地，限制进给量提高的主要因素是表面粗糙度。为了减小工艺系统的弹性变形和已加工表面残留面积的高度，在选择半精加工和精加工的切削用量时，一般首先选取加工精度与加工表面质量允许的背吃刀量与进给量，然后确定在保证刀具耐用度的前提下合理的切削速度。

总之，当切削用量受刀具耐用度的限制时，选择切削用量的原则是：首先选取大的背吃刀量，其次选取大的进给量，最后选取合理的切削速度。

9.5.2　切削用量三要素的确定

1. 背吃刀量的确定

背吃刀量应根据加工余量的大小来确定。除留给下一道工序的余量外，其余的粗加工余量应尽可能一次切除。

当粗加工余量太大或因加工工艺系统刚性较差不能一次切除时，则第一次走刀的背吃刀量要比第二次的大。这样可得到较高的加工精度和较小的表面粗糙度，一般第一次走刀的背

吃刀量为 $\dfrac{2}{3} \sim \dfrac{3}{4}$ 的加工余量。

2. 进给量的确定

粗加工时切削力较大，进给量应是工艺系统所能承受的最大进给量。它受车刀刀杆的强度和刚度、刀片的强度、工件的装夹刚度以及机床进给机构的强度等限制。

精加工时，最大进给量则主要受加工精度和表面粗糙度的限制。

进给量可根据经验选取，或依照加工材料、车刀刀杆尺寸、工件直径及已确定的背吃刀量按切削用量手册选择。

3. 切削速度的确定

根据已经选定的背吃刀量 a_p、进给量 f 及刀具耐用度 T，由式（1 – 31）可推导出合理切削速度

$$v = \frac{C_v}{T^m \cdot a_p^{x_v} \cdot f^{y_v}} K_v \quad \text{m/min} \tag{9-3}$$

式中，C_v、x_v、y_v、m 及 K_v 可查切削手册。

此外，在确定切削速度时，还应考虑以下几点：

（1）精加工时，应尽量避开积屑瘤产生的切削速度区域；

（2）断续切削时，为了减小冲击和热应力，宜适当降低切削速度；

（3）在易发生振动的情况下，切削速度应避开自激振动的临界速度。

9.5.3　提高切削用量的途径

（1）采用切削性能更好的新型刀具材料　从刀具材料的发展史看，每出现一种新型的刀具材料，切削用量都得到较大的提高。如硬质合金刀具材料的出现，切削速度比高速钢提高 4～10 倍，陶瓷刀具材料的出现，切削速度又比硬合金提高 2～5 倍。由此可见，采用切削性能更好的新型刀具材料，是提高切削用量的主要途径。目前，在高速钢、硬质合金、陶瓷等刀具材料中，已出现了不少切削性能更好的新品种、新型号材料，如超硬高速钢、粉末冶金高速钢、涂层硬质合金和涂层高速钢；超细晶粒硬质合金、新型陶瓷及超硬刀具材料等，需要加以应用与推广。

（2）采用先进的刀具结构、简化装卡和调整手续，采用比较低的刀具耐用度标准，从而提高切削用量　可转位刀具是当今的先进刀具，采用机械夹持将刀片固定在刀杆上，避免了因焊接而降低刀片的性能，产生裂纹等缺陷。另外，刀片用钝后可转位使用，简化了装刀和调刀手续，节省了磨刀时间。采用相对比较低的刀具耐用度标准，还可提高切削用量。国外资料介绍，可转位车刀的耐用度议定为 200s（15min），切削速度可比焊接式车刀提高 25% 以上。

（3）提高刀具刃磨质量，使切削刃更为锋利　刀具表面粗糙度小、无裂纹和烧伤，可减小刀具的摩擦与磨损、使切削用量得到提高。例如，采用金刚石砂轮代替绿色碳化硅砂轮刃磨硬质合金刀具，刃磨后不易出现裂纹和烧伤，刀具耐用度可提高 50%～100%，相应刀具切削用量得以提高。

（4）采用性能优良的新型切削液，改善切削过程中的冷却和润滑条件　例如，采用极压乳化液、极压切削油以及喷雾冷却法，都能有效地提高刀具耐用度或切削用量。

9.6　切削液的选用

切削液在切削过程中，能起到冷却、润滑、清洗和防锈的作用。对降低切削温度和切削力，减少刀具磨损，提高刀具耐用度，改善加工表面质量，保证加工精度，提高生产效率都有着非常重要的作用。

9.6.1　切削液的作用

1. 冷却作用

切削液的冷却作用主要是带走大量的切削热，降低切削温度。它的冷却性能决定于它的导热系数、比热容、汽化热、汽化速度以及流量、流速等。水的导热系数为油的 3~5 倍，比热约大 1 倍，故水溶液的冷却效果最好，乳化油其次，油类最差。

2. 润滑作用

切削液的润滑作用是通过切削液渗透到刀刃、切屑、和工件的接触表面上形成的润滑膜而实现的。

3. 清洗和排屑作用

切削时利用切削液来排除切屑，并冲洗粘附和散落在切削区域、机床上的细屑或磨粒。这是在磨削、钻削、深孔加工及自动生产线中广泛采用的方法。

9.6.2　切削液的种类

切削液可分三大类：水溶液、乳化液和切削油。

1. 水溶液

水溶液的主要成分是水（经软化处理），呈现透明状。它的冷却与清洗性能好，润滑与防锈性差。因此，经常在水溶液中加入一定的添加剂，提高它们的润滑与防锈性能。

2. 乳化液

乳化液是由乳化油（由矿物油、乳化剂及添加剂配制）用水稀释而成，呈乳白色或半透明状。它具有较好的冷却作用，但润滑与防锈作用较差，所以可加入一定的油性、极压添加剂和防锈添加剂，配制成极压乳化液或防锈乳化液。

3. 切削油

切削油的主要成分是矿物油，少数是动、植物油或复合油。为了提高油膜的坚固性与润滑效果，常加入油性、极压添加剂和防锈剂。

9.6.3　切削液的选用

切削液选用的主要依据是工件材料、刀具材料、加工方法和加工要求等。

粗加工时，切削用量大，产生大量的切削热，应选用以冷却为主的切削液。精加工则应选用以改善表面质量为主的切削液。对于难加工材料，一般选用极压切削油或极压乳化液。

硬质合金刀具可以用，也可以不用切削液，如果用，必须保证充分连续浇注，以免冷热不均，刀片因热应力而产生裂纹。

切削铸铁等脆性材料，为防止崩碎切屑进入机床运动部位，增加机床磨损，一般不采用切削液。在一些精加工时，为提高加工质量，可采用煤油作切削液。

切削铜和铜合金、铝和铝合金，特别是在精加工时，不宜采用含硫的切削液，以免腐蚀工件。

第10章 机床夹具设计方法

机床夹具设计是工艺设计的重要组成部分。本章重点介绍在设计和制造机床夹具方面的一些基本规律和方法。

10.1 机床夹具设计的基本要求和步骤

10.1.1 机床夹具设计的基本原则及要求

机床夹具设计的基本原则是在保证加工质量的前提下,创造好的劳动条件和高的生产率,低的生产成本,高的经济性。为达到这一基本原则,须考虑以下主要要求:

(1)机床夹具的专用性和复杂程度要与工件的生产纲领相适应。大批量生产可采用高效的定位和夹紧机构。小批量生产则采用结构较简单的定位和夹紧机构,并尽量选用通用夹具。

(2)机床夹具应满足工件加工工序的技术要求。其关键在于正确地确定定位方法、定位元件以及定位误差的分析、计算。

(3)机床夹具的结构应尽量简单,并具有良好的结构工艺性,并具有防尘、防屑、排屑的良好结构及必需的润滑系统。

(4)机床夹具既操作方便,又要省力安全。

(5)机床夹具应能提高劳动生产率,降低工件的制造成本。

机床夹具设计时,应综合上述各项要求,提出几种设计方案进行综合分析和比较,以期达到质量好、效率高、成本低的综合经济效果。

10.1.2 机床夹具设计的步骤

机床夹具的设计过程可以划分为三个阶段:

1. 设计准备阶段

明确设计任务,收集原始资料。即要了解和分析研究以下有关资料:

(1)零件图和装配图。分析零件的作用、形状和结构特点、材料及毛坯获得方法以及技术要求。

(2)零件的加工工艺过程,特别是本工序加工的技术要求以及前后工序的联系。

(3)机床的规格、性能、运动情况以及连接部分的结构和尺寸。

(4)刀具、辅具、量具的有关情况及加工余量、切削用量等参数。

(5)零件的生产类型。

(6)了解有关国家标准、部颁标准、企业标准等标准化资料;国内外先进夹具、典型夹具资料等。

2. 机床夹具的总体设计阶段

机床夹具的总体设计阶段是包括从方案制定到总装配图设计的全部过程。其主要工作包括以下内容:

（1）确定工件的定位方式，选择或设计定位元件，计算定位误差。

（2）确定刀具的导引和对刀方式，选取或设计导引元件或对刀元件。

（3）确定工件的夹紧方式，选择或设计夹紧机构或装置，计算夹紧力。

（4）确定夹具体及其他装置(如分度装置、工件顶出装置等)的结构形式。

（5）绘制夹具总图。夹具总图应遵循国家标准绘制，图形大小的比例尽量取 1∶1，以保证良好的直观性。总图中的视图要尽量少，要清楚地表示出夹具的工作原理和构造。主视图应尽量符合操作者的正面位置。先用红笔或双点划线画出工件轮廓线，并将其视为假想"透明体"，然后依次绘出定位和导引元件、夹紧装置、其他装置、夹具体。

（6）标注总图上的主要尺寸、公差与配合和技术条件。夹具总图的结构绘制完成后，需在总图上标注五类尺寸和四类技术条件及各种公差与配合。

（7）夹具零件明细表编制。

3. 机床夹具零件的设计阶段

对于夹具中的非标准零件图，要分别绘制出零件图。

10.2　机床夹具总图的标注

10.2.1　机床夹具总图上尺寸的标注

机床夹具总图上应标注的尺寸有：夹具外轮廓尺寸 A；工件与定位元件间的联系尺寸 B；刀具与定位元件的联系尺寸 C；夹具与机床的连接尺寸 D；夹具零部件的主要配合尺寸 E 共五类(图 10 –1)。

（1）夹具外形轮廓尺寸 A　指夹具在长、宽、高三个方向上的外形最大极限尺寸。另外还包括可动部分的运动件在空间可达到的极限尺寸。此类尺寸的作用在于避免夹具与机床或刀具发生干涉。

（2）工件与定位元件间的联系尺寸 B　主要指工件定位面与定位元件定位工作面的配合尺寸和各定位元件间的位置尺寸。依据工件在本道工序的加工技术要求，并经计算后进行标注。此类尺寸的作用是保证定位精度，满足加工要求，是计算定位误差的依据。

（3）刀具与定位元件的联系尺寸 C　主要指对刀元件、导引元件与定位元件间的位置尺寸；导引元件之间的位置尺寸及导引元件与刀具(或镗杆)导向部分的配合尺寸，作用在于保证对刀精度及导引刀具的精度。

（4）夹具与机床的连接尺寸 D　主要指夹具与机床主轴端的连接尺寸或夹具定位键、U 形槽与机床工作台 T 形槽的连接尺寸，作用在于保证夹具在机床上的安装精度。

（5）夹具零部件的主要配合尺寸 E　夹具零部件有配合要求的表面，应按配合性质和配合精度标注配合尺寸，以保证夹具装配后能满足规定的使用要求。

10.2.2　机床夹具总图上技术条件的标注

机床夹具总图上应标注的技术条件，主要是指各有关重要表面的相互位置精度要求(图 10 –2)。1、2、3、4 表示四类不同的技术条件，具体内容如下：

（1）定位元件之间的相互位置要求　指多个定位元件组合定位时，它们之间的相互位置要求或多件装夹时相同定位元件之间的相互位置要求。目的是保证定位精度。

（2）定位元件与连接元件和(或)夹具体底面的相互位置要求　工件在机床上的最终位

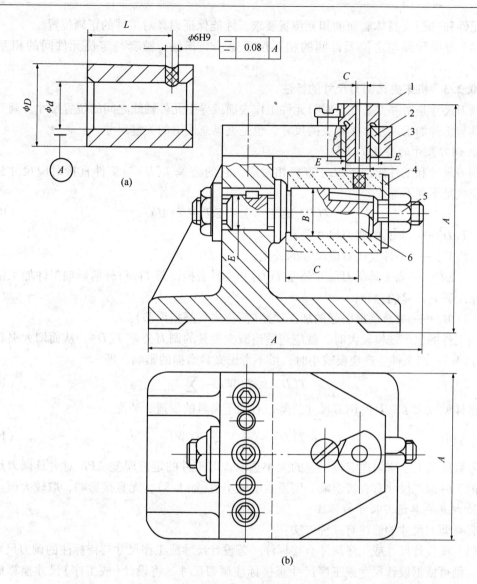

图 10-1　轴套钻孔夹具

1—钻套；2—衬套；3—钻模板；4—开口垫圈；5—螺母；6—定位心轴

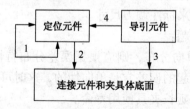

图 10-2　夹具重要表面间的相互位置关系

置是由定位元件与连接元件和(或)夹具体底面间的相互位置来确定，故它们之间就应当有一定的相互位置要求。

(3) 导引元件与连接元件和(或)夹具体底面的相互位置要求　只有保证了导引元件与

连接元件和(或)夹具体底面的相互位置要求，才能保证刀具对工件的正确位置。

(4) 导引元件与定位元件间的相互位置要求　指钻、镗套与定位元件间的相互位置要求。

10.2.3　机床夹具调刀尺寸的标注

调刀尺寸是指调刀基准至对刀元件工作表面或导引元件轴线之间的位置尺寸。调刀尺寸是夹具与工件加工尺寸直接相关的尺寸，也是夹具总图上的关键尺寸。

1. 调刀尺寸的公差 $T(D)$

调刀尺寸和工件的加工尺寸直接相对应，它的公差 $T(D)$ 与工件直接对应尺寸公差 $T(W)$ 应满足下列不等式

$$T(D) \leqslant T(W) - \sum T_i - T(M) \tag{10-1}$$

式中　$T(D)$——夹具的调刀尺寸公差；

　　　$T(W)$——工件直接对应尺寸的公差；

　　　$\sum T_i$——除夹具调刀尺寸公差 $T(D)$ 和夹具磨损误差 $T(M)$ 外的影响工件加工精度的工艺系统其它误差的总和；

　　　$T(M)$——夹具磨损引起的加工误差(简称夹具磨损误差)。

当工件的生产规模较大时，就应当适当减少夹具的调刀公差 $T(D)$，从而增大夹具磨损公差 $T(M)$；当工件生产规模较小时，可不考虑夹具磨损的影响，即

$$T(D) \leqslant T(W) - \sum T_i \tag{10-2}$$

这样就放大了夹具的调刀尺寸公差，有利于夹具的制造、装配。

一般取　　　　　　$$T(D) = (\frac{1}{5} \sim \frac{1}{2})T(W) \tag{10-3}$$

系数值的大小应根据定位误差的大小选取，即工件的定位误差 ΔPE 对夹具调刀尺寸所对应的工件加工尺寸有直接影响，则系数取较小值(如 1/5)，无直接影响，取较大值。

2. 机床夹具调刀尺寸的标注

夹具调刀尺寸的标注有三种方法：

(1) 按设计尺寸或工序尺寸直接标注　若设计尺寸或工序尺寸与待标注的调刀尺寸直接对应，则可依据设计尺寸或工序尺寸直接标注调刀尺寸。将设计(或工序)尺寸换算成双向对称偏差的平均尺寸，并将其公差缩小为(1/5~1/2)，即为调刀尺寸。

(2) 用尺寸链计算的方法标注　若设计尺寸在加工中是间接保证的尺寸，工序尺寸是未知数，则需通过尺寸链计算法来标注调刀尺寸。

标注时应注意以下两个问题：

① 若组成环中某误差是单向分布，则应根据误差分布特性对调刀尺寸的基本尺寸进行修正。例如夹具元件的磨损引起的误差常是单向性的，这时可对调刀尺寸的基本尺寸进行修正，使充分利用预留磨损量以延长夹具使用寿命。

② 若工件以外圆在 V 形块上定位，则往往要由标准测量心轴来体现调刀尺寸。因为 V 形块理论圆虽然是标注调刀尺寸的依据，但是由于 V 形块理论圆的尺寸往往不是整数，不可能专门制造一根理论圆的精密测量心轴来体现调刀基准。通常是选用现有的标准测量心轴来代替理论圆的直径，计算出调刀尺寸 H 的修正值 $\Delta H'$，即可得到由标准测量心轴体现的调刀尺寸(图 10-3)。即：

$$\Delta H' = \frac{d_0 - d}{2\sin\dfrac{\alpha}{2}} \tag{10-4}$$

式中　　$\Delta H'$——调刀尺寸 H 的修正值，mm；

　　　　d_0——计算 V 形块的理论圆直径，mm；

　　　　d——标准测量心轴直径，mm；

　　　　α——V 形块的斜面夹角。

修正值的正负要视改用标准测量心轴后引起调刀尺寸的变化方向而定。

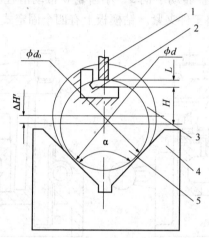

图 10-3　V 形块定位时调刀尺寸的修正

1—铣刀；2—对刀块；3—V 形块理论圆；4—V 形块；5—标准测量心轴

（3）用对刀样件标注　当夹具的调刀尺寸不便直接进行测量和调整时，可采用对刀样件对调刀尺寸进行测量和调整，以保证所标注的调刀尺寸。

10.3　各类机床夹具设计要点

各类机床夹具都是由定位元件、夹紧元件、夹具体和其他一些辅助装置所组成的，但不同的机床夹具，由于所完成的工艺范围不同，工作条件不同以及结构形式、技术要求等不同，都各有自己的设计特点。

10.3.1　钻床夹具

钻床夹具简称"钻模"，它是用在钻床上，加工时借助于钻模板上的钻套来引导刀具。工件上孔的尺寸精度主要由刀具的精度来保证，孔的位置精度主要由钻套的位置精度来保证的，因为钻套的位置决定了刀具相对于夹具定位元件的位置。

1. 钻床夹具的结构形式

钻床夹具的结构形式很多，根据被加工孔的分布情况和钻模板的特点，通常有以下五种结构形式。

（1）固定式钻模　固定式钻模的特点是在加工过程中钻模的位置固定不动。如图 10-4 所示，为在两端有凸缘的套

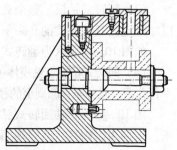

图 10-4　固定式钻模

筒工件上加工孔的固定式钻模。固定式钻模用于立式钻床时，一般只能加工单孔；用于摇臂钻床时，常加工位于钻削方向的平行孔系。

（2）滑柱式钻模　滑柱式钻模又称升降钻模板式钻模，钻模板固定在可以上下滑动的滑柱上，并通过滑柱与夹具体相连。这是一种标准的可调夹具，其基本组成部分，如夹具体、滑柱等已标准化。

图10-5所示是一种生产中广泛应用的滑柱式钻模，该钻模用于同时加工形状对称的两工件的四个孔。工件以底面和直角缺口定位，为使工件可靠的与定位座4中央的长方形凸块接触，设置了四个浮动支承3。转动手柄5，小齿轮6带动滑柱7及与滑柱相连的钻模板1向下移动，通过浮动压板2将工件夹紧。钻模板上有四个固定式钻套8，用以引导钻头。

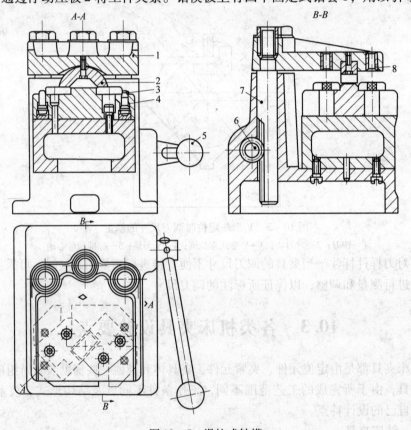

图10-5　滑柱式钻模

1—钻模板；2—浮动压板；3—浮动支承；4—定位座；5—手柄；6—小齿轮；7—滑柱；8—固定钻套

（3）翻转式钻模　整个夹具可以带动工件一起翻转，加工工件不同表面的孔系，甚至可以加工定位基准面上的孔。

如图10-6所示为翻转式钻模，装卸工件时，把夹具翻转过来，加工时再翻过去。

（4）回转式钻模　钻模体可按一定的分度要求绕某一固定轴转动。常用于加工同一圆周上的平行孔系，或分布在圆周上的径向孔。按固定轴的放置有立轴、卧轴和斜轴三种基本回转形式。

图10-7为立轴回转式钻模，要求在工件凸缘上钻4个孔，钻出的孔和键槽有位置要求。工件3以内孔、凸缘端面和内孔上的键槽定位，旋转压紧螺母5，通过开口垫圈4将工件3夹紧。钻模板铰链于支座6之上并于回转工作台的固定部分相连。加工好一个孔后，回

转工作台转位 90°，一次再加工其他各孔。

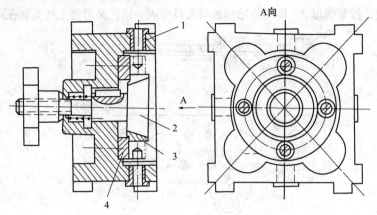

图 10 - 6　翻转式钻模
1—钻套；2—涨芯；3—可涨定位心轴；4—定位板

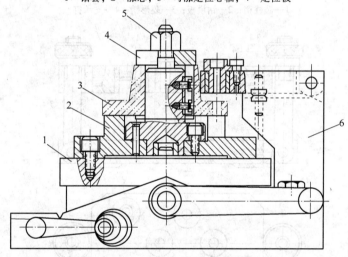

图 10 - 7　通用立轴回转式钻模
1—通用立轴转台；2—夹具体；3—工件；4—开口垫圈；5—螺母；6—支座

（5）盖板式钻模　一般用于加工大型工件上的孔，钻模本身仅是一块钻模板，上面装有定位、夹紧元件和钻套，加工时将其覆盖在工件上即可。

如图 10 - 8 所示为加工车床溜板箱上多个孔的盖板式钻模。工件以已加工好的一面两孔定位，定位元件支承钉（3 个）4、圆柱销 1、菱形销 3 固定在钻模板 2 上与工件上的一面两孔相对应的位置。加工时，固定在钻模板上的定位元件与工件的一面两孔接触和配合，为工件定位，钻头通过钻套进行加工。

2. 钻模板的结构

钻模板是供安装钻套用的，要求有一定的强度和刚度，以防变形而影响钻套的位置和导引精度。钻模板的结构及其在夹具上的连接形式，取决于工件的结构形状、加工精度和生产效率等因素。常见的钻模板，按其可动与否，可分为固定式、铰链式、可卸式、悬挂式四种。

图 10 - 9 所示是一种可卸式钻模板，钻模板 4 依靠装在夹具体 1 对角线方向的导柱 6 和 8 套

入钻模板上的导套 7 的孔来定位。当工件在夹具体上定好位后，将两活动螺栓 2 竖直并嵌入钻模板两端的耳槽中，拧紧螺母 3，即可将钻模板与夹具连成一体，又可将工件夹紧在两者之间。

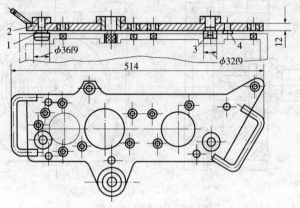

图 10 - 8　盖板式钻模

1—圆柱销；2—钻模板；3—菱形销；4—支承钉

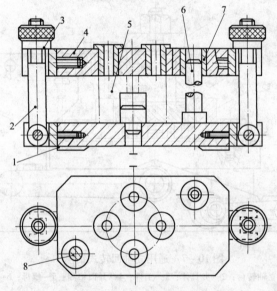

图 10 - 9　可卸式钻模板

1—夹具体；2—活动螺栓；3—螺母；4—可卸式钻模板；5—工件；6、8—导柱；7—导套

3. 钻套的结构

钻套的结构和尺寸已经标准化，根据使用特点，钻套有下列四种形式：

（1）固定钻套　固定钻套是直接装在钻模板上的相应的孔中，磨损后不能更换，主要用于小批生产条件下的单纯钻头钻孔。如图 10 - 10(a)、(b)所示，不带凸肩的结构简单，钻套外径以 H7/p6 或 H7/n6 压配在钻模板或夹具体上。当夹具体是铸铁材料时，应采用带凸肩结构，以防刀具碰触松脱。

（2）可换钻套　可换钻套克服了固定钻套不可更换的缺点，主要用于生产批量较大时，也仅供钻孔工序。如图 10 - 10(c)所示，钻套装在钻模板 3 上，当钻套 1 磨损后可以更换。钻套外径与衬套 2 内径采用 H7/g6 或 H6/g5 配合，为防止工作时钻套随刀具转动和被切屑顶出，用螺钉 4 挡住。

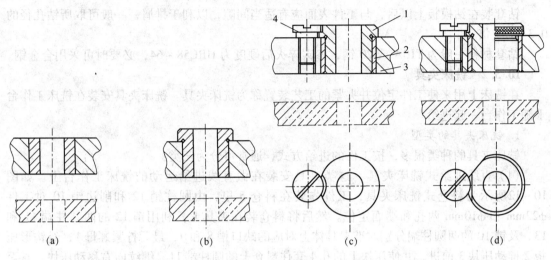

图 10 – 10　钻套结构

（3）快换钻套　当工件上同一个孔需要钻、扩、铰加工时，由于刀具直径依次增大，需要采用不同内径而外径相同的钻套引导不同的刀具，这时可采用快换钻套。如图 10 – 10(d)所示，更换钻套时，只需将钻套上的缺口转到对着螺钉处，便可快速取出钻套。为防止直接磨损钻模板，钻模板上也必须配装有衬套。

（4）特殊钻套　特殊钻套是在特殊情况下加工孔用的，这类钻套只能结合具体情况自行设计。如图 10 – 11 所示为几种特殊钻套，图(a)是供钻斜面上的孔(或钻斜孔)用的特殊钻套；图(b)是供钻凹坑中的孔用的特殊钻套；图(c)是因两孔孔距太小，无法采用各自的快换钻套而采用的特殊钻套。

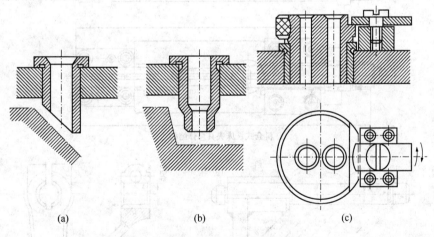

图 10 – 11　特殊钻套

4. 钻套导引孔直径及钻套材料

钻套导引孔直径是设计钻套的关键，导引孔直径过大，降低导引精度，过小增大刀具与钻套的摩擦。生产上是按照基轴制选取导引孔直径，导引孔直径等于刀具的最大极限尺寸，采用 F7 或 G6 配合。

钻套高度要适中，过低导引性能差，过高会增加磨损。一般孔距精度，取 1.5 ~ 2 倍钻孔直径；对于孔距精度要求较高时，取 2.5 ~ 3.5 倍钻孔直径。

钻套装在钻模板上以后，与工件表面应有适当间隙，以利于排屑，一般可取所钻孔径的 0.3 ~ 1.5 倍。

钻套材料一般为 T10A 或 20 钢，渗碳淬火后硬度为 HRC58 ~ 64，必要时可采用合金钢。

10.3.2 铣床夹具

在铣床上用来使工件定位并夹紧的工艺装置称为铣床夹具。铣床夹具安装在铣床工作台上随工作台一起进给。

1. 铣床夹具的类型

铣床夹具的种类很多，按工件的进给方式，通常可分为三类：

（1）直线进给式铣床夹具　这类夹具安装在做直线进给运动的铣床工作台上。如图 10 - 12 所示为料仓式铣床夹具，工件先装在料仓 5 里，由圆柱销 12 和削边销 10 对工件 $\phi 22mm$ 和 $\phi 10mm$ 两孔和端面定位。然后将料仓装在夹具上，利用销 12 的两圆柱端 11 和 13，及销 10 的两圆柱端分别对准夹具体上对应的缺口槽 8 和 9，最后拧紧螺母 1，经钩形压板 2 推动压块 3 前进，并使压块上的孔 4 套住料仓上的圆柱端 11，继续向右移动压块，直至将工件全部夹紧。

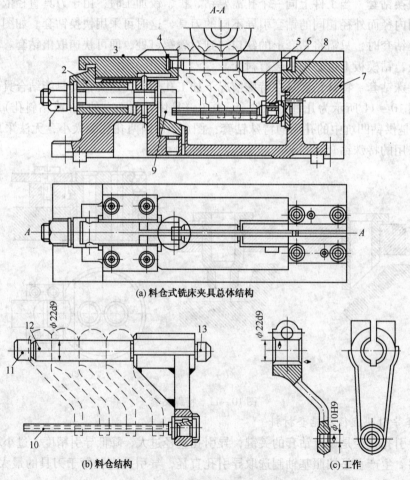

(a) 料仓式铣床夹具总体结构

(b) 料仓结构　　(c) 工作

图 10 - 12　料仓式铣床夹具

1—螺母；2—钩形压板；3—压块；4、6—压块孔；5—料仓；7—夹具体；
8、9—缺口槽；10—削边销；11、13—圆柱端；12—圆柱销

（2）圆周进给式铣床夹具　一般用于立式圆工作台铣床或鼓轮式铣床等。加工时，机床工作台做回转运动。这类夹具大多是多工位或多件夹具。如图 10 - 13 为圆周进给式铣床夹具，当工作台做回转运动时，安装在夹具中的工件陆续进入加工区，脱离加工区后，工件加工完毕。这种加工方式有很高的生产率。

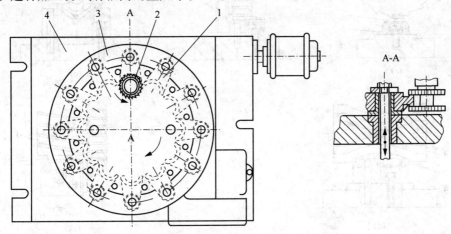

图 10 - 13　圆周进给式铣床夹具

1—工件；2—铣刀；3—回转工作台；4—夹具

（3）靠模铣床夹具　在铣床上用靠模铣削工件的夹具，可用来在一般万能铣床上加工出所需要的成形曲面，扩大了机床的工艺用途。如图 10 - 14 为靠模铣床夹具。夹具 3 装在回转工作台 4 上，回转工作台 4 又装在横向溜板 6 上，横向溜板卸掉丝杠，靠重锤 7 使靠模 9 紧靠在滚柱 2 上。当回转手轮 5 时，铣刀 1 就可以切出与靠模板相似的曲线形状的工件。

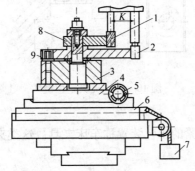

图 10 - 14　靠模铣床夹具

1—铣刀；2—靠模滚柱；3—夹具；4—回转工作台；5—手轮；6—横向滑板；7—重锤；8—工件；9—靠模

2. 铣床夹具的设计特点

无论是那一类铣床夹具，它们都具有一下设计特点：

（1）铣床加工中切削力较大，振动也较大，故需要较大的夹紧力，夹具刚性也要好。

（2）借助对刀装置确定刀具相对夹具定位元件的位置，此装置一般要固定在夹具体上。如图 10 - 15 所示是几种铣刀对刀装置。

（3）借助定位键确定夹具在工作台上的位置。如图 10 - 16 所示，定位键嵌在铣床工作台的 T 形槽内并与之配合，确定夹具上定位元件在水平面内与走刀方向的位置关系，位置确定后由 T 形螺钉讲夹具固定。

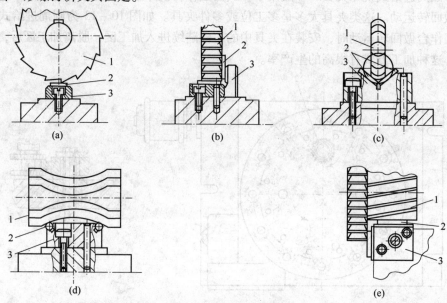

图 10 – 15　对刀装置

1—铣刀；2—塞尺；3—对刀块

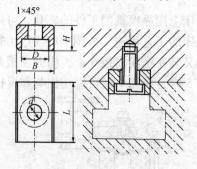

图 10 – 16　夹具定位键

10.3.3　车床夹具

在车床上使工件定位及加紧的工艺装置称车床夹具。这类夹具都安装在车床主轴上，随车床主轴一起高速回转。

1. 车床夹具的类型

根据工件的定位基准和夹具本身的结构特点，车床夹具可分为四类：

（1）卡盘类车床夹具　以工件外圆定位的车床夹具。

（2）心轴式车床夹具　以工件内孔定位的车床夹具。

（3）花盘式车床夹具　夹具本体是一个大圆盘，在圆盘的端面上固定着定位元件、夹紧元件和其他辅助元件等。

（4）角铁式车床夹具　用于加工非回转体的车床夹具。

如图 10 – 17 所示为花盘角铁式车床夹具，工件 6 以两孔在圆柱定位销 2 和削边销 1 上定位，底面直接在夹具体 4 的角铁平面上定位，两螺钉压板分别在两定位销孔旁把工件夹紧。导向套 7 用来引导加工轴孔的刀具，8 是平衡块，用以消除回转时的不平衡。夹具上还设置有轴向定程基面 3，它与圆柱定位销保持确定的轴向距离，以控制刀具的轴向行程。该夹具以主轴外圆柱面作为安装定位基准。

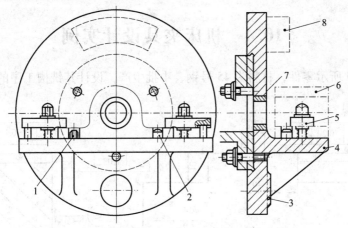

图 10 - 17　花盘角铁式车床夹具

1—削边销；2—圆柱定位销；3—轴向定程基面；4—夹具体；5—压块；6—工件；7—导向套；8—平衡块

2. 车床夹具的设计特点

（1）整个车床夹具随机床主轴一起回转，所以要求他结构紧凑，轮廓尺寸尽可能小，质量小，而且重心应尽可能靠近回转轴线，以减小惯性力和回转力矩。

（2）应有平衡措施消除回转中的不平衡现象，以减小振动等不利影响。平衡块的位置应根据需要可以调整。

（3）与主轴端连接部分是夹具的定位基准，所以应有校准确的圆柱孔（或锥孔），其结构形式和尺寸，依具体使用的机床主轴端部结构而定。如图 10 - 18 所示常用的几种连接形式。

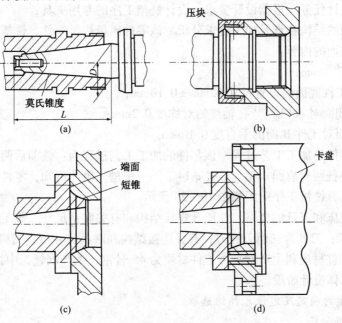

图 10 - 18　夹具在机床主轴上的连接

（4）高速回转的夹具，应特别注意使用安全，如尽可能避免带有尖角或凸出部分；夹紧力要足够大，且自锁可靠等。必要时回转部分外面可加罩壳，以保证操作安全。

10.4　机床夹具设计实例

如图 10 – 19 所示零件，材料为 45 号钢，中批生产，设计其铣槽工序的专用夹具。

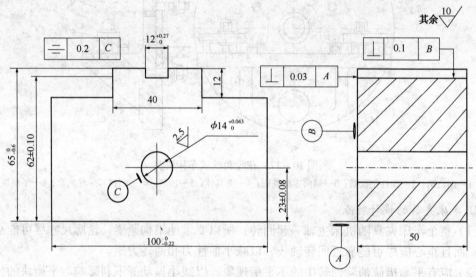

图 10 – 19　零件图

根据机床夹具设计方法，该夹具的设计过程如下：

10.4.1　设计准备阶段

（1）明确设计任务　根据设计要求，设计铣槽工序的专用夹具；

（2）零件图的结构特点及加工要求分析　该零件属板块类零件，铣槽工序加工要求主要包含以下几个方面的内容：

① 槽宽 $12_0^{+0.27}$ mm；

② 槽底至工件底面的位置尺寸 $62\text{mm} \pm 0.10\text{mm}$；

③ 槽子两侧面对 $\phi 14_0^{+0.043}$ 孔轴线的对称度 0.2mm；

④ 槽子底面对工件 B 面的垂直度 0.10mm。

（3）研究零件的加工工艺过程　该零件的加工工艺过程为：铣前后两端面→铣底面、顶面→铣两侧面→铣两台肩面→钻、铰孔 $\phi 14_0^{+0.043}$ →铣槽。由此可知，零件其它表面均在铣槽工序前完成加工，铣槽工序简图如图 10 – 20 所示。

（4）了解机床和刀具的规格、性能及连接结构和有关联系尺寸　该工序使用的机床规格为 X61 卧式铣床；刀具为三面刃铣刀；有关连接结构和联系尺寸可查阅机床和刀具手册。

（5）明确工件材质和生产纲领　工件材质为 45 号钢；生产纲领为中批生产。

10.4.2　总体设计阶段

1. 定位方案的确定及定位元件的选取

1）定位基准分析

按工序图，该工序限制了工件六个自由度。其坐标系按图 10 – 21 所示建立。

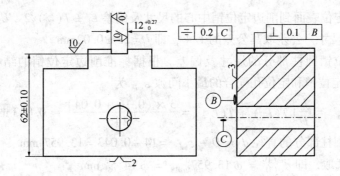

图 10 - 20　铣槽工序图

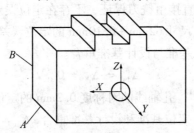

图 10 - 21　板块工件的坐标系

工序尺寸 62 ± 0.10 由 A 面定位保证，限制工件 $\vec{Z}$ 。

槽底对工件 B 面的垂直度由 B 面定位保证，限制工件 $\hat{X}$ 和 $\hat{Z}$ 。

槽子两侧面对 $\phi 14_0^{+0.043}$ 孔轴线的对称度由 $\phi 14_0^{+0.043}$ 孔轴线、A 面和 B 面组合定位保证，限制工件 $\hat{X}$ 、$\hat{Y}$ 和 $\hat{Z}$ 。

根据工件的加工要求，该工序只须限制工件五个自由度既可。但为了方便地控制刀具的走刀位置，还应限制 $\vec{Y}$ 自由度。由此可见，定位基准与设计基准相重合，工序图上所选定位基准应是合理的。

2）定位元件的选取

根据定位基准（平面 B、平面 A 和 $\phi 14_0^{+0.043}$ 孔）的性质，夹具上相应的定位元件应为支承板、支承钉和菱形定位销，其布置如图 10 - 22 所示。

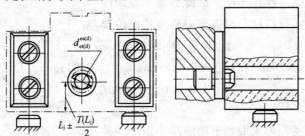

图 10 - 22　定位元件的型式与布置

3）定位元件的尺寸及偏差的计算

定位支承板和定位支承钉的尺寸可按国家标准来选取，这里主要确定支承钉定位表面到削边定位销中心的尺寸及偏差 $L_j \pm T(L_j)/2$（图 10 - 22）和削边定位销的尺寸及偏差。

（1）支承钉定位表面到削边定位销中心的尺寸及偏差 $L_j \pm T(L_j)/2$，L_j 取工件相应尺寸 23 ± 0.08 的平均尺寸，公差取其公差的 $1/4$，即 $L = 23 \pm 0.02\,\text{mm}$。

（2）削边定位销圆柱部分的尺寸及偏差。根据标准削边定位销的结构取 $b = 3$，由式 $(3-2)$知，削边定位销和定位孔配合的最小间隙 ε_{min} 为

$$\varepsilon_{min} = \frac{b}{D}[T(L_K) + T(L_j)] = \frac{3 \times (0.16 + 0.04)}{14} \approx 0.043\,\text{mm}$$

削边定位销圆柱部分的直径 $d = D - \varepsilon_{min} = 14 - 0.043 = 13.957\,\text{mm}$

公差按 IT7 选取，即 $d_{et(d)}^{es(d)} = \phi 13.957_{0.018}^{0} = \phi 14_{0.061}^{0.043}\,\text{mm}$。

4）定位误差分析

（1）槽宽尺寸 $12_0^{+0.27}\,\text{mm}$ 直接由铣刀保证，不存在定位误差。

（2）槽底至工件底面位置尺寸 $62\,\text{mm} \pm 0.10\,\text{mm}$ 的定位误差：

由于是平面定位，而定位基准与设计基准重合。

所以 $\qquad\qquad\qquad\qquad \Delta_{dw} = \Delta_{jb} = 0$

（3）槽子两侧面对 $\phi 14_0^{+0.043}$ 孔轴线的对称度 $0.2\,\text{mm}$ 的定位误差：

工件以 $\phi 14$ 孔轴线定位，定位基准和设计基准重合，$\Delta_{jb} = 0$。但削边定位销圆柱部分直径 $\phi 14_{-0.061}^{-0.043}$ 和定位孔 $\phi 14_0^{+0.043}$ 配合时产生的最大间隙，将直接影响对称度的要求。

$$\Delta_{jw} = T(D) + T(d) + \varepsilon_{min} = 0.043 + 0.018 + 0.043 = 0.104\,\text{mm}$$

Δ_{jw} 约为对称度允差的 $1/2$，偏大，应采取措施减小该项误差。

（4）槽子底面对工件 B 面的垂直度的定位误差：

定位基准与设计基准重合，

所以 $\qquad\qquad\qquad\qquad \Delta_{dw} = \Delta_{jb} = 0$

5）减小对称度定位误差的措施

（1）改变定位方案　用圆柱销代替削边销定位，并将原定位底面的两个固定定位支承钉改为可移动的定位支承板（图 10-23）。圆销和孔的最小配合间隙取得尽可能小，可减小槽子对孔轴线对称度的定位误差。但因为定位基准（$\phi 14\,\text{mm}$ 孔轴线）和设计基准（工作底面）不重合，使工序尺寸 $62\,\text{mm} \pm 0.10\,\text{mm}$ 产生了 $\Delta_{jb} = \pm 0.08\,\text{mm}$ 的误差，不仅不能保证加工要求，而且夹具结构复杂，操作不便，故此方案不宜采用。

（2）提高原方案定位精度　原方案对称度的定位误差：

$$\Delta_{jw} = T(D) + T(d) + \varepsilon_{min}$$

其中：$T(D) = 0.043\,\text{mm}$，$T(d) = 0.018\,\text{mm}$，$\varepsilon_{min} = 0.043\,\text{mm}$。$T(D)$ 和 ε_{min} 都较大。$T(D)$ 是 $\phi 14\,\text{mm}$ 孔的公差，而 $\varepsilon_{min} = \dfrac{b \times [T(L_k) + T(L_j)]}{D}$，$\varepsilon_{min}$ 的值与孔心距和销心距的公差都有关。根据这个关系可采取如下措施减小定位误差：

提高削边定位销圆柱部分精度。由 IT7 提高到 IT6，则：

$T(d) = 0.011\,\text{mm}$，$\Delta_{jw} = T(D) + T(d) + \varepsilon_{min} = 0.043 + 0.011 + 0.043 = 0.097\,\text{mm}$。但定位误差仍接近加工允差的 $\dfrac{1}{2}$。

在提高削边定位销圆柱部分精度的基础上，提高 $\phi 14\,\text{mm}$ 孔的精度。由 $\phi 14_0^{+0.043}$ 提高到

IT8($\phi 14_0^{+0.027}$)，则 $T(D) = 0.027$，$\Delta_{jw} = T(D) + T(d) + \varepsilon_{min} = 0.027 + 0.011 + 0.043 = 0.081\text{mm}$，这样，就有$(0.2 - 0.08) = 0.12\text{mm}$的加工预留量来保证对称度的加工要求。因此可见，此方案可行。

2. 夹紧方式选择及夹紧机构的设计

（1）切削力及夹紧力的计算　在对称铣削情况下，工件受力状况如图 10-24 所示。切削力的水平分力 F_H 和垂直分力 F_V 与切向分力 F_z 的关系为 $F_H = (1 \sim 1.2)F_z$，$F_V = (0.2 \sim 0.3)F_z$。而

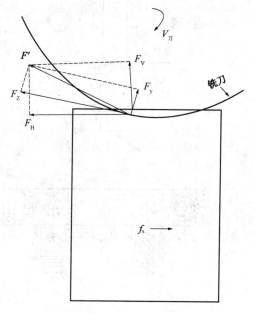

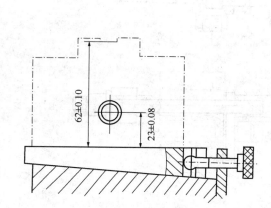

图 10-23　短圆柱销定位方案　　　　　图 10-24　铣削时作用于工件上的切削力

$$F_z = 9.81 \cdot C_{F_z} \cdot a_e^{0.86} \cdot a_f^{0.72} \cdot d_0^{-0.86} \cdot a_p \cdot z \cdot K_{F_z}$$

若选取 $a_e = 3$，$a_p = 12$，$a_f = 0.15$，$d_0 = 100$，$z = 12$，$C_{F_z} = 68.3$

$$K_{F_z} = \left(\frac{\sigma_b}{0.736}\right)^{0.3} = \left(\frac{0.65}{0.736}\right)^{0.3} = 0.965$$

所以　　　$F_z = 9.81 \times 68.3 \times 3^{0.86} \times 0.15^{0.72} \times 100^{-0.86} \times 12 \times 12 \times 0.965 = 1159 \text{ N}$

$F_H = 1.1 F_z = 1275 \text{ N}$

$F_V = 0.3 F_z = 348 \text{ N}$

由于工件主要定位面是 B 面，故夹紧力应为水平方向作用于 B 面上。那么，所需计算夹紧力 J_0 为

$$J_0 = F_H + \frac{F_V}{f} = 1275 + \frac{348}{0.15} = 3595 \text{ N}$$

取安全系数 $K = 2.5$，则实际夹紧力

$$J = KJ_0 = 2.5 \times 3595 = 8988 \text{ N}$$

（2）夹紧机构的设计及夹紧力的验算　满足夹紧力要求的夹紧装置的结构有两种方案：螺旋杠杆压板机构[图 10-25(a)]和铰链压板机构[图 10-25(b)]，后者具有装卸工件、

清理切屑方便等特点，故选用铰链压板机构作为夹紧机构。

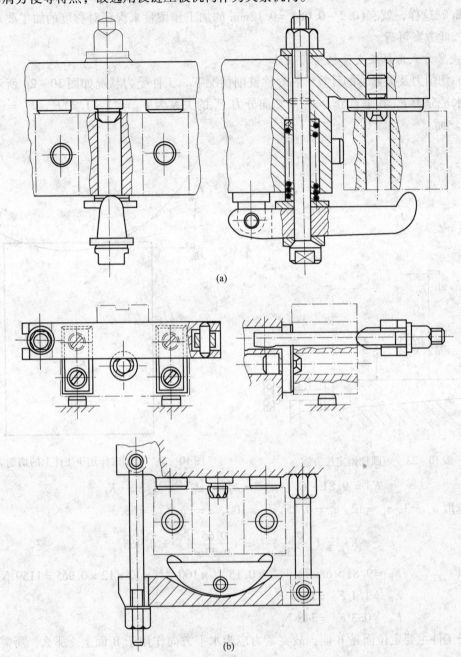

(a)

(b)

图 10 - 25 两种夹紧机构方案

由压板受力状况(图 10 - 26)可知，铰链压板夹紧机构的夹紧力 J'_1 为：

$$J'_1 = \frac{Q\eta(l_1 + l_2)}{l_1}$$

式中 η ——夹紧机构效率，一般取 0.9；

　　　 Q ——螺栓的许用夹紧力，N。

选定 $l_1 = l_2$ ，当螺栓公称直径 $d = 12\text{mm}$ ，查《机床夹具设计手册》得 $Q = 5620\text{N}$ 。

故　　　　　　　　　$J'_1 = 2Q\eta = 2 \times 5620 \times 0.9 = 10116\text{N}$

因为 $J'_1 > J$ 所以夹紧方案可行。

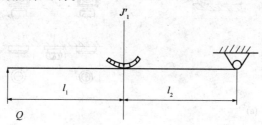

图 10 - 26　铰链压板受力状况

3. 设计对刀元件、连接元件及夹具体

根据工件加工表面形状，对刀元件选用标准的直角对刀块。其直角对刀面应和工件被加工槽形的水平方向和垂直方向相对应(间距等于 3mm 塞尺厚度)，并把它安装在夹具体的竖直板上。

根据 X61 卧式铣床 T 型槽的宽度，选用标准宽度 $B = 14\text{h6}$ 的 A 型定位键两个来确定夹具在机床上的位置。

在夹具上所需的各种元件、机构、装置以及它们之间的相对位置确定后，即可设计夹具体的具体结构和形状。夹具体选用铸件，基本厚度取 22mm ，并在夹具体底部两端设计出紧固用的 U 型槽耳座。

4. 绘制夹具总图

(1) 根据工件在几个视图上的投影关系，用双点划线画出工件的外轮廓线[图 10 - 27(a)]；

(2) 布置定位元件[图 10 - 27(b)]；

(3) 根据图 10 - 25 布置夹紧装置；

(4) 布置对刀元件、连接元件、设计夹具体，并完成夹具总图[图 10 - 27(c)]。

(5) 编写零件明细表。

5. 总图标注

1) 尺寸、公差与配合标注

(1) 夹具外形轮廓尺寸　长、宽、高三个方向的外形轮廓尺寸分别为 212mm、158mm 和 115mm[图 10 - 27(c)]。

(2) 工件与定位元件间的联系尺寸　削边定位销的位置尺寸 23mm ±0.02mm，削边定位销定位圆柱部分直径 $\phi 14_{-0.054}^{-0.043}$ mm。

(3) 调刀尺寸　调刀尺寸分为两个方向的尺寸。

① 水平调刀尺寸。水平调刀尺寸就是削边定位销中心至对刀元件 R 面之间的距离。

选取铣刀的宽度尺寸为 $12_0^{+0.18}$ mm，其平均尺寸为 12.09mm，削边定位销中心至工件上槽子左侧面的距离为 12.09/2 = 6.045mm，再加上 3mm 的塞尺厚度，故水平调刀尺寸的基本尺寸为 6.045 + 3 = 9.045mm。由于定位误差 Δ_{jw} 有直接影响，故取工件相应要求公差(槽子两侧面对 $\phi 14_0^{+0.027}$ 孔轴线的对称度 0.2)的 $\frac{1}{5}$ ，即得水平调刀尺寸为 9.045mm ±0.02mm。

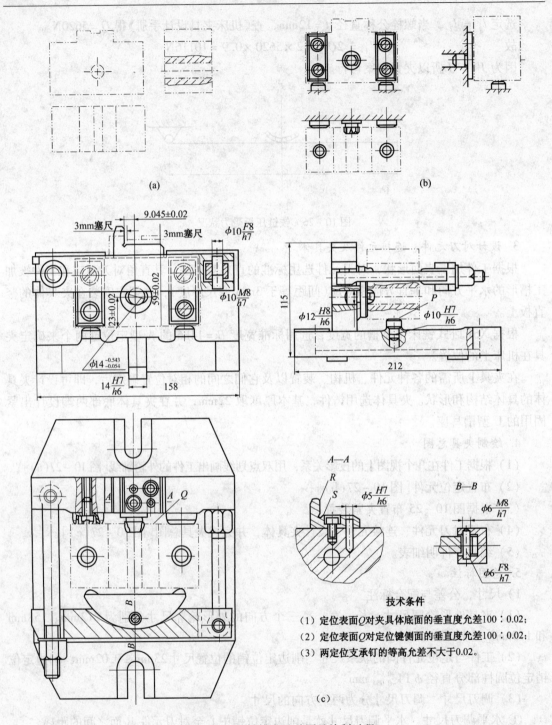

图 10 - 27　铣槽夹具总图及绘制过程

② 垂直调刀尺寸。垂直调刀尺寸就是定位元件工作面 P 至对刀元件 S 面之间的位置尺寸。工件上相应的尺寸为工件槽底至工件底面 A 之间的尺寸 62 ± 0.10mm，显然，垂直调刀尺寸为 $62 - 3 = 59$mm。取与水平调刀尺寸相同的公差，则垂直调刀尺寸为 59 ± 0.02mm。

(4) 标注有关配合尺寸　如夹具与机床连接尺寸 14H7/h6；夹具内部的配合尺寸等。

2）制订技术条件

（1）为保证工件槽底对 B 面 0.10mm 的垂直度要求，夹具上应标注定位表面 Q 对夹具体底面的垂直度允差 100∶0.02mm；

（2）为保证工件槽子两侧面对 $\phi14$ 孔轴线的对称度要求，夹具上应标注定位表面 Q 对定位键侧面的垂直度允差 100∶0.02mm；

（3）两定位支承钉的等高允差不大于 0.02mm。

10.4.3　零件图设计阶段

完成夹具上的全部非标零件设计，绘制出零件图（零件图略）。

第 11 章　典型零件的机械加工

11.1　轴类及套类零件机械加工工艺特点

11.1.1　轴类零件

轴类零件的结构形状，一般分为光轴、空心轴、阶梯轴、花键轴、曲轴及凸轮轴等多种类型。它们都是属于旋转体零件，通常是用来支承传动零件和传递扭矩。需要加工的表面主要是内、外圆柱面、螺纹、花键、沟槽、通孔、阶梯孔、深孔及盲孔等。轴类零件的加工工艺过程具有一定的工艺特点。

1. 轴类零件的毛坯

根据轴类零件的功能、使用条件及热处理要求来选择不同轴类零件的材料。

毛坯的形式，一般光轴选用冷轧或热轧圆钢，对阶梯轴，单件小批生产时选用冷轧或热轧圆钢，当各阶梯直径相差较大的批量生产，选用自由锻或模锻。结构复杂的大型曲轴，也可选球墨铸铁铸造。

2. 轴类零件的热处理

轴类零件一般需要进行毛坯热处理，以消除锻造应力，细化晶粒，使组织均匀，有利于切削加工。

在粗加工后，一般需进行调质处理，以获得均匀细密的回火索氏体组织，获得很好的综合力学性能，并为最终热处理取得好的效果打下良好的基础。

轴类零件在半精加工之后，有时需要进行局部淬火后回火或高频淬火后回火。

精度要求高的轴类零件，在淬火回火后还要进行低温人工时效或水冷的定性处理，以便消除加工应力，提高轴类零件的尺寸稳定性。

3. 轴类零件的定位基准

通常以两顶尖孔作为轴类零件的定位基准，这样既符合基准重合的原则，又符合基准统一的原则。因为轴的轴心线是轴类零件各外圆表面、锥孔、螺纹等表面的设计基准，它能在一次安装中加工出多个外圆柱面及其各台阶端面，能有效地保证各表面之间的同轴度和各台阶端面与轴心线的垂直度，能在多工序中采用同一顶尖孔定位。

切削力、重力及热处理，都会损坏顶尖孔的精度，因此一般在热处理之后和磨削之前，为消除或减小误差，应对顶尖孔进行研磨，研磨顶尖有：①铸铁顶尖；②六棱锥顶尖；③硬质合金顶尖等。

如果顶尖孔已被破坏了，可以将其切掉并以外圆校正重新再打顶尖孔；轴中心有圆柱孔时，可以加工 60°锥孔并以此锥面定位，或用堵头将孔堵上再打顶尖孔，或用心轴以内孔心轴定位(与内孔配合)；当轴端孔为锥孔时，可以用锥堵或锥堵心轴定位。

为提高轴类零件加工的刚度，粗加工时，也可采用轴的外圆表面(卡盘夹持)和尖孔共同夹持定位。

4. 轴类零件的一般工艺过程

轴类零件的一般机械加工工艺过程为：

（1）预备工作　下料、锻造、毛坯热处理、车端面和钻顶尖孔；

（2）粗车工序　一般先车大直径外圆和端面；

（3）预备热处理　一般是调质处理；

（4）半精车工序　为精车作好准备；

（5）精车工序　完成非磨削表面的最终加工；

（6）其他工序　铣键槽、铣花键和钻孔等；

（7）最终热处理　高频淬火后回火；

（8）磨削工序　磨削轴类零件的重要表面达图技术要求。

11. 1. 2　套类零件

1. 套类零件的特点

套类零件的结构、形状及尺寸差异较大，但它们的功用大部分是用来起支承或导向作用的，内、外旋转面的同轴度及相互位置精度要求较高，零件壁厚较薄，加工容易变形。

2. 套类零件的毛坯

套类零件的毛坯可以是热轧或冷轧的棒料、无缝钢管、锻件、铸件、冷挤成型及粉末冶金成型等。

3. 套类零件的一般工艺特点

套类零件的主要加工面是孔、外圆及端面，如何保证这些主要加工面的相互位置精度和防止加工变形是套类零件加工的两大主要工艺问题。

保证套类零件相互位置精度的方法：

（1）采用一次安装的集中工序　一次安装下完成内、外表面及端面的大多数加工面，可消除多次安装的误差，并获得较高的位置精度。

（2）用夹具来保证位置精度　可以几次装夹，粗、精工序分开，可获较高的生产效率。

（3）用定心精度高的夹头夹持工件　如用液性塑料夹头、软爪等夹持工件，具有定心精度高、夹持方便迅速的优点。

防止变形的工艺措施：

（1）减小切削力　增大刀具前角及主偏角，以便减小主切削力和径向切削力；合理安装刀具，使切削力相互抵消。

（2）减小切削热　首先要使切削热"产得少"，其次是切削热要"散得快"，即首先选择合理的切削用量（特别是切削速度）及刀具角度，其次，选择冷却效果好的冷却液，并进行充分冷却润滑。

（3）夹持合理　夹紧力沿变形小的方向（如轴向夹持）；使用过渡套或弹簧套径向夹紧工件，使夹紧力均匀分布。

（4）增设辅助支承　用以增加工件刚性。

（5）增加粗、精加工之间的停留时间　在粗、精加工之间有足够长的停留时间，使工件充分变形之后以便在精加工中予以纠正。

（6）进行时效处理　以便消除应力，减小继续再变形。

11.2　箱体类零件加工工艺的分析与设计

箱体类零件是用来支承轴承零件及其他零部件的，是机器的基础件之一。它能保持各零部件的相互位置关系及传动关系，能满足机器的工作性能要求。因此，箱体类零件的加工质量直接影响箱体的装配精度及主轴回转精度，也影响机器工作精度、使用性能和寿命长短。

箱体类零件的加工表面主要是平面和孔，各种箱体的加工工艺设计都有许多共同之处。现以 C6150 车床主轴箱(床头箱)为例，说明设计机械加工工艺的过程与方法。

11.2.1　一般箱体类零件的主要结构特点

箱体的种类较多按箱体的结构特点分为：具有主轴支承孔和没有主轴支承孔的两大类。车床床头箱就是前一类箱体，此类箱体零件直接影响机床的加工精度，所以它的加工技术要求较高。变速箱、走刀箱、汽缸、发动机壳体等均属于后一类箱体，技术要求较前一类要低。

箱体的结构形状随机器的结构和箱体在机器中的功用不同而变化，但它们也存在较多的共同特点，即结构形状比较复杂，箱壁较薄且不均匀，箱体型腔内有较多的筋板和隔板；箱体内、外有一定的相互位置精度要求较高的多个平面及支承孔，且尺寸精度高，表面粗糙度数值小，加工有一定的难度。

11.2.2　箱体类零件技术要求分析

箱体类零件的技术要求是机器设备性能与精度的重要技术保证，因此，加工时必须按技术 要求严格把关，否则将会引起不良后果。例如，图 11 – 1 所示主轴箱箱体的支承孔，若加工引起轴承的配合不当，机器运转时，会引起噪声、振动并会使主轴的回转精度下降；如果同一轴心线上几个孔的同轴度误差过大，则轴装配困难，运转不灵，且加剧了轴承的磨损及热变形，影响轴承精度，容易产生振动；如果相邻轴承孔的中心距偏差太大，或者两中心线不平行，则会影响装配在轴上的齿轮啮合精度，工作时将出现噪声、冲击振动并使齿轮寿命下降。主轴箱与床身相连接的箱体平面是总装时的装配基面，该基面与主轴支承孔中心线有较高的精度要求，以保证主轴中心线与床身导轨的相互位置精度。当主轴中心线与箱体装配基面在水面内有偏斜，则总装后主轴中心线与床身导轨就会在水平面内产生偏斜，加工工件将会有圆柱度误差。如果主轴中心线与装配基面在垂直平面内有偏斜，则会引起加工工件的双曲线误差。此外，还要求主轴箱底面具有良好的直线度和较小的表面粗糙度值，以保证总装后箱体与床身接触可靠，防止机床工作时产生振动。

1. 轴孔的尺寸精度、形状精度和表面粗糙度

箱体上一般孔的尺寸精度为 IT7 ~ 8，表面粗糙 R_a 值为 0.4μm。轴孔不圆将造成轴承外环变形而引起主轴径向圆跳动，因此对精度要求高的支承孔(如轴孔)，其形状公差(如圆度、圆柱度)一般不超过孔径公差的一半。凡不作特殊规定的支承孔形状公差应控制在尺寸公差的范围内。

2. 轴孔的位置精度和孔距尺寸精度

C6150 车床主轴箱两主轴支承孔的同轴度公差为 0.008mm，箱体各孔心距公差为 ±0.1mm左右，各轴线平行度为 300:0.03mm，一般为 300:(0.03 ~ 0.08)mm，主轴孔端面对轴线的垂直度为 0.015 ~ 0.02mm。而主轴孔对安装基面 D(底面)、E(导向面)有很高的相互位置精度要求，一般最终加工是用刮研来保证的。为了减少修刮劳动量，规定了主轴轴线对安装基面(D 与 E)的平行度为 650:0.03mm，垂直和水平两个方向上的平行度误差只允许主轴前端偏向上和偏向前。

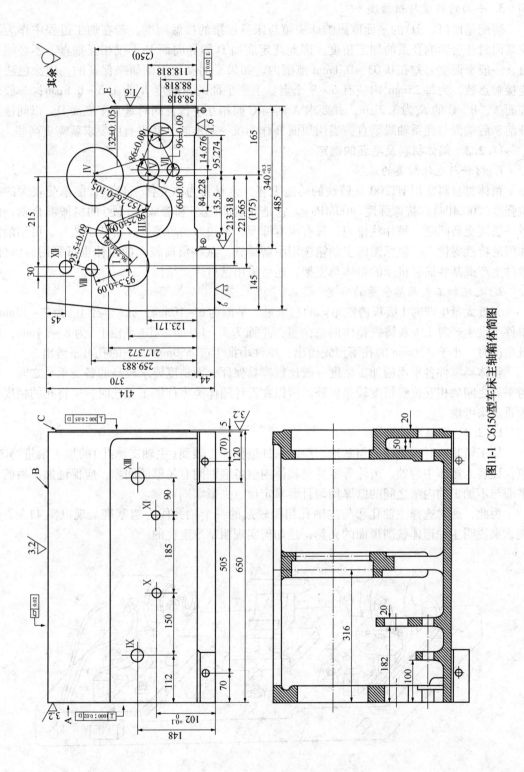

图11-1　C6150型车床主轴箱体简图

3. 平面的精度与粗糙度

装配基面(E、D)的平面度影响床头箱与床身连接的接触刚度。若在加工过程中作为定位基面时还会影响孔系的加工精度。因此规定底面 D 和导向面 E 不仅相互垂直，还必须平直，一般平面度公差在 0.03 ~ 0.1mm 范围内。如果平面度是靠刮研来保证的，用涂色法检查接触点数，为每 25mm² 内应有 6 ~ 8 个点。主要平面的粗糙度 R_a 为 1.6 ~ 0.8μm；一般外表面 A、B、C 的 R_a 为 3.2μm，并要求 A 面与 C 面相互平行且同时垂直于底面 D，以间接保证前、后端面与孔系轴线垂直。当用顶面 B 作为统一基准时，其平直度要求就需更高些。

11.2.3 箱体材料及毛坯的确定

1. 材料与毛坯种类的选择

箱体类材料常用 HT200 灰铸铁的铸造毛坯，该材料为珠光体灰口铁，能承受较大的抗拉强度(200MPa)和抗弯强度(400MPa)，它是铁素体(软)和渗碳体(硬)的机械混合物，两者一层层交替间隔，呈片状排列，具有成本低廉，有较好的耐磨性、铸造工艺性、可切削性和阻尼特性等优点。坐标镗床主轴箱选用耐磨铸铁；某些负荷较大的箱体也可采用铸钢件；单件生产或某些简易机床的箱体与支架，还可采用钢材焊接结构。

2. 毛坯加工表面总余量的确定

大批大量生产时 I 级灰铸铁箱体的总余量，平面为 6 ~ 10mm，孔(半径上)为 7 ~ 12mm；单件小批生产时 I 级灰铸铁箱体的总余量，平面为 7 ~ 12mm，孔(半径上)为 8 ~ 14mm；成批生产时，小于 φ30mm 的孔不预先铸出；单件小批生产 φ50mm 以下的孔可不铸出。

箱体类零件各平面的加工精度一般比较容易保证，而精度要求较高的各支承孔之间、孔与平面之间的相互位置精度较难保证。所以在设计箱体类零件加工工艺时，应将孔的精度作为重点来考虑。

11.2.4 粗基准的选择

加工精基准时定位用的粗基准，应能保证重要加工表面(主轴支承孔)的加工余量均匀；应保证装入箱体中的轴、齿轮等零件与箱体内壁各表面间有足够的间隙；应保证加工后的外平面与不加工的内壁之间的壁厚均匀且要求定位、夹紧牢固可靠。

为此，通常选择主轴孔和与主轴孔相距较远的一个轴孔作为粗基准。现以图 11 - 2 为例，来说明主轴箱体铣削顶面的夹具，是如何实现粗基准定位的。

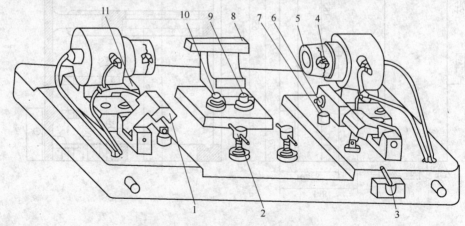

图 11 - 2 以主轴孔为粗基准的铣顶面夹具

1—夹紧块；2—可调支承；3—操纵手柄；4—活动支柱；5—短轴；6—挡销；7、9、11—支承；8—支架；10—辅助支承

首先将工件放在 11、9、7 各支承上，并使箱体侧面紧靠支架 8，端面靠紧挡销 6，进行预定位。然后由压力油推动两短轴 5 伸入主轴孔中，每个短轴上的三个活动支承销 4 伸出并撑住主轴孔壁毛面，将工件抬起，离开 11、9、7 各支承面，此时主轴孔即为定位基准。为了限制工件绕两短轴的转动自由度，在工件抬起后，调两个可调支承 2，通过样板校正另一轴孔的位置，使箱体顶面基本成水平。再调节辅助支承 10，使其与箱体底面接触，以增加加工顶面时箱体的刚度。最后由手柄 3 操纵两个压板 1，插入箱体两端孔内压紧工件，加工即可开始。显然，此夹具生产效率高，适用于较大批量的生产。

批量小时可采用划线工序。特别是毛坯精度不高时，若仅以主轴孔为基准，就会使箱体外形偏斜过大，影响外观及平面加工余量的均匀性。因此，必须用划线找正来调整加工余量，即在兼顾孔的余量的同时，还要照顾其它孔与面的余量均匀性，然后划出各表面的加工线与找正线。

11.2.5 精基准的选择

在选择精基准时，首先要遵循"基准统一"原则，使具有相互位置精度要求的加工表面的大部分工序，尽可能用同一组基准定位，这样可避免因基准转换带来基准不重合的误差，有利于保证箱体类零件各主要表面的相互位置精度。

对车床主轴箱箱体，精基准选择有两种可行方案：

（1）中小批生产时，以箱体底面作为统一基准，使定位基准、装配基准与设计基准重合，消除了基准不重合误差。由于箱口朝上，在加工各支承孔时，便于观察和测量尺寸，同时也方便安装和调整刀具。但是在镗削箱体中间壁上的孔时，为了增加镗杆刚度，需要在中间安置导向支承，其中，镗模板是以工件底面作为定位基准的，中间支承(见图 11 – 3 中的件 2)，是悬挂于夹具座体上的。这样的结构，不仅刚度差，安装误差大，而且装卸也不方便，故只适用于中小批量的生产。

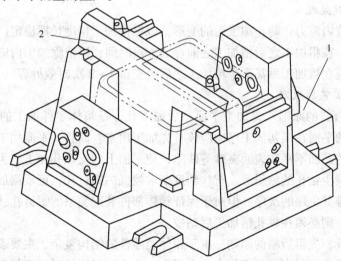

图 11 – 3 悬挂的中间导向支承架
1—夹具底座；2—吊架

（2）大批大量生时，箱体口朝下，中间导向支承架紧固在夹具座体上(称为固定支架，如图 11 – 4 所示)，采用主轴箱顶面及两定位销孔作为统一基准。这种夹具克服了悬挂支承的缺点,适合于大批量生产。但主轴箱顶面不是装配基面,故定位基面与装配基面(设计基准)不重合,增加了定位误差,必然压缩了工序的制造公差,同时还需进行工艺尺寸换算。又由于箱体顶面开口朝下,不便于观察加工情况,不便于测量孔径及调整刀具,因此,需采用定径尺寸镗刀来获得孔的尺寸与精度。

必须指出,上述两种方案的对比分析,仅仅是针对类似车床主轴箱零件而言,许多其他形式的箱体,一般都采用一面两孔的定位方式,上面所提及的问题不一定存在。

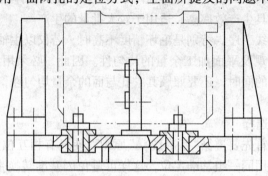

图 11 - 4　以顶面和两销孔定位

实际生产中,由于一面两孔的定位方式比较简便,且限制了工件的六个自由度,定位稳定可靠,因而在一次装夹下,可以加工所有五个面上的孔或平面(除定位面以外),也可以作为粗加工到精加工的大部分工序的定位基准,实现"基准统一"。此外,这种定位方式夹紧方便,工件的夹紧变形小,易于实现自动定位和自动夹紧。因此,在组合机床与自动线上加工箱体时多采用这种定位方式。

11.2.6　工艺过程设计要注意的事项

1. 箱体的时效处理

为了消除铸造内应力,防止加工后的变形,以保持加工精度长期稳定,需进行自然时效或人工时效处理。在粗加工之后精加工之前存放一段时间,以消除加工内应力。对于精密机床的床头箱体,应在粗加工后甚至半精加工之后再安排 1~2 次时效处理。

2. 箱体加工工艺的原则

(1)"先面后孔"的原则　先加工平面,后加工孔,是箱体零件加工的一般原则。这是因为作为精基面的平面在最初的工序中应该首先加工出来。而且,平面加工出来以后,由于切除了毛坯表面的凸凹不平和表面夹砂等缺陷,使平面上的支承孔加工更为方便,定位比较稳定可靠,可以减少钻孔的偏斜等。有些精度要求较低的螺钉孔,可根据加工的方便及工序时间的平衡来安排其工序的次序。但对于保证箱体部件装配关系的螺钉孔、销孔以及与轴承孔相交的滑油孔,则必须在轴孔精加工后钻铰。

(2)粗精分开,先粗后精的原则　由于箱体类零件的结构复杂,主要表面的精度要求高,为减少或消除粗加工时产生的切削力、夹紧力、应力和切削热对加工精度的影响,一般应尽可能把粗精加工分开,并分别在不同机床上进行。至于要求不高的平面则可将粗精两次加工安排在一个工序内完成,以缩短工艺过程,提高工效。

3. 主要表面加工方法的选择

箱体类零件的主要加工表面是平面和轴承支承孔。箱体平面的粗加工和半精加工主要采用刨削或铣削，在成批和大量生产中，多采用铣削。当生产批量较大时，还可以采用各种专用的组合铣床对箱体各平面进行多刀、多面同时铣削。尺寸较大的箱体，也可在龙门铣床上进行组合铣削，以有效地提高箱体平面加工的生产效率。在单件小批生产时，除一些高精度的箱体仍需采用手工刮研外，箱体平面精加工一般多以精刨代替传统的手工刮研；当生产批量大且精度又较高时，多采用磨削。为了提高生产效率和平面间的相互位置精度，可采用专用磨床进行组合磨削。

箱体上精度为 IT7 的轴承支承孔，一般用钻—扩—粗铰—精铰或镗—半精镗—精镗的艺方案进行加工。前者用于加工直径较小的孔，后者用于加工直径较大的孔。当孔的精度超过 IT7，表面粗糙度 R_a 小于 $0.63\mu m$ 时，还应增加一道最终的精加工或精密加工工序，如精细镗、珩、磨、滚等。

11.2.7　车床床头箱的加工工艺过程

对 C6150 型车床床头箱工艺过程按成批生产安排，如表 11-1 所示。

表 11-1　C6150 车床床头箱的工艺过程

序号	工序内容及要求	定位基面	设备
1	人工时效　消除内应力 清理　消除浇冒口、凸峰，喷砂，上底漆	主轴毛坯孔	
2	划线　按图纸外形尺寸及主轴孔位置划出底面 G、导		钳工划线台
3	向面 E 顶面 B 及排挡面 F 的加工线及找正线； 按内隔板尺寸划出端面 A、C 面的加工线及找正线		
4	粗、精铣　铣顶面 B		端面铣
5	粗、精刨　刨底面 D、G 面、导向面 E、排挡面 F		龙门刨
6	粗、精磨　磨 D、E 面		导轨磨
7	粗、精铣　铣 A、C 面	划线找正	端面铣
8	粗镗　用样板划出 I～IV 轴孔加工线由 C 面粗镗 II、III、IV 孔放余量 4~5mm 由 A 面粗镗 I～VI 各孔，放余量 4~5mm 时效处理	顶面 B 定位并划线正 B 面定位并找正 E 面 D、E 面	普通卧镗
9	油漆	D、E 面	
10	半精镗　半精镗全部轴孔，各孔放余量 1mm 钻、扩、		专用回转工作台组合镗床
11	铰各孔，扩孔余量 3mm，铰孔余量 0.15mm	D、E 面	
12	精镗　浮动镗 I～VI 各孔、浮动镗余量为 0.15mm 0.08mm±0.02mm，钻、扩、铰 A、C 面各小孔	D、E 面	专用回转工作台组合镗床
13	钻　钻孔 攻螺纹		
14	粗、精磨　排挡面 F	D、E 面	导轨磨床
15	钳工　在 VI 孔内钻斜油孔，倒角，去毛刺，除锈斑，清洗上油		摇臂钻床

第4部分 发展篇

第12章 先进制造技术及其发展趋势

12.1 先进制造技术的内涵及特点

12.1.1 概述

制造业在国民经济建设、社会进步、科技发展与国家安全中占有重要的战略地位。概括讲，这体现在以下五个方面：

(1) 物质财富是人类社会生存与发展的基础，而制造是人类创造物质财富最基本的手段。人类社会发展所依赖的四大物质文明支柱有：材料、能源、信息和制造。可以说：制造是"永远不落的太阳"。

(2) 制造业是全面建设小康社会，加速实现现代化的第一位支柱产业。制造业是工业的主体，当今中国的制造业直接创造国民生产总值的1/3，占整个工业生产的4/5，为国家财政提供1/3以上的收入，贡献出口总额的90%，制造业从业人员占全国工业从业人员总数的90%。我国要实现新型工业化，核心是要实现制造业先进化。

(3) 在制造业中，机械制造业尤其是装备制造业担负着为各行业各部门提供装备的重要任务，是国民经济发展的基础；其中，机床制造业又是装备制造业的心脏。马克思在《资本论》中指出："大工业必须掌握这特有的生产资料，即机器的本身，必须用机器生产机器。这样，大工业才建立起与自己相应的技术基础，才得以自立。"

(4) 制造业是高技术产业的基础，制造业产品是高技术的载体。没有制造业，就没有高技术。信息技术、微电子技术、光电子技术、纳米技术、核技术、空间技术和生命技术等莫不与制造业有关。例如，电子制造中所要求的高精度(控制精度趋于纳米级、加工精度趋于亚纳米级)、超微细(芯片线宽向 100nm、运动副间隙向 12nm 以下发展)、高加速度(芯片封装运动系统加速度向 $12g$ 以上发展)和高可靠性(芯片千小时失效率要求小于 1/109)，如果没有尖端的制造装备及相应的技术，就无法达到如此高的技术水平。我国光电子制造的关键装备几乎全靠进口，尖端制造装备及技术正是西方对我国技术封锁的重点所在。

(5) 现代尖端军事装备及国防安全技术更是先进制造技术的载体，从根本上讲，这必须依靠自己，绝对不能寄希望于国外。现代战争已进入"高技术战争"的时代，武器装备的较量在相当意义上就是制造技术和高技术水平的较量。没有精良的装备，没有强大的装备制造业，一个国家就没有军事和政治上的安全，经济和文化上的安全也将受到巨大威胁。

由上可知，制造业是国家的基础性、前沿性、支柱性与战略性的产业。高度发达的制造业，对内是实现新型工业化、加速实现现代化的必备条件；对外是衡量国家竞争力的重要标志，是决定一个国家在经济全球化进程中国际分工地位的关键因素。可以说，没有制造，就没有一切。然而没有先进的制造技术就不可能有发达的制造业。因此，先进制造技术是工业发达国家的国家级关键技术与优先发展领域，我国也已将制造业科技发展中问题的研究列入我国科技发展中长期规划。我国目前在迅速和平崛起中，经济正在展翅高飞，屡创奇迹。但是，就制造业而言，我国是制造大国，不是制造强国；严格讲是加工大国，不是加工强国，更不是制造强国。近十几年来我国对先进制造技术的发展也给予充分重视。1995 年 9 月《中共中央关于制定国民经济和社会发展"九五"计划和 2010 年远景目标的建议》中明确提出要大力采用先进制造技术，先进制造技术是一个国家，一个民族赖以昌盛的重要手段。《全国科技发展"九五"计划和到 2010 年长期规划》中明确将先进制造技术专项列入高技术研究与发展专题 。在"九五"期间实施一批发展先进制造技术项目。2000 年中科院在沈阳成立国家先进制造技术基地，2002 年在沈阳浑南开发区建设"先进制造技术 AMT 产业园"。形成了电子信息、生物技术、新材料、机电一体化、激光等五大领域的高新技术产业群，其中尤以电子信息产业的发展最为引人注目，已成为国内最重要的生产、研究开发基地之一。2005年出台的《国家中长期科学和技术发展规划纲要（2006 – 2020）》中确定制造业为重点领域，数字化和智能化设计制造为优先主题。2011 年，《我国国民经济和社会发展十二五规划纲要》明确提出，坚持走中国特色新型工业化道路，适应市场需求变化，根据科技进步新趋势，发挥我国产业在全球经济中的比较优势，发展结构优化、技术先进、清洁安全、附加值高、吸纳就业能力强的现代产业体系。

12.1.2　先进制造技术的内涵

先进制造技术 AMT(Advanced Manufacturing Technology)是制造业不断吸收信息技术和现代管理技术的成果，并将其综合应用于产品设计、加工、检测、管理、销售、使用、服务乃至回收的制造全过程，以实现优质、高效、低耗、清洁、灵活生产，提高对动态多变的市场的适应能力和竞争能力的制造技术的总称。它是发展国民经济的重要基础技术之一，也是改造传统产业的有力武器，它的发展和产业化对国民经济的发展有着举足轻重的影响。

先进制造技术是为了适应时代要求，提高竞争能力，对制造技术不断优化和推陈出新而形成的。它是一个相对的 、动态的概念，在不同发展水平的国家和同一国家的不同发展阶段，有不同的技术内涵和构成。当前，从各国掌握的制造技术来看可分为三个领域的研究，它们横跨多个学科，并组成了一个有机整体。

（1）先进制造系统设计技术　主要包括：现代设计理论与设计方法学、计算机辅助设计（CAD – Computer Aided Design）、计算机辅助工程分析（CAE – Computer Aided Engineering）、计算机辅助工艺规程设计（CAPP – Computer Aided Process Planning）、设计过程管理与设计数据库、面向"X"的设计（DFX – Design for X）、可靠性设计、优化设计、反求工程技术、价值工程设计、并行工程设计（CE – Concurrent Engineering）、仿真虚拟设计、绿色设计等。

（2）先进制造系统工艺及自动化技术　主要包括：精密铸造、精密锻压、精密焊接、优质低耗热处理、精密切割、超精密加工、超高速加工、微米/纳米加工技术、复杂型面数控加工、特种加工工艺、快速原型制造、少无污染制造、报废产品的可拆卸重组技术、拟实制造与装配技术、工业机器人、柔性制造系统、计算机集成制造技术、检测自动化及在线质量控制、绿色制造技术等

（3）先进制造系统管理技术　主要包括：工程管理、质量管理、管理信息系统以及现代

制造模式（如精益生产、计算机集成制造、敏捷制造、智能制造等）、集成化的管理技术、企业组织结构与虚拟公司等生产组织方法。

自 20 世纪 80 年代末，国际上提出先进制造技术的概念以来，AMT 技术在诸多国家和地区得到了迅速发展和广泛应用，逐步实现了柔性化、自动化、敏捷化与虚拟化。

进入 21 世纪后，以计算机技术、网络技术和通信技术等为代表的信息技术、生物技术及新材料技术，被应用于制造业的各个领域，使制造技术发生质的飞跃，制造生产模式发生了重大的改变。

12.1.3　先进制造技术的特点

先进制造技术与传统制造技术相比，具有以下显著特点：

（1）先进制造技术是面向工业应用的技术　先进制造技术最重要的特点在于，它首先是一项面向工业应用，具有很强实用性的新技术。它的发展往往是针对某一具体制造业（如汽车制造、电子工业）的需求，有明确的需求导向特征；不以追求技术的高新为目的，而是注重产生最好的实践效果，以提高效益为中心，以提高企业的竞争力和促进国家经济增长和综合实力为目标。

（2）先进制造技术具有应用的广泛性　先进制造技术相对传统制造技术在应用范围上的一个很大不同点在于，传统制造技术通常只是指各种将原材料变成成品的加工工艺，而先进制造技术虽然仍大量应用于加工和装配过程，但由于其组成中包括了设计技术、自动化技术、系统管理技术，因而将其综合应用于制造的全过程，覆盖了产品设计、生产准备、加工与装配、销售使用、维修服务甚至回收再生的整个过程。

（3）先进制造技术是一项动态技术　由于先进制造技术本身是针对一定的应用目标，不断吸收各种高新技术逐渐形成、不断发展的新技术，因而其内涵不是绝对的和一成不变的。反映在不同的时期，先进制造技术有其自身的特点；反映在不同的国家和地区，先进制造技术有其本身重点发展的目标和内容，通过重点内容的发展以实现这个国家和地区制造技术的跨越式发展。

（4）先进制造技术是一项综合性技术　传统制造技术的学科、专业单一独立，相互间的界限分明；先进制造技术由于专业和学科间的不断渗透、交叉、融合，界限逐渐淡化甚至消失，技术趋于系统化、集成化，已发展成为集机械、电子、信息、材料和管理技术为一体的新型交叉学科。因此可以称其为"制造工程"。

（5）先进制造技术具有系统性　传统制造技术一般只能驾驭生产过程中的物质流和能量流。随着微电子技术、信息技术的引入，使先进制造技术还能驾驭信息生成、采集、传递、反馈、调整的信息流过程。先进制造技术是可以驾驭生产过程的物质流、能量流和信息流的系统工程。一种先进的制造模式除了考虑产品的设计、制造全过程外，还需要更好的考虑到整个的制造组织。

（6）先进制造技术强调实现优质、高效、低耗、清洁、灵活的生产　先进制造技术的核心是优质、高效、低耗、清洁等基础技术，它是从传统的制造工艺发展起来的，并与新技术实行了局部或系统集成，这意味着先进制造技术除了通常追求的优质、高效外，还要针对 21 世纪人类面临的有限资源与日益增长的环保压力的挑战，实现可持续发展，要求实现低耗、清洁。此外，先进制造技术也必须面临 21 世纪消费观念变革的挑战，满足对日益"挑剔"的市场的需求，实现灵活生产。

（7）先进制造技术是面向全球竞争的技术　为确保生产和经济效益持续稳步的提高，能对市场变化做出更敏捷的反映以及对最佳技术经济效益的追求，提高企业的竞争力，先进制造技术比传统制造技术更加重视技术与管理的结合，更加重视制造过程组织管理体制的简化以及合理化，从而产生了一系列先进制造模式。随着世界自由贸易体制的进一步完善以及全球交通运输体系和通信网络的建立，制造业将形成全球化与一体化的格局，新的先进制造技术也必将是全球化的模式。

12.2　先进制造技术简介

12.2.1　精密与超精密加工技术

精密和超精密加工技术是现代制造技术的前沿和主要发展方向之一，在提高机电产品的性能、质量和发展高新技术方面都有着至关重要的作用，因此，该技术是衡量一个国家现代制造技术水平的重要指标之一，是现代制造技术的基础和关键。

精密与超精密加工的概念是相对的，是与某个时代的加工与测量水平密切相关的，所谓超精密加工技术，并不是指某一特定的加工方法，也不是指某一特定的加工精度高一个数量级的加工技术，而是指在一定的发展时期中，加工精度和加工表面质量达到最高水平的各种加工方法的总称。就目前而言，一般把按照稳定、超微量切除等原则实现加工尺寸误差和形状误差在 $0.3 \sim 0.03 \mu m$，表面粗糙度 R_a 值在 $0.03 \sim 0.005 \mu m$ 的精密加工称为超精密加工。随着加工技术的不断发展，超精密加工的技术指标也是不断变化的。

精密与超精密加工方法主要可分为两类：一是采用金刚石刀具对工件进行超精密的微细切削和应用磨料磨具对工件进行珩磨、研磨、抛光、精密或超精密磨削等；二是采用激光加工、微波加工、等离子加工、超声波加工、光刻等特种加工方法。

精密与超精密加工涉及的技术领域主要有以下方面：

（1）加工技术即加工方法与加工机理，主要有超精密切削、超精密磨料加工、超精密特种加工及复合加工。

（2）材料技术即加工工具和被加工材料，如超精密加工刀具磨具材料、刀具磨具制备及刃磨技术。

（3）加工设备及其基础元部件，主要加工设备有超精密切削机床、各种研磨机、抛光机以及各种特种精密加工、复合加工设备，对于这些加工设备有高精度、高刚度、高稳定性、高度自动化的要求。

（4）测量及误差补偿技术，必须有相应精度级别的测量技术和装置，即超精密加工要求测量精度比加工精度高一个数量级。此外误差预防和补偿技术是提高加工精度的重要策略。从目前发展趋势看，要达到最高精度还需要使用在线检测和误差补偿。

（5）工作环境，加工环境条件的极微小变化都可能影响加工精度，使超精密加工达不到预期目的，因此，超精密加工必须在超稳定的加工环境条件下进行，必须具备各种物理效应恒定的工作环境，如恒温室、净化间、防振和隔振地基等。

（6）工件的定位与夹紧。

（7）人的技艺。

超精密及超精密加工技术主要应用在仪器仪表工业、航空航天工业、电子工业、国防工业、计算机制造、各种反射镜的加工、微型机械等领域。

12.2.2　超高速切削加工技术

超高速切削加工是一种以 10 倍于常规切削速度和进给速度对零件进行机械加工的先进制造技术，近年来在工业发达国家发展非常迅速。大幅度地节省切削工时并实现高效精密生产的超高速加工，可以说是现代制造技术的第二个里程碑，是国际上公认的四大先进制造技术之一，也是面向 21 世纪的一项系统工程。

在超高速切削条件下，塑性材料变脆，切屑从带状、片状向碎屑的形态转变，切削力减小 30% 以上；切削温度虽然很高，但来不及传给工件，95% 以上的切削热被切屑带走，所以工件表面的变质层很小，精度反而容易控制；特别是对于非铁金属，切削温度甚至比常规切削加工还要低一些。机床在高速运转时，激振频率远离"机床—工件—刀具"工艺系统的固有频率，工作平稳，振动较小。

超高速切削时，主轴转速可达 10000～50000r/min 以上。其主要技术关键是轴承、动平衡和冷却。超高速切削机床的主轴与电机合二为一，将电机的空心转子直接套装在机床主轴上，带有冷却套的定子则安装在主轴单元的壳体内，形成所谓的"电主轴"。这样，电机的转子就是机床的主轴，机床主轴单元的壳体就是电机座，从而实现了变频电机与机床主轴的一体化，取消了一切中间传动环节，传动链长度为零，实现"零传动"。电主轴采用了电子传感器来控制温度，自带水冷或油冷循环系统，使主轴在高速旋转时保持恒温，一般可控制在 200～250℃ 范围内，精度为 ±0.70℃，同时使用油雾润滑、混合陶瓷轴承等新技术，使主轴免维护、寿命长、精度高。若选用推力大，刚度高、动态响应快、定位精度好的直线电机，可获得 200m/min 的进给速度和 $(2～10)g$ 的加速度。

此外，在高速切削领域出现了一种完全新型的机床——六杆机床（又称并联结构机床）。它的基本原理是由六条伸缩杆支承，通过调整各伸缩杆的长度，使机床主轴在其工作范围内既可作直线运动，也可作转动运动。与传统机床相比，六杆机床能够有六个自由度的运动，而传统机床则多数只能在其直角坐标系内运动。六杆机床的结构简单，每条伸缩杆可采用滚珠丝杠驱动或直线电机驱动。因为六条伸缩杆完全相同，所以易于组织大批量生产，从而降低生产成本。由于每条伸缩杆只是轴向受力，结构刚度高，可以降低其质量以达到高速进给的目标。这种机床的关键是它的数控单元，因为机床主轴的每一个位移都需通过六条伸缩杆的独立运动来组合，数控单元必须保证每条伸缩杆在运动结束时，能同时达到预定的位置。

12.2.3　成组技术

充分利用事物之间的相似性，将许多具有相似信息的研究对象归并成组，并用大致相同的方法来解决这一组研究对象的生产技术问题，这样就可以发挥规模生产的优势，达到提高生产效率、降低生产成本的目的，这种技术统称为成组技术（Group Technology，简称 GT）。

机械制造的成组加工，是将多种被加工零件按几何形状、工艺要求、材料特性等的相似性按照某种分类方法分类编组，并将机床划分为与零件组一一对应的若干机床组，进而利用各机床组与对应的零件组进行加工。将相似性的多种零件集中起来，形成"迭加批量"，从而有可能采用适当的高效设备、工装和流水生产方式，使小批量生产获得大批量生产的效益，达到缩短生产周期、提高生产率、降低成本、简化生产管理、减小在制品储备、稳定生产质量等的目的。

经过长期的实践总结以及数控技术、计算机技术在机械制造行业的推广应用，"成组技术"、"成组加工"、"成组工艺"的范畴已扩展到机械产品的零件设计、工艺设计、生产组织、计划管理等领域。它是中小批生产企业提高劳动生产率、缩短生产周期、降低产品成本、获得经济效益的有效措施，也是发展计算机辅助工艺规程设计、计算机辅助制造和计算机集成制造的重要基础。

目前，世界各国都有自己的零件分类编码系统，常用的有 20 多种。数列的位数一般为 4~9 位，也有多达十几位的数字和字母，其中影响较大和应用较广的有英国的布列希（Brisch）系统、前捷克斯洛伐克的 TOS 系统、瑞士的苏尔寿（SULZER）系统、日本的 KK－3 系统、前苏联的 ВЛТИ 统一分类系统、德国阿亨大学 Opitz 教授开发的奥匹兹（OPITZ）系统和我国的 JLBM－1 零件编码系统等。

12.2.4　计算机辅助制造技术

计算机辅助制造（Computer Aided Manufacturing，简称 CAM），从广义的角度讲，是指利用计算机辅助从毛坯到产品制造过程中的直接和间接的活动，包括计算机辅助生产计划、计算机辅助工艺设计、计算机数控编程、计算机控制加工过程等内容。而从狭义的角度讲，CAM 仅指数控程序的编制，包括刀具路径的确定、刀位文件的生成、刀具轨迹仿真以及数控代码的生成等。

根据机械加工的要求，CAM 系统应具有柔性、灵活性、可靠性、高效率及高效益的特性。CAM 的主要研究内容是：

（1）CAPP 系统与 CAD/CAM 集成，并行 CAPP。

（2）统一产品定义数据模型及基于特征的几何建模系统。

（3）工作车间控制。

（4）专家系统和人工智能在生产过程中的应用。

（5）智能接口。

12.2.5　计算机辅助工艺规程编制

计算机辅助工艺规程编制（Computer Aided Process Planning，简称 CAPP）是指利用计算机技术辅助工艺人员设计零件从毛坯到成品的制造方法，是将企业产品设计数据转换为产品制造数据的一种技术。

随着制造业生产技术的发展和多品种小批量的要求，特别是现代集成制造技术的发展与运用，传统的工艺设计方法已经远远不能满足自动化和集成化要求。CAPP 克服了传统工艺设计的许多缺点，借助计算机技术，来完成从产品设计到原材料加工成产品所需的一系列加工动作及其对资源需求的数字化描述。CAPP 在现代制造业中，具有重要的理论意义和广泛迫切的实际需求。CAPP 系统的应用不仅可以提高工艺规程设计效率和设计质量，缩短技术准备周期，为将广大工艺人员从繁琐、重复的劳动中解放出来提供了一条切实可行的途径，使工艺人员可以更多地投入工艺试验和工艺攻关，而且可以保证工艺设计的一致性、规范化；有利于推进工艺的标准化。更重要的是工艺 BOM（Bill Of Material，物料清单）数据是指导企业物资采购、生产计划调度、组织生产、资源平衡、成本核算等的重要依据，CAPP 系统的应用将为企业数据信息的集成打下坚实的基础。

近几年，CAPP 的研究开始注重工艺基本数据结构及基本设计功能，开发重点从注重工艺过程的自动生成，向从整个产品工艺设计的角度，为工艺设计人员提供辅助工具，同时为企业的信息化建设服务。这直接导致了 CAPP 软件产品的迅速发展，产生了人机交互为主的新一代 CAPP 工具系统,并在企业实际应用中取得了良好的成效。

新一代 CAPP 的发展趋势是:

(1) 特征技术　建立 CAD/CAE/CAPP/CAM 范围内相对统一的、基于特征的产品定义模型,并以此模型为基础,运用产品数据交换技术,实现 CAD、CAE、CAPP 和 CAM 间的数据交换与共享。该模型不仅要求能支持设计与制造各阶段所需的产品定义信息(几何信息、拓扑信息、工艺和加工信息),而且还应该提供符合人们思维方式的高层次工程描述语义特征,并能表达工程师的设计与制造意图。

(2) 集成数据管理　已有的 CAD/CAM 系统集成,主要通过文件来实现 CAD 与 CAM 之间的数据交换,不同子系统文件之间要通过数据接口转换,传输效率不高。为了提高数据传输效率和系统的集成化程度,保证各系统之间数据的一致性、可靠性和数据共享,需要采用工程数据库管理系统来管理集成数据,使各系统之间直接进行信息交换,真正实现 CAD/CAM 之间信息交换与共享。

(3) 产品数据交换标准　为了提高数据交换的速度,保证数据传输完整、可靠和有效,必须采用通用的标准化数据交换标准。产品数据交换标准是 CAD/CAE/CAPP/CAM 集成的重要基础。

(4) 集成框架(或集成平台)　数据的共享和传送通过网络和数据库实现,需要解决异构网络和不同格式数据的数据交换问题,以使多用户并行工作共享数据。集成框架对实现并行工程协同工作是至关重要的。

12.2.6　高能束加工技术

高能束加工技术以高能量密度束流(电子束、激光、离子束等)为热源与材料作用,从而实现材料去除、连接、生长和改性。高能束加工技术具有独特的技术优势,被誉为本世纪先进制造技术之一,受到越来越多的重视,应用领域不断扩大。经过多年的发展,高能束加工技术已经应用到焊接、切割、打孔、喷涂、刻蚀、精细加工、表面改性和快速制造等方面,在航空、航天、船舶、兵器、交通、医疗等诸多领域发挥了重要作用。

1. 电子束加工

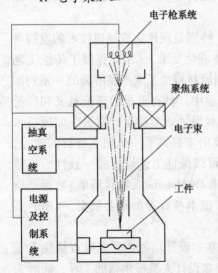

图 12-1　电子束加工原理及设备组成

如图 12-1 所示,电子束加工是在真空条件下,利用聚焦后能量密度极高($10^6 \sim 10^9 \text{W/cm}^2$)的电子束,以极高的速度冲击到工件表面极小面积上,在极短的时间(几分之一微秒)内,其能量的大部分转变为热能,使被冲击部分的工件材料达到几千摄氏度以上的高温,从而引起材料的局部熔化和气化,被真空系统抽走。

控制电子束能量密度的大小和能量注入时间,就可以达到不同的加工目的。如只使材料局部加热就可进行电子束热处理;使材料局部熔化就可进行电子束焊接;提高电子束能量密度,使材料熔化和气化,就可进行打孔、切割等加工;利用较低能量密度的电子束轰击高分子材料时产生化学变化的原理,即可进行电子束光刻加工。电子束加工的特点:

(1) 由于电子束能够极其微细地聚焦,甚至能聚焦

到 $0.1\mu m$。所以加工面积可以很小，是一种精密微细的加工方法。

（2）电子束能量密度很高，使照射部分的温度超过材料的熔化和气化温度，去除材料主要靠瞬时蒸发，是一种非接触式加工。工件不受机械力作用，不产生宏观应力和变形。加工材料范围很广，对脆性、韧性、导体、非导体及半导体 材料都可加工。

（3）电子束的能量密度高，因而加工生产率很高，例如，每秒钟可以在 2.5mm 厚的钢板上钻 50 个直径为 0.4mm 的孔。

（4）可以通过磁场或电场对电子束的强度、位置、聚焦等进行直接控制，所以整个加工过程便于实现自动化。特别是在电子束曝光中，从加工位置找准到加工图形的扫描，都可实现自动化。在电子束打孔和切割时，可以通过电气控制加工异形孔，实现曲面弧形切割等。

（5）由于电子束加工是在真空中进行，因而污染少，加工表面不氧化，特别适用于加工易氧化的金属及合金材料，以及纯度要求极高的半导体材料。

（6）电子束加工需要一整套专用设备和真空系统，价格较贵，生产应用有一定局限性。

2. 离子束加工

离子束加工的原理和电子束加工基本类似，也是在真空条件下，将离子源产生的离子束经过加速聚焦，使之打到工件表面。不同的是离子带正电荷，其质量比电子大数千、数万倍，如氩离子的质量是电子的 7.2 万倍，所以一旦离子加速到较高速度时，离子束比电子束具有更大的撞击动能，它是靠微观的机械撞击能量、而不是靠动能转化为热能来加工的。

离子束加工的物理基础是离子束射到材料表面时所发生的撞击效应、溅射效应和注入效应。具有一定动能的离子斜射到工件材料（靶材）表面时，可以将表面的原子撞击出来，这就是离子的撞击效应和溅射效应。如果将工件直接作为离子轰击的靶材，工件表面就会受到离子刻蚀（也称离子铣削）。如果将工件放置在靶村附近，靶材原子就会溅射到工件表面而被溅射沉积吸附，使工件表面镀上一层靶村原子的薄膜。如果离子能量足够大并垂直工件表面撞击时，离子就会钻进工件表面，这就是离子的注入效应。离子束加工的特点：

（1）由于离子束可以通过电子光学系统进行聚焦扫描，离子束轰击材料是逐层去除原子，离子束流密度及离子能量可以精确控制，所以离子刻蚀可以达到毫微米（$0.001\mu m$）级的加工精度。离子镀膜可以控制在亚微米级精度，离子注入的深度和浓度也可极精确地控制。可以说，离子束加工是所有特种加工方法中最精密、最微细的加工方法，是当代毫微米加工（纳米加工）技术的基础。

（2）由于离子束加工是在高真空中进行，所以污染少，特别适用于对易氧化的金属、合金材料和高纯度半导体材料的加工。

（3）离子束加工是靠离子轰击材料表面的原子来实现的。它是一种微观作用，宏观压力很小，所以加工应力、热变形等极小，加工质量高，适合于对各种材料和低刚度零件的加工。

（4）离子束加工设备费用贵、成本高，加工效率低，因此应用范围受到一定限制。

3. 激光加工

激光是一种具有亮度高、方向性好和单色性好的相干光，因此在理论上可聚焦到尺寸与光的波长相近的小斑点上。焦点处的功率密度可达 $10^7 \sim 10^{11} \text{W/cm}^2$，温度可高达万度以上。激光加工就是利用材料在激光聚焦照射下瞬时急剧熔化和气化，并产生很强的冲击波，便被熔化的质爆炸式地喷溅来实现材料的去除。

激光加工可以用于打孔、切割、电子器件的微调、焊接、热处理、以及激光存贮等各个领域。其具有以下特点：

（1）几乎对所有金属材料和非金属材料如钢材、耐热合金、高熔点材料、陶瓷、宝石、玻璃、硬质合金和复合材料等都可加工。

（2）加工效率高，可实现高速切割和打孔，也易于实现加工自动化和柔性加工。

（3）加工作用时间短，除加工部位外，几乎不受热影响和不产生热变形。

（4）非接触加工，工件不受机械切削力，无弹性变形，能加工易变形薄板和橡胶等工件。

（5）由于激光束易实现空间控制和时间控制，能进行微细的精密图形加工。

（6）不存在工具磨损和更换问题。

（7）在大气中无能量损失，故加工系统的外围设备简单，不像电子束加工需要真空室。

（8）可以通过空气、惰性气体或光学透明介质，故可对隔离室或真空室内工件进行加工。

（9）加工时不产生振动和机械噪声。

12.2.7　制造自动化技术

制造自动化是人类在长期的生产活动中不断追求的主要目标之一，制造自动化技术是先进制造技术中的重要组成部分。自动化（automation）是美国人 D. S. Harder 于 1936 年提出的。他在通用汽车公司工作时，认为在一个生产过程中，机器之间的零件转移不用人去搬运就是"自动化"，这实质是早期制造自动化的概念。在很长一段时间内，人们对制造自动化的概念狭义的理解为用机器（包括计算机）代替人的体力劳动或脑力劳动。随着制造技术、电子技术、控制技术、计算机技术、信息技术、管理技术的发展，制造自动化已远远突破了传统的概念，具有更加宽广和深刻的内涵。

制造自动化不仅仅涉及到具体生产制造过程，而且涉及到产品生命周期的所有过程。它主要包括制造系统开放式智能体系结构、优化与调度理论、生产过程和设备自动化技术以及产品研究与开发过程自动化技术等。目前应用比较成熟的制造自动化技术主要有柔性制造技术、计算机集成制造系统、现代数控加工技术。

1. 柔性制造技术

柔性制造技术（Flexible Manufacturing Technology，简称 FMT）是集数控技术、计算机技术、机器人技术、现代管理技术为一体的现代制造技术，主要用于多品种小批量或变批量生产。其主要应用形式是柔性制造系统。柔性制造系统是由数控加工设备、物料运储装置和计算机控制系统等组成的自动化制造系统。它包括多个柔性制造单元，能根据制造任务或生产环境的变化迅速进行调整，适用于多品种、中小批量生产。

柔性制造系统可分为：柔性制造单元（FMC - Flexible Manufacturing Cell）；柔性制造系统（FMS - Flexible Manufacture System）；柔性制造生产线（FML - Flexible Manufacturing Line）；柔性制造工厂（FMF - Flexible Manufacturing Factory）。

柔性制造系统具有多工序集中加工的功能；自动输送和储料的功能；自动诊断的功能；信息处理的功能；可自动换刀、自动安装工件、自动处理切屑及自动供应冷却液等多项功能。FMS 把高柔性、高质量、高效率有效地结合和统一了起来。美国有几家公司使用 FMS 后，使得在制品降低了 40% ~80%，废品减少了 5% ~73%；生产周期缩短了 9 周；车间场地空间减少了 75%。柔性制造系统在中小批量，多种产品组合的生产应用中显示了巨大的优势，可以较大程度地满足用户的特殊制造要求，能迅速对市场作出反应，可增强企业的市场竞争能力。

2. 计算机集成制造系统

计算机集成制造系统（Computer Integrated Manufacturing System，简称 CIMS）是以计算机为中心、现代信息为基础的新一代制造系统，这些信息包括产品信息、工艺信息、供销信息和管理信息等。在充分信息交流沟通和信息共享的基础上，保证了制造系统内部各个环节的组织结构的优化、运行的优化和步调的高度协调，在任何市场波动的条件下都可确保企业的最优整体效益。

由于现代微电子技术、传感技术、检测技术和现代通讯技术的发展，根本上改变了制造工程技术的面貌和技术水平，导致组织结构和运行模式的大变革和大飞跃。CIMS 是一个闭环反馈系统，它的输入是关于产品的需要和概念，输出是合格的产品。从头到尾的有关信息都反馈到系统的控制部分，实现生产和管理的最佳化。反馈存在于整个系统，反馈也存在于系统的各个部分。全部信息的存储和流通都是由计算机来完成的，并且是由小到大分级分步连续完成的，整个过程可以不需要图纸，而是依靠信息的沟通、理解和实时处理与反馈操作来实现集成的。整个生产系统分为决策级、经营管理级及制造级，其中制造级是实施产品设计与制造的生产实体，包括 CAD、CAPP、CAM、FMS 在线检测、自动传送系统和自动化仓库的集成。这个集成不是它们之间的简单拼合，而是信息采集、交换与处理的集成化系统，由信息流控制物质流，控制与指挥整个生产活动。

实现 CIMS，既要高投入，又是高风险，技术难度大，可靠性要求非常高，西方工业发达国家研究的重点已开始由全盘自动化向低值自动化方向改变了。因此，我国不能生搬硬套，全盘引进 CIMS，要根据我国的国情，根据企业现有的自动化与非自动化设备、数控设备与非数控设备进行有效的集成，寻求具有自我特色的组织结构与运行机制，来提高企业的竞争能力。

3. 现代数控加工技术

现代数控技术综合了机械加工技术、自动控制技术、检测技术、计算机和微电子技术，是当前世界上机械制造业的高技术之一。现代制造技术的发展过程是制造技术、自动化技术、信息技术和管理技术等相互渗透和发展的过程，而数控技术以其高精度、高速度、高可靠性等特点已成为现代制造技术的技术基础。世界上各工业发达国家都把发展数控技术作为机械制造业技术革命的重点。

数控加工是指数控机床在数控系统的控制下，自动地按给定的程序进行机械零件加工的过程。数控系统的发展水平高低直接决定了数控加工技术的发展水平。目前，概括起来数控系统呈现如下发展趋势：

（1）总线式、模块化结构的 CNC（Computer Numerical Control）装置　采用多微处理机、多主总线体系结构，提高系统计算能力和响应速度。模块化有利于满足用户需要，构成最小至最大系统。

（2）在 PC 机基础上开发 CNC 装置　充分利用通用 PC 机丰富的软件资源，随 PC 机硬件的升级而升级，适当配置高分辨率的彩色显示器。通过图像、多窗口、菜单驱动以及多媒体等方式得到友好的人机界面。

（3）PC 数控　PC 既作为人机界面，通过利用其大容量存储能力和较强的通信能力，又可作机床控制用，成为 PC 数控。

（4）开放性　现代数控系统要求控制系统的硬件体系结构和功能模块具有兼容性，软件的层次结构、模块结构、接口关系等均符合规范标准，以方便机床制造商将特殊经验植入系统，让数控机床用户有自动化开发环境。

（5）大容量存储器的应用和软件的模块化设计，不仅丰富了数控功能，同时也加强了 CNC 系统的控制功能。具备通信联网能力，支持多种通用和专用的网络操作，为工厂自动化提供基础设备。

（6）将多种控制功能（如刀具破损检测、物料搬运、机械手控制等）都集成到数控系统中，使系统实现多过程、多通道控制，即具有一台机床同时完成多个独立加工任务，或控制多台和多种机床的能力。

（7）面向车间编程技术（WOP－Workshop－Oriented Programming）和智能化　系统能提供会话编程、蓝图编程和 CAD/CAM 等面向车间的编程技术和实现二、三维加工过程的动态仿真，并引入在线诊断、模糊控制等智能机制。

12.2.8　微型机械及微纳加工技术

尺寸在 1mm 以下的微小机械，称为微型机械。微型机械的研究涉及面广、难度大，但受到大家普遍的重视。目前微型机械的研究已达到较高水平，已能制造多种微型零件和微型机构。日本松下公司开发的超小型静电电机，直径只有 $1.4\mu m$，轴径 $1.0\mu m$，长约 $10\mu m$，转速 100r/min；德国制成的机器人能潜入人的血管传递信息；加拿大研制成的遥控微驱动机器人能用于神经细胞的操作；上海交大与上海煤气公司联合研究的"上海第七号机器人"，能灵巧地爬进地下煤气小口径管道进行检测工作，并及时将信息和数据传出便于故障的排除。微型机械与微加工技术是纳米技术走向实用化，产生经济效益的主要领域之一。

微纳制造并不是简单地将大尺寸的机械按比例缩小就了事，而是采用完全不同于现有切削工艺的加工方法，被加工材料是被蚀刻掉的或被掩膜电镀到一个基片（通常是硅）上，而不是被切削掉的。微加工工艺分为三种，第一种是 IC（Integratedcircuit）的表面微加工工艺，它一般只能加工多晶硅，且加工出来的零件缺少足够的机械强度，不能传动力矩或动力，加工的横截面是只有几微米的二维平面；第二种是 LIGA（德文 Lithographie Galanoformung Abformung，光刻电铸）微加工工艺，它是用 X 射线进行光刻；掩膜电镀；微型精铸成型的工艺，它既可加工硅，也可以加工金属、合金、塑料和陶瓷材料，并且是高形态比（长径比、高宽比）的三维零件。利用 LIGA 工艺可制造出微传感器、微驱动器、微马达、微机械和光学零件等。例如美国威斯康新大学用 LIGA 工艺制造的平面磁性带齿轮箱的微型马达，转速为 10000r/min，转子是 $100\mu m$ 厚的镍层做的，轴和转子的间隙为 $0.25\mu m$；第三种是生物制造，利用生物细菌吞噬金属的特点来加工微型机械零件，是生物学、纳米科学与机械学的交叉结合。

12.2.9　先进制造新概念

1. 智能制造系统

智能制造包括智能制造技术（IMT－Intelligent Manufacturing Technology）和智能制造系统（IMS－Intelligent Manufacturing System）。智能制造系统是一种由智能机器和人类专家共同组成的人机一体化智能系统，它在制造过程中能以一种高度柔性与集成的方式，借助计算机模拟人类专家的智能活动进行分析、推理、判断、构思和决策等，从而取代或延伸制造环境中人的部分脑力劳动。同时，收集、存贮、完善、共享、继承和发展人类专家的智能。

IMS 是适应以下几方面的情况需要而兴起的：一方面是制造信息的爆炸性的增长，以及处理信息的工作量的猛增，这要求制造系统表现出更大的智能；另一方面是专业人材的缺乏和专门知识的短缺，严重制约了制造工业的发展，在发展中国家是如此，在发达国家，由于制造企业向第三世界转移，同样也造成本国技术力量的空虚；第三是动荡不定的市场和激烈的竞争要求制造企业在生产活动中表现出更高的机敏性和智能；第四，CIMS 的实施和制造业的全球化的发展，遇到两个重大的障碍，即目前己形成的"自动化孤岛"的联接和全局优化问题，以及各国、各地区的标准、数据和人—机接口的统一的问题，而这些问题的解决也有赖于智能制造的发展。与传统的制造系统相比智能制造系统具有以下特征：

（1）自组织能力　自组织能力是指 IMS 中的各种智能设备，能够按照工作任务的要求，自行集结成一种最合适的结构，并按照最优的方式运行。完成任务以后，该结构随即自行解散，以备在下一个任务中集结成新的结构。自组织能力是 IMS 的一个重要标志。

（2）自律能力　IMS 能根据周围环境和自身作业状况的信息进行监测和处理，并根据处理结果自行调整控制策略，以采用最佳行动方案。这种自律能力使整个制造系统具备抗干扰、自适应和容错等能力。

（3）自学习和自维护能力　IMS 能以原有专家知识为基础，在实践中，不断进行学习，完善系统知识库，并删除库中有误的知识，使知识库趋向最优。同时，还能对系统故障进行自我诊断、排除和修复。

（4）整个制造环境的智能集成　IMS 在强调各生产环节智能化的同时，更注重整个制造环境的智能集成。这是 IMS 与面向制造过程中的特定环节、特定问题的"智能化孤岛"的根本区别。IMS 涵盖了产品的市场、开发、制造、服务与管理整个过程，把它们集成为一个整体，系统地加以研究，实现整体的智能化。

2. 快速原型制造技术

快速原型制造（Rapid Prototype Manufacturing，简称 RPM）是在 CAD/CAM 技术的支持下，直接用 CAD/CAM 的数据，采用电脑、激光、感光聚合、粘结、熔结、或化学反应等手段，有选择地固化液体（或粘结固体）材料，从而快速精密地制作出所要求形状的零部件（或模型）。RPM 是机械工程、CAD、数控技术、激光技术以及材料科学的技术集成，它可以自动而迅速地将设计思想转化为具有一定结构和功能的原型或直接制造零件，人们把这项技术看作是出奇制胜、赢得市场竞争的"秘密武器"，引起人们极大的兴趣和青睐。

该技术根据其实现制造的过程和特点，可称之为"立体复印"，也可称为"生长型"制造技术，或者统称为快速出样技术。它的迅速发展，不仅体现在制造思想和实现方法上有了突破，更重要的是在制作零件的质量、性能、大小和制作速度等方面，也取得了很大的进展，是快速产品开发的一种重要支撑技术。

目前，RPM 的工艺方法主要有：光固化法（SLA – Stereo lithography Appearance）、叠层法（LOM – Laminated Object Manufacturing）、激光选区烧结法（SLS – Selected Laser Sintering）、熔融沉积法（FDM – Fused Deposition Modeling）、掩膜固化法和 3D 打印法等。其中 3D 打印法目前备受瞩目，它是一种以数字模型文件为基础，将三维实体变为若干个二维平面，通过对粉末状金属或塑料等可粘合材料处理并逐层叠加进行生产，大大降低了制造的复杂度。这种数字化制造模式不需要复杂的工艺、不需要庞大的机床、不需要众多的人力，直接从计算机图形数据中便可生成任何形状的零件，使生产制造得以向更广的生产人群范围延伸。3D打印技术对于推动工业产业尤其是制造业的进步有特别意义。未来制造业也许不再采用工厂这种将人力、资金、设备等生产要素大规模集中化的生产方式，3D打印不仅将改变人们的生活方式和生产方式，还将改变人们的思维方式。

3. 敏捷制造、网络化制造与云制造

敏捷制造（Agile Manufacturing，简称 AM）是一种新型的先进制造模式，它是数控柔性自动化、企业职工的高素质及虚拟企业三者的集成，能对瞬息万变的市场变化作出快速响应。敏捷制造是以信息为主、制造成本与批量关系不大；制造单元是独立的、模块式的和分布式的，制造模式采用动态多变的组织结构，实现制造资源的优化配置，能快速生产全新产品，对瞬时即逝的机会具有快速反映能力，对用户的需求具有很大的满足能力。敏捷制造思想的提出，在世界范围内引起了广泛的影响，美欧及包括我国在内的许多国家都在对其进行探索和研究。可以说，敏捷制造代表着今后制造业的发展方向。

美国的一家汽车公司，可以通过特殊软件和多媒体模拟装置，让用户直接参加非常接近实际和不同条件的试验，让用户身临其景、亲自操作、亲自使用，亲自修改设计，直到用户满意为止，并且公司向用户承诺，在极短的时间内可以为用户制造出这种经用户修改后的满意汽车。

敏捷制造强调虚拟联盟（Virtual Company/Virtual Organization），由多企业所提供的特具优势的参组单元，构成一种分散的制造模式进行联作运行，各参组单元相互协调地完成决策中心为某一产品而分派的各项任务，当这一产品生命周期结束，虚拟（联作）公司也就解散。新的机遇到来时，面对新的用户和新任务，再重新组合新的参组单元。新联盟的各参组单元，可来自不同的企业，共同承担任务和风险，共同享受利益。

计算机网络技术的飞速发展及其在制造业的广泛应用，使敏捷制造成为可能，而另一种制造模式——网络化制造也就应运而生。网络化制造的特点是制造厂和销售服务遍布全世界，企业能够在任何时刻与世界任何一个角落的用户或供应商打交道，通过网络的协调和运作，将遍布世界的制造厂和销售网点连成一体，不仅同合作伙伴甚至同竞争对手都能建立全球范围的生产和经营联盟网络。因此，其柔性范畴扩大到了市场经营和供货环节，以完全柔性的制造系统来应付完全不确定的市场环境。其实质是通过计算机网络进行生产经营业务活动各个环节的合作，以实现企业间的资源共享、优化组合和异地制造。网络化制造和服务技术同云计算、云安全、高性能计算、物联网等技术融合形成了云制造。

云制造是一种利用网络和云制造服务平台，按用户需求组织网上制造资源（制造云），为用户提供各类按需制造服务的一种网络化制造新模式，其核心就是建立共享制造资源的公共服务平台，将巨大的社会制造资源池连接在一起，提供各种制造服务，实现制造资源与服务的开放协作、社会资源高度共享。

在理想情况下，云制造将实现对产品开发、生产、销售、使用等全生命周期的相关资源的整合，提供标准、规范、可共享的制造服务模式。这种制造模式，可以使制造业用户像用水、电、煤气一样便捷地使用各种制造服务。企业用户无需再投入高昂的成本购买加工设备等资源，而是通过云制造平台提出具体的使用请求，云制造平台会对用户请求进行分析、分解，并在制造云里自动寻找最为匹配的云服务，通过调度、优化、组合等一系列操作，向用户返回解决方案。用户无需直接和各个服务节点打交道，也无需了解各服务节点的具体位置和情况。

敏捷制造强调的敏捷化理念，是云制造所追求的目标之一。云制造借鉴云计算等最新的信息技术，为实现敏捷化提供了新的手段。在理念上，云制造综合了敏捷化、绿色化、个性化和服务化等思想，但从应用模式与组织实施角度来说，云制造与敏捷制造相比也有一定的差异。由于云制造也是建立在网络基础之上，从广义上讲，云制造是网络化制造的一种新的形态，但由于融合并采用了云计算、物联网、服务计算等技术和架构，与传统网络化制造相比，有鲜明的特点和优势。云制造以实现敏捷化、服务化、绿色化和智能化为重要目标，是网络化制造的一种新发展，是面向服务制造理念的具体体现。

4. 精益生产

精益生产(Lean Production，简称 LP)。其核心内容是准时制生产方式 JIT(Just - In - Time)，这种方式通过看板管理，成功地制止了过量生产，实现了"在必要的时刻生产必要数量的必要产品"，从而彻底消除产品制造过程小的浪费，以及由之衍生出来的种种间接浪费，实现生产过程的合理性、高效性和灵活性。JIT 方式是一个完整的技术综合体，即包括经营理念、生产组织、物流控制、质量管理、成本控制、库存管理、现场管理等在内的较为完整的生产管理技术与方法体系。

准时生产方式的基本思想可概括为"在需要的时候，按需要的量生产所需的产品"，也就是通过生产的计划和控制及库存的管理，追求一种无库存，或库存达到最小的生产系统。准时生产方式的核心是追求一种无库存的生产系统，或使库存达到最小的生产系统。为此而开发了包括"看板"在内的一系列具体方法，它将传统生产过程中前道工序向后道工序送货，改为后道工序根据"看板"向前道工序取货，看板系统是准时制生产现场控制技术的核心，但准时制不仅仅是看板管理。

精益生产与敏捷制造，它们都是先进生产模式，尽管表现形式上有差异，但两者的基本原则和基本方法一致。敏捷制造中的准时信息系统，多功能小组的协同工作，最少的转换时间，最低的库存量及柔性化生产等，使敏捷制造对市场变化具有高度适应能力，而这些能力也是精益生产的重要特征。可以说，敏捷制造企业一定是精益生产。

5. 虚拟制造系统

虚拟制造系统(Virtual Manufacturing System，简称 VMS)。为了对一个新产品未来的经济效益及风险进行正确评估，在虚拟环境下，对产品设计、制造、销售等整个产品周期采取统一数据建模，同步并行处理各个生产制造环节，协同求解，求得全局最优决策。可以在产品设计时，实时并行模拟制造过程中的各个环节；模拟实际工作的运转情况；产品性能的预测；产品的可制造性评价；企业资源利用评价；经济效益及风险承担等方面的综合评价。一个新产品从概念设计到制造或最终产品的整个过程，都可以通过计算机进行全面的描述、演示，可视性好，且生动具体。从产品设计阶段就可将该产品在整个生命周期的制造过程中可能出现的全部问题，都统统进行妥善处理，避免了实际制造过程中人、物、财及时间的巨大损失，有利于缩短产品开发周期、降低成本，提高质量，减小风险，实现敏捷生产，增强市场竞争能力。

虚拟制造系统的主要特点：

(1) 企业参与的全体工作人员，从产品开发一开始就能及时了解工作全貌，掌握整个工作过程，让全部工作人员都置身于整个系统中，形成"系统中心观"的思维模式。

（2）采取全新的运作模式，使全体员工协同工作，并同步进行产品设计、制造和服务。转变传统的单维视角为多维视角，让职工用多维的思维模式替代单维思维模式，以便在动态的多因素中寻求最佳方案，用并行的工作模式替代传统的串行工作模式。

（3）采用部分与整体有机结合的新产品开发模式，快速而明确地显示整体对部分的需求及部分对整体的支撑与依托，使职工清晰地认识到部分与整体、结构与功能、制造与装配等之间的辩证关系。

（4）可以在虚拟制造的环境中达到高度真实化，使人与虚拟制造环境有着全面的感觉接触与交融。

6. 绿色制造

环境、资源、人口是当今人类社会面临的三大主要问题。制造业既是人类创造财富的支柱产业，又是环境污染的主要源头。如何使制造业尽可能少地产生环境污染是环境问题研究的一个主要方面。由此在20世纪末期产生了绿色制造（Green Manufacturing，简称GM）的新模式。

绿色制造是人类可持续发展战略在制造业中的体现。其基本内涵可描述为：绿色制造是一个综合考虑环境影响和资源效率的现代制造模式，其目标是使得产品从设计、制造、包装、运输、使用到报废处理的整个产品生命周期中，对环境的负面影响最小，资源利用率最高。

绿色制造实质上是人类社会可持续发展战略在现代制造业中的体现。绿色制造对未来制造业的可持续发展至关重要，因而倍受全球制造业的关注，已成为先进制造技术的主要内容和各国优先发展并支持的研究项目。以汽车工业为例，当前全球汽车市场竞争激烈，为抢占市场，各大汽车公司都十分热衷于开发"绿色汽车"。所谓"绿色汽车"是指"对环境友好"、"零排放"和"几乎无声"的新型车。如通用汽车公司的"零排放"电动车辆的开发；福特汽车公司最近提出的"新能源2010"概念车等。国际经济专家分析认为，目前"绿色产品"比例大约为5%～10%，再过10年，所有产品都将进入绿色设计家族，可回收、易拆卸、部件或整机可翻新和循环利用。

实施绿色制造的基础是对产品进行绿色设计，因此绿色制造的主要研究内容与绿色设计有关。它包括：绿色产品设计/制造理论和方法、绿色产品的描述和建模技术、绿色产品设计/制造数据库、典型产品绿色设计/制造系统集成。

绿色制造工艺在目前来说尚处在起步阶段，完全成熟的技术及在实际中应用的技术还不多，部分绿色制造工艺的应用如下：

（1）净成形制造技术　成形制造技术包括铸造、焊接、塑性加工等，目前它正从接近零件形状（Near Net Shape Process）向直接制成工件，即精密成形或净成形（Net Shape Process）方向发展。这些工件有些可以直接或者稍加处理即可用于组成产品，这样就可以大大减少原材料和能源的消耗。

（2）干式加工　目前干式加工的主要应用领域是机械加工行业，如干切削加工、干磨削加工等等。干式加工顾名思义就是加工过程不采用任何切削液的加工方式。干式加工简化了工艺、减少成本并消除了切削液带来的一系列问题，如废液排放和回收等等。目前干式加工虽然在国外已经得到局部应用，并也取得了一些成效，如美国、日本、德国等采用干车削、干磨削、干镗削等已取得了一定的成果，但在我国这项工艺还刚刚开始研究，并且干式加工工艺本身还尚须全面论证。不过，它作为一种新型的加工工艺，已经得到了世界各国的广泛注意和研究。

（3）工艺模拟技术　　工艺模拟技术主要应用于热加工过程，过去通常必须做大量的实验才能初步控制和保证加工工件的质量，采用工艺模拟技术将数值模拟、物理模拟和专家系统相结合；确定最佳工艺参数、优化工艺方案，预测加工过程中可能产生的缺陷和防止措施。从而能有效控制和保证加工工件的质量。

（4）新型制造工艺技术　　对制造技术本身来说，各学科、专业之间的界限已经不那么明显，从产品的设计开始，直到产品的加工工艺、加工过程、质量检测、最后装配和包装，这些中间环节之间的界限已逐步走向淡化消失，逐渐趋向一体化，如现在 CAD、CAPP、CAM 的出现就使设计和制造成为一体。又如快速原型零件 RPM 制造技术突破了传统加工技术，采用材料"去除"的原则，而采用"添加、累积"的原理，这就减少了材料的消耗。

绿色制造工艺和技术能减少原材料和能源的耗用量、缩短开发周期、减少成本，而且有些工艺改进对环境起到保护作用。虽然现阶段由于种种原因还不能全面施行和应用这些工艺和技术，而且其本身还有需要完善之处，但有理由相信绿色制造工艺将在本世纪大显身手。

12.2.10　制造资源规划

制造资源规划（Manufacturing Resource Plan - Ⅱ，简称 MRP - Ⅱ）是制造业的计算机辅助信息管理系统，它是建立在计算机基础上的以生产计划管理为主导的现代化企业管理模式。MRP - Ⅱ系统为制造业提供了科学的经营管理思想和处理逻辑。它将整个企业的生产制造资源（五大资源——物料、设备、人力、资金、信息）进行全面的规划和优化控制，把企业的产、供、销、人、财、物等各种生产经营环节联结成有机整体，形成一个人 - 机结合的闭合控制系统。它是一项综合性的系统管理技术，在信息、功能、过程和资源集成的基础上，最大限度发挥已有五大资源的作用，最大限度地提高企业经济效益和竞争力。在 MRP - Ⅱ系统中，人是系统的主体，参与系统的决策和控制，而且人又是客体，是系统管理的对象，必须接受和执行计算机的命令。因此现代企业的组织管理机构应能充分适应市场动态的外部环境，充分地从纵、横两方向有效地进行信息采集与交流，为此必须进行工业工程的普及教育，充分发挥职工的才智、经验，参与系统的协调与决策，在有限的资源条件下，充分发挥组织管理及生产系统的效率，使企业获得最大的经济效益。

计算机集成制造或计算机集成制造系统的核心是信息的集成。它在管理信息系统方面，多采用 MRP - Ⅱ的经营管理思想和处理逻辑，在工程设计系统方面多采用 CAD/CAPP/CAM 集成系统，它是在 FMC、FMS、MRP - Ⅱ基础上逐步建立起来的由计算机进行信息集成，由计算机进行辅助设计、管理和制造的先进制造系统。

上述制造技术，都是由多学科交叉融合而成的。例如，快速原形制造（RPM）是机械制造、CAD、激光技术、材料等多学科的交叉集合。先进制造技术既要依靠先进的技术，还需要先进的管理技术、先进的生产模式和高水平的职工素质，说明先进制造技术是个系统工程，只有在这个配套的新环境下（即先进制造系统），先进制造技术才能真正发挥它的先进作用。

12.3　先进制造技术的发展趋势

当前，先进制造技术在各个国家的制造领域已经有了长足的发展和广泛的应用。随着人类进入新的世纪，处于新技术革命巨大浪潮冲击下的制造业也面临着巨大的机遇和挑战，与科学技术和市场经济的发展相应，先进制造技术，特别是先进机械制造技术也向着精密化、柔性化、智能化、集成化、全球化、绿色化的方向发展。

（1）设计技术不断现代化　产品设计是制造业的灵魂。现代设计技术的主要发展趋势是：①设计方法和手段的计算机化，它突出反映在数值仿真或虚拟现实技术的发展，以及现代产品建模理论的发展上。②新的设计思想和方法不断出现，如并行设计、面向"X"的设计、健壮设计（Robust Design）、优化设计（Optimal Design）、反求工程技术（Reverse Engineering）等。③向全寿命周期设计发展，由简单的、具体的、细节的设计转向复杂的总体设计和决策，要通盘考虑包括设计、制造、检测、销售、使用、维修、报废等阶段的产品的整个生命周期。④设计过程由单纯考虑技术因素转向综合考虑技术、经济和社会因素。设计时不单纯追求某项性能指标的先进和高低，而注意综合考虑市场、价格、安全、美学、资源、环境等方面的影响。

（2）成形制造技术向精密成形或净成形的方向发展　成形制造技术是铸造、塑性加工、连接、粉末冶金等单元技术的总称。进入21世纪，成形制造技术正在从接近零件形状向直接制成工件即精密成形或称净成形的方向发展。如精密铸造技术、精密塑性成形技术、精密连接技术。

（3）加工制造技术向着超精密、超高速以及发展新一代制造装备的方向发展　其中：①超精密加工技术，目前加工精度达 $0.025\mu m$，表面粗糙度 R_a 达 $0.0045\mu m$，已进入纳米级加工时代。超精密切削厚度由目前的红外波段向可见光波段甚至更短波段趋近；超精密加工机床向多功能模块化方向发展；超精密加工材料由金属扩大到非金属。②超高速切削，目前铝合金超高速切削的切削速度已超过 1600m/min，铸铁为 1500m/min，超耐热镍合金为 300m/min，钛合金为 200m/min。超高速切削的发展已转移到一些难加工材料的切削加工。③市场竞争和新产品、新技术、新材料的发展推动着新型加工设备的研究与开发，其中典型的例子是"并联桁架式结构数控机床"（俗称"六腿"机床）的发展。

（4）新型加工方法以及复合工艺不断发展　①激光、电子束、粒子束、分子束、等离子体、微波、超声波、电液、电磁、高压水束流等新能源或能源载体的引入，形成了多种崭新的特种加工、高精密能束切削、焊接、熔炼、锻压、热处理、表面保护等加工工艺。②超硬材料、高分子材料、复合材料、工程陶瓷、非晶微晶合金、功能材料等新型材料的应用，扩展了加工对象，导致某些崭新加工技术的产生，如：超塑成形、等温锻造、扩散焊接及其复合工艺、加工陶瓷材料的热等静压、粉浆浇注、注射成型、超硬材料的高能束加工、高分子材料的水束流切割等。

（5）制造技术专业、学科的界限逐步淡化、消失　先进制造技术的不断发展，在制造技术内部，冷热加工之间；加工、检测、物流、装配过程之间；设计、材料应用、加工制造之间；其界限均逐步淡化，逐步走向一体化。例如，CAD、CAPP、CAM的出现，使设计、制造成为一体；精密成形技术的发展，使热加工可能直接提供接近最终形状、尺寸的零件，它与磨削加工相结合，有可能覆盖大部分零件的加工，淡化了冷热加工的界限；快速原形技术的产生，是近 20 年制造领域的一个重大突破，它可以自动而迅速地将设计思想物化为具有一定结构和功能的原型或直接制造零件，淡化了设计、制造的界限；机器人加工工作站及 FMS 的出现，使加工过程、检测过程、物流过程融为一体。先进制造系统使得自动化技术与传统工艺密不可分；很多新型材料的配制与成型是同时完成的，很难划清材料应用与制造技术的界限。这种趋势表现在生产上是专业车间的概念逐渐淡化，将多种不同专业的技术集成在一台设备、一条生产线、一个工段或车间里的生产方式逐渐增多。

（6）绿色制造将成为本世纪制造业的重要特征　日趋严格的环境与资源的约束，使绿色制造显得越来越重要，与此相应，绿色制造技术也将获得快速的发展。主要体现在：①绿色产品设计技术，使产品在生命周期符合环保、人类健康、能耗低、资源利用率高的要求。②绿色制造技术，在整个制造过程，使得对环境负面影响最小，废弃物和有害物质的排放最小，资源利用效率最高。③产品的回收和循环再制造，例如汽车等产品的拆卸和回收技术，以及生态工厂的循环式制造技术。

（7）虚拟现实技术在制造业中获得越来越多的应用　虚拟制造技术是以计算机支持的仿真技术为前提，对设计，加工，装配等过程统一建模，形成虚拟的环境，虚拟的过程，虚拟的产品。虚拟制造技术从根本上改变了设计、试制、修改设计、规模生产的传统制造模式。在产品真正制出之前，首先在虚拟制造环境中生成软产品原型（Soft　Prototype）代替传统的硬样品原型（Hard　Prototype）进行试验，对其性能和可制造性进行预测和评价，从而缩短产品的设计与制造周期，降低产品的开发成本，提高系统快速响应市场变化的能力。

（8）信息技术、管理技术与工艺技术紧密结合，先进制造生产模式获得不断发展　制造业在经历了少品种小批量——少品种大批量——多品种小批量生产模式的过渡后，正从采用计算机集成制造系统（CIMS）进行制造的柔性生产模式，逐步向智能制造技术（IMT）和智能制造系统（IMS）的方向发展，精益生产（LP）、敏捷制造（AM）、云制造等先进制造模式相继出现，本世纪，先进制造模式必将获得不断的发展。

综上所述，先进制造技术的发展不是孤立的，它是许多科学技术综合发展的结晶，是社会生产力发展到一定阶段的必然结果。当然，与先进制造技术相关的其它技术还有很多，并且随着科技的发展，各种技术相互融合的趋势也将越来越明显，先进制造技术的发展前景也将越来越广阔。

参考文献

1 陈日曜. 金属切削原理(第2版). 北京：机械工业出版社，2012

2 乐兑谦. 金属切削刀具(第2版). 北京：机械工业出版社，2011

3 顾崇衔等编著. 机械制造工艺学(第三版). 西安：陕西科学技术出版社，1999

4 卢秉恒. 机械制造技术基础(第2版). 北京：机械工业出版社，2005

5 巩亚东. 机械制造技术基础. 北京：科学出版社，2010

6 于信伟. 机械制造工程学. 哈尔滨：哈尔滨工业大学出版社，2011

7 陈旭东. 机床夹具设计. 北京：清华大学出版社，2010

8 中国机械工程学会. 中国机械工程技术路线图. 北京：中国科学技术出版社，2011

9 杨叔子. 机械机械加工工艺师手册(第2版). 北京：机械工业出版社，2011

10 何庆. 机床夹具设计教程. 北京：电子工业出版社，2012

11 吴国华. 金属切削机床(第2版). 北京：机械工业出版社，2003

12 冯之敬. 机械制造工程原理(第2版). 北京：清华大学出版社，2008

13 王先逵. 机械制造工艺学(第2版). 北京：清华大学出版社，2007

14 袁哲俊. 精密和超精密加工技术(第2版). 北京：机械工业出版社，2011

15 王晓慧. 尺寸设计理论及应用. 北京：国防工业出版社，2004

16 刘苍林. 金属切削机床. 天津：天津大学出版社，2009

17 刘战强. 先进切削加工技术及应用. 北京：机械工业出版社，2006

18 何宁. 高速切削技术. 上海：上海科学技术出版社，2012

19 杨叔子. 特种加工. 北京：机械工业出版社，2012

20 朱林. 机电一体化系统设计(第2版). 北京：石油工业出版社，2008

21 王隆太. 先进制造技术. 北京：机械工业出版社，2012

22 山颖. 现代制造技术. 北京：机械工业出版社，2012

23 郁鼎文，陈恳. 现代制造技术. 北京：清华大学出版社，2006

24 黎震，朱江峰. 先进制造技术(第3版). 北京：北京理工大学出版社，2012

25 K. Weinert. Spanende Fertigung(5. Ausgabe). Essen：Vulkan – Verlag GmbH，2008

26 杨叔子，吴波. 先进制造技术及其发展趋势. 机械工程学报，2003 年(第39卷)第10期：73~78

27 孟雅凤，刘政喜. 计算机集成制造系统的理论与实施. 黑龙江电力，2004年(第26卷)第4期：291~293

28 杨恩泉. 3D打印技术对航空制造业发展的影响. 航空科学技术，2013 年1月(总第114期)：13~17

29 王红霖. 3D打印技术制造业发展新趋势. 现代工业经济与信息化，2013 年1月(总第28期)：24~25

30 崔剑平，王晓强. 并行工程及其实施. 现代制造技术与装备，2006 年1月(总第170期)：36~38

31 孙玮. 敏捷制造、虚拟制造与并行工程. 信息技术，2006(8)：177~178

32 赵婷婷等. 快速制造和快速模具最新发展和展望. 精密制造与自动化，2010 年4期(总第184)：8~15

33 颜永年等. 快速制造技术的发展道路与发展趋势. 电加工与模具，2007 年2期(总第246期)：25~29

34 朱红建，钱萍. 机械制造业中绿色制造技术应用模式研究. 装备制造技术，2008 年7期(总第43期)：107~109

35 王伟. 21世纪生产制造模式——敏捷制造的应用研究. 经济研究导刊，2008 年2期(总第21期)：44~45

36 吴立. 关于柔性制造的研究. 机床与液压，2010 年(第38卷)14期：9~11

37 路甬祥. 走向绿色和智能制造. 中国机械工程，2010 年(第21卷)4期：379~386

38 张霖等. 云制造及相关先进制造模式分析. 计算机集成制造系统，2011 年(第17卷)3期：458~468

39 李伯虎. 云制造——面向服务的网络化制造新模式. 计算机集成制造系统，2010 年(第16卷)1期：1~16